Dieter Pregizer

SCHIMMELPILZBILDUNGEN IN GEBÄUDEN

Das Gebäude

Die Fachbuchreihe zu den Themen
- Baurechtpraxis und Baumanagement
- Bautechnik
- Energieeffizientes Bauen
- Energiesystemtechnik
- Gebäudetechnik, TGA und Facility Management
- Klima- und Lüftungstechnik
- Sicherheitstechnik

DIETER PREGIZER

SCHIMMELPILZ-BILDUNGEN IN GEBÄUDEN

Bautechnische Maßnahmen zur Vorbeugung, Beseitigung und Instandsetzung

5., überarbeitete und erweiterte Auflage

VDE VERLAG GMBH

ICS 91.120.10; 91.120.30; 91.120.01

Bibliografische Information der Deutschen Nationalbibliothek
Die Deutsche Nationalbibliothek verzeichnet diese Publikation in der Deutschen Nationalbibliografie; detaillierte bibliografische Daten sind im Internet über *http://dnb.dnb.de* abrufbar.

ISBN 978-3-8007-5333-8 (Buch)
ISBN 978-3-8007-5334-5 (E-Book)

Coverfoto: © Science Photo Library, Stachybotrys chartarum, toxic mould, SEM

Satz: DREI-SATZ GbR, Husby
Druck und Bindung: Elanders GmbH, Waiblingen
Printed in Germany

2021-05

Vorwort zur 5. Auflage

Auch in den seit Erscheinen der 4. Auflage des Buches über „Schimmelpilzbildungen in Gebäuden" vergangenen Jahren hat sich gezeigt, dass Feuchtigkeitsschäden durch Schimmel immer noch weit verbreitet sind. Mehr als 12 Prozent der Bevölkerung sollen nach Einschätzung des Statistischen Bundesamts von Feuchtigkeitsschäden betroffen sein. Dies zeigt, dass Informationen und Aufklärung über die Ursachen, Auswirkungen und Beseitigung von Schimmelpilzbildungen immer noch notwendig sind und nichts von ihrer Aktualität eingebüßt haben.

In der vorliegenden 5. Auflage habe ich die Schadensbeispiele in den Kapiteln 10 und 11 mit insgesamt 9 Fällen aus der Praxis ergänzt, um den Lesern einen noch umfassenderen und tieferen Einblick in die Ursachen von Schimmelpilzbildungen und die Strategien zu deren Vermeidung bzw. zur Beseitigung zu geben. Auch der Text in den einzelnen Abschnitten wurde auf den neuesten Stand gebracht.

Außerdem habe ich im Anhang alle Normen, Merkblätter und Richtlinien sowie Internetadressen und die verwendeten Literaturstellen und Zeitschriften aktualisiert.

Wolfenbüttel, im April 2021 *Dieter Pregizer*

Inhaltsverzeichnis

1 Feuchtigkeit als Auslöser von Schimmelpilzbildungen

Immer wieder wird in der Öffentlichkeit über Schimmelpilzbildungen in Wohnungen diskutiert. Häufig sind sie auch Ursache von langwierigen Streitfällen und diese landen dann letztendlich vor Gericht. Das Problem tritt sowohl bei Neubauten als auch bei Altbauten immer wieder in Erscheinung.

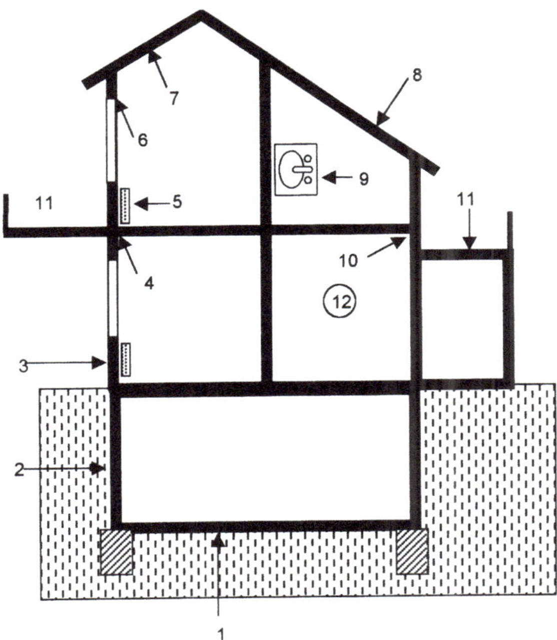

1 Fehlende oder nicht fachgerechte Fußbodenabdichtung
2 Fehlende oder nicht fachgerechte Vertikalabdichtung
3 Risse oder Beschädigungen am Außenputz
4 Wärmebrücken, beispielsweise durchlaufende Balkonplatte ohne Wärmedämmung
5 Undichtheiten an Heizungsrohrleitungen
6 Unzureichend gedämmter Rollladenkasten
7 Fehlerhafte Luftdichtheitsschicht
8 Undichtheiten an der Dacheindeckung
9 Undichtheiten an Sanitärrohrleitungen
10 Unzureichend gedämmte Deckenstirnseite
11 Undichtheiten an Balkon, Flachdach oder an der Terrasse
12 Nutzungsbedingte Feuchtequellen

Abb. 1.1: Schematische Darstellung, an welchen Stellen in einem Gebäude beispielsweise Feuchtigkeit auftreten kann

Von Schimmelpilzbildungen können alle Räume in einer Wohnung betroffen sein. Überwiegend treten sie jedoch in Schlafzimmern, Badezimmern und in Küchen auf. Jedes Mal stellt sich dann die Frage nach dem Grund dieser Erscheinungen. Oft ist es erst nach aufwendigen Untersuchungen und/oder Berechnungen möglich, die Ursachen einzugrenzen. Häufig stellt sich auch heraus, dass nicht eine Ursache allein maßgebend war, sondern sich mehrere Ursachen überlagern.

Alle Fälle haben jedoch gemeinsam, dass Feuchtigkeit längere Zeit auf die Bausubstanz eingewirkt haben muss. Diese Feuchtigkeit ist neben anderen Faktoren die wichtigste Bedingung für das Auftreten von Schimmelpilzen. Somit zeigt sich auch bei der Behandlung dieses Themas, dass der alte Spruch „Wasser weg vom Bau" nichts von seiner Aktualität eingebüßt hat.

In Abb. 1.1 ist schematisch in einer Skizze dargestellt, an welchen Stellen beispielsweise baulich bedingte Feuchtigkeit in einem Gebäude auftreten kann.

1.1 Baulich und nutzungsbedingte Feuchtequellen

Fehlende Fußbodenabdichtung

Je nach Wasserangriff an der Unterseite des Fußbodens und der Nutzung des Raumes kann eine Abdichtung nach DIN 18533 „Abdichtung von erdberührten Bauteilen" erforderlich werden. Wenn diese Abdichtung fehlt, beschädigt ist oder nicht fachgerecht hergestellt wurde, dann muss mit Wassereintritt in das Gebäude gerechnet werden.

Fehlende oder nicht fachgerechte Vertikalabdichtung

An der Außenseite von Wänden, die an Erdreich grenzen, sind Maßnahmen nach DIN 18533 „Abdichtung von erdberührten Bauteilen" erforderlich. Hierunter fallen horizontale und vertikale Wandabdichtungen. Wenn diese Abdichtungen fehlen, beschädigt sind oder nicht fachgerecht hergestellt wurden, dann muss mit Wassereintritt in das Gebäude gerechnet werden.

Risse oder Beschädigungen am Außenputz oder an Wandvorsatzschalen

Schäden am Außenputz, wie Risse oder Abplatzungen, können den Schlagregenschutz beeinträchtigen, sodass die Wandkonstruktion durchfeuchtet werden kann. Schäden am Anstrich des Außenputzes, wie Anstrichabplatzungen oder eine zu geringe Schichtdicke, können ebenfalls den Witterungsschutz einer Außenwand beeinträchtigen und zu Durchfeuchtungen führen. Darüber hinaus können auch fehlerhafte oder beschädigte Vorsatzschalen an Außenwänden Feuchteprobleme verursachen.

Wärmebrücken, beispielsweise durchlaufende Balkonplatten ohne Wärmedämmung

Durchlaufende Balkonplatten ohne Wärmedämmung und ohne thermische Trennung stellen unzulässige Wärmebrücken dar, die zu Tauwasser- und Schimmelpilzbildungen an der inneren Decken-/Wandkante führen können. In die gleiche Kategorie fallen auch unzureichend gedämmte überstehende Deckenplatten, Attiken oder Brüstungen.

Weitere Wärmebrücken können an durchlaufenden Stützen aus Beton oder Stahl, an Fensterleibungen und auch an schlecht gedämmten Wandecken bestehen.

Undichtheiten an Heizungsrohrleitungen

Undichtheiten an Heizungsrohren können zum Beispiel durch Fehler bei der Verarbeitung oder durch Korrosion verursacht werden. In diesem Fall kann Heizungswasser in die Baukonstruktion eindringen und Feuchtigkeitsschäden verursachen.

Unzureichend gedämmte Rollladenkästen

Unzureichend gedämmte Rollladenkästen stellen Wärmebrücken dar und können zu Tauwasser- und Schimmelpilzbildungen an der Innenseite führen.

Fehlerhafte Luftdichtheitsschicht

Häufige Fehler an der Luftdichtheitsschicht eines Raumes sind zum Beispiel undichte Anschlüsse oder Überlappungen oder Löcher. An diesen Fehlstellen kann warme Luft aus dem Inneren der Wohnung in die Bauteilkonstruktion eindringen. Im Verlauf dieses Vorgangs kühlt sich die Luft bei ungünstigen Klimabedingungen ab. Kalte Luft weist ein geringeres Aufnahmevermögen für Feuchte auf, sodass überschüssiges Wasser ausfallen und innerhalb des Bauteils zu Tauwasserschäden führen kann.

Undichtheiten an der Dacheindeckung

An der Dacheindeckung können durch Fehler bei der Herstellung oder durch Beschädigungen Undichtheiten verursacht werden, sodass der Regenschutz nicht mehr sichergestellt ist und Wasser in das Dach eintreten kann. Insbesondere in Kombination mit Schlagregen und den im Zuge des Klimawandels immer häufiger auftretenden Starkregenereignissen muss hierbei mit Wassereintritten gerechnet werden.

Undichtheiten an Sanitärrohrleitungen

Undichtheiten an Sanitärrohrleitungen (Warmwasser-, Kaltwasser-, Abwasserrohre) können zum Beispiel durch Fehler bei der Verarbeitung oder durch Korrosion verursacht werden. In diesem Fall kann Frisch- oder Abwasser in die Baukonstruktion eindringen und Feuchtigkeitsschäden hervorrufen.

Auch im Zuge von Umbauarbeiten oder Renovierungsarbeiten können Rohrleitungen beschädigt werden und Wassereintritte in das Gebäude auslösen.

Unzureichend gedämmte Deckenstirnseiten

Unzureichend gedämmte Deckenstirnseiten stellen Wärmebrücken dar und können zu Tauwasser- und Schimmelpilzbildungen an der Innenseite führen.

Undichtheiten an Balkon, Flachdach oder an der Terrasse

Balkone, Flachdächer oder Terrassen müssen eine Abdichtung entsprechend den Flachdachrichtlinien erhalten. Wenn diese Abdichtung nicht fachgerecht hergestellt wurde, Löcher oder Beschädigungen aufweist, dann kann an diesen Undichtigkeiten Wasser in die Baukonstruktion eindringen.

Wasserschäden

Außerdem können Wasserschäden, zum Beispiel durch auslaufende Waschmaschinen, Geschirrspülmaschinen oder auslaufendes Wasser beim Baden oder Duschen, zu einer Durchfeuchtung von Bauteilen führen und günstige Bedingungen für Schimmelpilzbildungen erzeugen.

Nutzungsbedingungen

Zu den baulich bedingten Feuchtequellen kommen zusätzlich nutzungsbedingte Ursachen von Feuchtigkeitserscheinungen hinzu. Unter diese Faktoren fallen beispielsweise:

- unzureichende Heizung und Lüftung durch die Bewohner,
- ungünstige Möblierung ohne Hinterlüftung der Möbel,
- Wäschetrocknung innerhalb der Wohnung,
- Temperierung von kalten Räumen mit warmer Luft aus der Wohnung,
- Aufstellen von vielen und großen Pflanzen in der Wohnung.

1.2 Ziele von Feuchteschutzmaßnahmen

Alle Maßnahmen gegen Schimmelpilzbildungen müssen darauf abzielen, die Feuchtigkeit an oder in Bauteilen zu reduzieren, um somit den Schimmelpilzen ihre Lebensgrundlage zu entziehen. Hierbei können zum einen bauliche Maßnahmen an dem Gebäude erforderlich werden, wie der Einbau einer Abdichtung oder einer Wärmedämmung, zum anderen kann es auch notwendig sein, dass die Bewohner Änderungen in ihrem Verhalten vornehmen. Hierunter ist zu verstehen, dass durch ausreichendes Heizen und Lüften für ein hygienisches Raumklima gesorgt wird.

In vielen Fällen überlagern sich nutzungsbedingte und baulich bedingte Ursachen, sodass bauliche Maßnahmen am Gebäude erforderlich werden und gleichzeitig die Bewohner ihre Art der Wohnungsnutzung ändern müssen.

2 Grundlagen

2.1 Schimmelpilze

2.1.1 Biologie der Schimmelpilze

Schimmelpilze sind Mikroorganismen, die weder zu den Pflanzen noch zu den Tieren gezählt werden können. Sie bestehen hauptsächlich aus folgenden Bestandteilen:

- Sporen,
- Mycel,
- Fruchtkörper.

Schimmelpilze vermehren sich durch die Bildung von Sporen, die auf dem Luftweg übertragen werden. Sowohl im Freien als auch innerhalb von geschlossenen Räumen sind natürlicherweise ständig Sporen unterschiedlicher Schimmelpilzarten in der Luft vorhanden.

Wenn an Oberflächen von Bauteilen günstige Lebensbedingungen vorliegen, dann bilden sich aus den Pilzsporen die sogenannten *Hyphen*. Hyphen sind kleinste, fadenartige Schimmelpilzbestandteile, deren Gesamtheit das *Mycel* bildet, das unter dem Mikroskop wie ein gewebeartiges Geflecht erscheint.

In weiter fortgeschrittenem Stadium entwickelt sich dann aus dem Mycel ein *Fruchtkörper*, der bei den verschiedenen Schimmelpilzarten unterschiedlich ausgeprägt ist. Er kann sowohl in der Form als auch in der Farbe variieren. Bei denjenigen Schimmelpilzen, die in Wohnungen auftreten, besteht der Fruchtkörper meist aus einem unregelmäßig begrenzten, flächenartigen Belag mit filzartigem Aussehen. Überwiegend weisen die Schimmelpilze graue und schwarze Farbnuancen auf, es können aber auch grüne, blaue oder rote Farbtöne vorliegen.

Das Auftreten von Schimmelpilzen geht häufig mit einem typischen, muffigen Geruch einher, der sich auch als modrig bezeichnen lässt.

2.1.2 Wachstumsbedingungen

Schimmelpilze benötigen als Nahrungsgrundlage organisch gebundenen Kohlenstoff. In einer Wohnung kommen hierfür überwiegend folgende Quellen infrage:

- Wandputz mit organischen Bestandteilen,
- Tapeten, insbesondere Raufasertapeten,
- Dispersionsanstriche,
- Staubablagerungen.

Die organischen Substanzen müssen in Wasser gelöst sein, damit sie von den Schimmelpilzen als Nährstoffe verwertet werden können.

Weiterhin zählt zu den Wachstumsbedingungen ein entsprechender Temperaturbereich. Die optimale Temperatur liegt etwa zwischen 20 °C und 40 °C, manche Schimmelpilzarten entwickeln sich auch noch in einem Temperaturbereich zwischen –5 °C und +55 °C (Tabelle 2.1).

Tabelle 2.1: Lebensbedingungen für Schimmelpilze

	Optimaler Wert (ca.-Angaben)	Grenzwerte (ca.-Angaben)
Relative Luftfeuchte an der Baustoffoberfläche	> 80 %	≥ 70 %
Lufttemperatur	+20 °C bis +40 °C	–5 °C bis +55 °C
Sauerstoff	In Wohnungen immer in ausreichender Menge vorhanden.	
Licht	Nicht erforderlich.	
Nahrung	Organisch gebundener Kohlenstoff. In Wohnungen meist in ausreichender Menge vorhanden. Bereits normaler Hausstaub ist ausreichend.	
pH-Wert	4,5 bis 6,5	2 bis 11

Damit sich Schimmelpilze entwickeln können, muss eine hohe relative Luftfeuchte vorliegen. Ab einer relativen Luftfeuchte von etwa 80 % an der Oberfläche eines Baustoffes muss mit Schimmelpilzwachstum gerechnet werden. Unter diesen Bedingungen kann in den Poren des Baustoffes Kapillarkondensation auftreten. Es gibt jedoch auch einige Schimmelpilzarten, die bereits ab einer relativen Luftfeuchte von ca. 70 % und höher zu wachsen beginnen. Das Auftreten von Tauwasser an einer Baustoffoberfläche ist somit nicht zwingend für Schimmelpilzbildungen erforderlich.

Da in Wohngebäuden nahezu immer von einer ausreichenden Lufttemperatur, einer ausreichenden Menge an Sauerstoff und Nahrung sowie von einem günstigen pH-Wert ausgegangen werden kann, bleibt als wichtigster Faktor zur Beeinflussung von Schimmelpilzbildungen der Feuchtegehalt eines Baustoffes oder die relative Luftfeuchte an der Baustoffoberfläche übrig. Diese beiden Faktoren stellen die kritischen Bedingungen für das Auskeimen der Sporen und die Bildung von Schimmelpilzen dar. Zur Verhinderung von Schimmelpilzbildungen muss somit hauptsächlich an diesen beiden Stellschrauben gedreht werden.

Je nach Untergrundbedingungen, Nahrungsangebot, Temperatur und relativer Luftfeuchte an der Baustoffoberfläche kann es innerhalb eines Zeitraums von wenigen Tagen bis zu einigen Wochen zur Auskeimung von Sporen und zur Ansiedlung von Schimmelpilzen kommen.

Die Wachstumsgeschwindigkeit verschiedener Schimmelpilzarten kann bei einer Temperatur von 20 °C zwischen etwa 0,7 und 3,7 mm pro Tag betragen.

2.1.3 Gesundheitsgefährdung durch Schimmelpilzbildungen

Schimmelpilzarten gibt es über einhunderttausend, von denen einige für den Menschen sogar nützlich sind, zum Beispiel der Edelschimmel bei Käse. Auch bei der Produktion von bestimmten Arzneimitteln wird auf Schimmelpilze zurückgegriffen. Der größte Teil der Schimmelpilze stellt jedoch für den Menschen ein potenzielles Krankheitsrisiko oder Allergierisiko dar. Insbesondere Menschen mit geschwächter Immunabwehr, mit bronchialen Vorerkrankungen oder Kleinkinder und Babys sind davon betroffen.

Schimmelpilzbildungen können durch verschiedene Wirkungsweisen die Gesundheit von Menschen, die in belasteten Häusern oder Wohnungen leben, beeinflussen. Hierunter fallen vor allem folgende Auswirkungen:

- **Allergien**
  Schimmelpilzbildungen können bei Menschen Allergien verursachen. Hiervon sind insbesondere solche Menschen betroffen, die bereits für Allergien sensibilisiert sind. Man muss damit rechnen, dass unter anderem folgende allergische Reaktionen ausgelöst werden:
  - allergischer Schnupfen,
  - Bindehautentzündungen,
  - Asthma,
  - Neurodermitis.
- **Vergiftungen**
  Schimmelpilzbildungen können durch Stoffwechselprodukte oder durch Zellbestandteile bei Menschen toxische Wirkungen hervorrufen. Diese Giftstoffe werden als *Mykotoxine* bezeichnet. Hierbei ist es möglich, dass durch die in die Luft abgegebenen Wirkstoffe Krankheiten hervorgerufen werden, die vor allem die Lunge und die Haut oder auch innere Organe befallen. Diese Krankheiten werden in der Medizin mit dem Begriff *Mykosen* beschrieben.

  Einige Schimmelpilze erzeugen auch durch ihre Stoffwechselvorgänge Gifte, die im menschlichen Körper Vergiftungen bewirken können. Für Innenräume von Wohnungen wird die Gefahr der Vergiftung durch Schimmelpilzbildungen jedoch nach der bisherigen Erfahrung als eher gering eingestuft, sie kann jedoch nicht vollständig ausgeschlossen werden.
- **Infektionen**
  Durch Schimmelpilzbildungen können bei Menschen Infektionen hervorgerufen werden.
- **Gerüche**
  In Wohnungen mit Schimmelpilzbildungen muss mit muffigen oder modrigen Gerüchen gerechnet werden. Die Gerüche stammen aus Stoffwechselprodukten der Schimmelpilze. Diese an die Luft abgegebenen organischen Verbindungen werden als MVOC (microbial volatile organic compounds) bezeichnet. Durch Bestimmung der MVOC-Anteile in der Luft kann der Nachweis von nicht sichtbaren Schimmelpilzbildungen in geschlossenen Räumen erfolgen. Die Ausprägung dieser Erscheinungen lässt sich jedoch durch das individuelle Lüftungsverhalten beeinflussen.

Bei allen oben beschriebenen Belastungen durch Schimmelpilzbildungen ist die Auswirkung auf den Menschen von der individuellen Konstitution des jeweiligen Bewohners einer belasteten Wohnung sowie von der Art der aufgetretenen Schimmelpilzbildungen abhängig. Generell gilt, dass sowohl bei immungeschwächten Menschen als auch bei Menschen mit einer Sensibilisierung gegen Schimmelpilze mit negativen Auswirkungen auf die Gesundheit gerechnet werden muss.

Wenn eine gesundheitliche Belastung vermutet wird, dann sollte auf jeden Fall eine Untersuchung durch einen Arzt erfolgen.

Zusammenfassend bedeutet dies, dass gesundheitliche Beeinträchtigungen von Menschen durch Schimmelpilzbildungen vor allem durch folgende Wirkungen auftreten:

Gesundheitliche Beeinträchtigungen durch Schimmelpilze

- Auslösung von Allergien
- Toxische Wirkung
- Infektiöse Wirkung
- Gerüche

Aufgrund des Krankheitsrisikos durch Schimmelpilze ist es wichtig, durch eine entsprechende Bauweise und durch entsprechendes Nutzerverhalten dem Auftreten von Schimmelpilzbildungen vorzubeugen. Wenn sich Schimmelpilze in Wohnungen bereits gebildet haben, dann müssen möglichst schnell Abhilfemaßnahmen durchgeführt und die Schimmelpilze vollständig entfernt werden. Hierbei kann es erforderlich werden, einen Sachverständigen heranzuziehen.

Bei der Sanierung einer durch Schimmelpilzbildungen belasteten Wohnung sollte ausschließlich auf Fachfirmen zurückgegriffen werden, die hierfür einschlägige Erfahrungen vorweisen. Außerdem muss verhindert werden, dass bei solchen Sanierungsmaßnahmen Bestandteile von Schimmelpilzen aus den befallenen Räumen in bisher nicht betroffene Räume verschleppt werden.

Tipp

Beim Auftreten von Schimmelpilzbildungen sollten möglichst umgehend folgende Maßnahmen eingeleitet werden:

- Untersuchung der Ursache der Schimmelpilzbildungen, eventuell Einschaltung eines Sachverständigen.
- Beseitigung der Ursache der Schimmelpilzbildungen.
- Beseitigung der aufgetretenen Schimmelpilzbildungen durch eine Fachfirma, welche mit solchen Sanierungsmaßnahmen Erfahrungen vorweist.
- Falls erforderlich, Umstellung der Heiz- und Lüftungsgewohnheiten.
- Überprüfung des Erfolgs der Maßnahmen nach bestimmten zeitlichen Intervallen.
- Bei gesundheitlichen Beeinträchtigungen Hinzuziehung eines Arztes.

2.1.4 Untersuchung von Schimmelpilzen

Die Untersuchung von Schimmelpilzbildungen hinsichtlich Art und Konzentration kann durch unterschiedliche Verfahren erfolgen, die entweder allein oder gemeinsam eingesetzt werden. Insbesondere kommen folgende Verfahren zur Anwendung:

- Probenahme von sichtbar befallenen Werkstoffen,
- Abklatschprobe,
- Klebefilm-Abrisspräparat,
- Sammlung einer Luftprobe,
- Sammlung einer Staubprobe.

Die gesammelten Proben werden meist im Labor weiterbearbeitet und anschließend mikroskopisch untersucht. Diese Untersuchungen können nur von spezialisierten Ingenieurbüros oder Instituten durchgeführt werden.

2.2 Bakterien und Silberfischchen

2.2.1 Bakterien

Schimmelpilzbildungen entstehen insbesondere auf solchen Untergründen, bei denen ein hoher Feuchtegehalt vorliegt. Diese Untergründe stellen gleichzeitig auch ein günstiges Milieu für das Wachstum von *Bakterien* dar. Es muss deshalb damit gerechnet werden, dass bei einer Besiedlung eines Baustoffes durch Schimmelpilze gleichzeitig auch eine Belastung durch Bakterien vorliegt.

Je nach Art der vorkommenden Bakterien können hierdurch auch Gesundheitsbelastungen hervorgerufen werden. Insbesondere enthalten die sogenannten *gramnegativen* Bakterien giftige Stoffe in ihren Zellwänden. Hierbei handelt es sich um Endotoxine, die bei Menschen Vergiftungserscheinungen auslösen können.

2.2.2 Silberfischchen

Silberfischchen gehören zur Ordnung der „Fischchen", wobei hier flügellose Insekten mit einem langgestreckten Körper gemeint sind, welche in der Regel relativ flach sind.

Silberfischchen lieben es dunkel und feucht. Erfahrungsgemäß sind sie ein Indikator dafür, dass eine zu hohe Feuchtigkeit in dem betroffenen Raum vorliegt. Dies ist der Grund, weshalb sie in Wohnungen oft gemeinsam mit Schimmelpilzen auftreten und immer ein Anzeichen für eine hohe Luftfeuchte in einzelnen Räumen darstellen.

Bei normaler Helligkeit verstecken sie sich in Ritzen, Spalten, Öffnungen, hinter losen Tapeten, Scheuerleisten oder sonstigen dunklen Stellen.

Als Nahrung mögen Silberfischchen vor allem stärkehaltige Produkte, wobei sie diesbezüglich wenig anspruchsvoll sind.

Silberfischchen übertragen weder Bakterien, Viren oder sonstige Krankheiten und sondern auch keine Gifte ab, sind also aus hygienischer Sicht unkritisch.

Das Reduzieren der Luftfeuchte durch regelmäßiges Lüften ist üblicherweise die einfachste Maßnahme, um Silberfischchen zu beseitigen. Wenn das nicht hilft, dann sollte ein Fachmann hinzugezogen werden, der das Gebäude auf andere Wassereintrittswege untersucht.

2.3 Echter Hausschwamm

Bei dem Echten Hausschwamm handelt es sich um einen Pilz, der sich zuerst auf feuchtem Holz oder Holzwerkstoffen als Nährboden bildet und von dort aus auch Mauerwerk besiedeln kann. Das Holz muss für einen Anfangsbefall eine Holzfeuchte zwischen etwa 20 und 40 Massen-% aufweisen. Ausgehend von feuchtem Holz kann der Hausschwamm dann auch trockenes Holz besiedeln. Er ist in der Lage, das trockene Holz anzufeuchten und sich somit selbst günstige Lebensbedingungen zu schaffen.

Unter denjenigen Pilzen oder Schädlingen, die Holzbauteile befallen, ist der Echte Hausschwamm als einer der kritischsten einzustufen. Er ist in der Lage, auch Schüttungen, trockenes Mauerwerk, hohlräumigen Beton, Versorgungskanäle oder Leitungsschlitze zu durchwachsen und kann sich somit bei entsprechend günstigen Bedingungen von einem Raum in den anderen oder sogar von einem Stockwerk in das andere verbreiten.

Häufig bildet sich der Echte Hausschwamm in schlecht belüfteten Gewölbekellern, wobei er als ersten Nährboden Holzbauteile benötigt. Auch unbewohnte und/oder schlecht gelüftete Altbauten sind hausschwammgefährdet.

Bevorzugt entwickelt sich der Echte Hausschwamm in Zwischendecken, Hohlräumen oder hinter Wandbekleidungen und kann sich von hier aus auf versteckte Weise weiterverbreiten.

Aus der Literatur gehen folgende Wachstumsgeschwindigkeiten des Echten Hausschwamms hervor:

nach *Cartwright* und *Findlay* sowie *Schmidt*, 1994: 1 bis 10 mm pro Tag,

Jennings und *Bravery*, 1991: 1,5 bis 9 mm pro Tag.

Die *Ausbreitungsgeschwindigkeit* ist unter anderem von den Wachstumsbedingungen, dem Feuchtigkeitsangebot und der Lufttemperatur abhängig. Holzzerstörende Pilze entwickeln sich in einem Temperaturbereich, der minimal bei etwa 2 bis 5 °C und maximal bei etwa 35 bis 40 °C liegt. Innerhalb dieses Bereiches hat jede Pilzart ein bestimmtes Optimum. Dabei liegt die höhere Wachstumsgeschwindigkeit im mittleren Temperaturbereich. Die optimale Wachstumstemperatur des Echten Hausschwamms liegt bei etwa 20 °C.

Der Echte Hausschwamm muss in jedem Fall unverzüglich beseitigt werden. Die Bekämpfung des Echten Hausschwamms darf nur von einer Fachfirma durchgeführt werden, die Erfahrung auf diesem Fachgebiet hat. Hierbei muss das WTA-Merkblatt E 1-2-19/D (Gelbdruck) „Der Echte Hausschwamm - Erkennung, Lebensbedingungen, vorbeugende Maßnahmen, bekämpfende chemische Maßnahmen, Leistungsverzeichnis", herausgegeben vom Wissenschaftlich-Technischen Arbeitskreis für Denkmalpflege und Bauwerksanierung e. V., beachtet werden.

Zusätzlich muss dafür gesorgt werden, dass der Feuchtenachschub des Pilzes dauerhaft unterbunden wird. Hierzu müssen häufig zusätzliche Abdichtungsmaßnahmen an den betroffenen Räumen ergriffen werden. Außerdem können Maßnahmen zur Verbesserung der Lüftung erforderlich werden.

In einigen Bundesländern ist der Hausschwammbefall meldepflichtig. Im Zweifelsfall ist die zuständige Bauaufsichtsbehörde hinzuzuziehen.

2.4 Luftfeuchte

Feuchtequellen

In einer Wohnung kann durch vielfältige Ursachen Feuchtigkeit in die Luft eingetragen werden. Hierzu zählen zum Beispiel folgende Faktoren:

- Feuchtigkeitsabgabe von Bewohnern durch Atmen und Schwitzen,
- Körperpflege, Baden, Duschen,
- Kochen und Backen,
- Geschirrspülen,
- Reinigungsarbeiten durch feuchtes Aufwischen,
- Wäschewaschen,
- Trocknen von Wäsche in der Wohnung,
- Feuchtigkeitsabgabe von Zimmerpflanzen,
- Aufstellen von offenen Aquarien oder Zimmerbrunnen,
- Luftbefeuchter.

Tabelle 2.2: An die Raumluft abgegebene Wassermengen durch die Bewohnung

Wasserdampfquelle	Wasserdampfproduktion (Angabe zur Abschätzung der Größenordnung)
Personen	30 bis 70 g pro Person und Stunde
Kochen und Backen	bis 1500 g pro Stunde
Baden, Duschen, Waschen	bis 1000 g pro Stunde
Wäschetrocknen in der Wohnung	bis 500 g pro Stunde
Zimmerpflanzen	5 bis 50 g pro Pflanze und Stunde
Freie Wasserfläche (z. B. Zimmerbrunnen)	etwa 40 g pro Stunde und m^2 Wasserfläche

Allein durch die Personen, die sich in einer Wohnung befinden, muss mit einem Feuchtigkeitseintrag von etwa 30 bis 70 g pro Tag und Person gerechnet werden. Die Menge ist abhängig von der Aktivität der jeweiligen Person. In Ruhe wird jeweils weniger Feuchtigkeit abgegeben als bei höherer Aktivität. Insgesamt muss größenordnungsmäßig mit den in Tabelle 2.2 zusammengestellten überschlägigen Wassermengen allein durch die Bewohnung gerechnet werden.

In einem 4-Personen-Haushalt beispielsweise summiert sich daher die tägliche Wasserabgabe auf etwa 6 bis 10 kg. Die in die Wohnung eingetragene Wassermenge befindet sich als unsichtbarer Wasserdampf in der Luft.

Wasseraufnahmefähigkeit der Luft

Luft kann in Abhängigkeit von der Temperatur jeweils eine bestimmte maximale Menge an Wasser aufnehmen, die auch als *maximaler Wassergehalt* der Luft bezeichnet wird. Der maximale Wassergehalt ist umso größer, je höher die Temperatur ist. In Tabelle 2.3 ist die maximale Menge an Wasser aufgeführt, welche die Luft aufnehmen kann.

Tabelle 2.3: Maximaler Wassergehalt der Luft in Abhängigkeit von der Temperatur

Lufttemperatur	Maximaler Wassergehalt der Luft in g/m³
25 °C	23,1
20 °C	17,3
15 °C	12,8
10 °C	9,4
5 °C	6,8
0 °C	4,9
–5 °C	3,3
–10 °C	2,2

Der maximale Wassergehalt der Luft entspricht einer relativen Luftfeuchte von 100 %. In diesem Fall ist die Luft mit Wasser gesättigt.

Tabelle 2.4: Zusammenhang zwischen relativer Luftfeuchte und absolutem Wassergehalt bei 20 °C

Lufttemperatur	Relative Luftfeuchte in %	Absoluter Wassergehalt in g/m³
20 °C	100	17,3
20 °C	80	13,8
20 °C	60	10,4
20 °C	50	8,7
20 °C	40	6,9
20 °C	20	3,5

Relative Luftfeuchte

Der aktuelle Wassergehalt der Luft wird meist als relative Luftfeuchte angegeben. Als *relative Luftfeuchte* wird das Verhältnis des tatsächlichen Wassergehaltes der Luft zum maximalen Wassergehalt der Luft bezeichnet.

Beispielsweise beträgt bei einer Temperatur von 20 °C und einer relativen Luftfeuchte von 50 % der absolute Wassergehalt der Luft 8,7 g/m³ (Tabelle 2.4). Dies bedeutet, dass aus der Angabe der relativen Luftfeuchte nur dann auf den absoluten Wassergehalt geschlossen werden kann, wenn die zugehörige Lufttemperatur bekannt ist. Zur Verdeutlichung der oben beschriebenen Zusammenhänge sei nachfolgend ein Rechenbeispiel aufgeführt:

> Bei einer Temperatur von 20 °C kann Luft eine maximale Wassermenge von 17,3 g/m³ aufnehmen. In diesem Fall liegt eine relative Luftfeuchtigkeit von 100 % vor.
>
> Wenn die Luft von 20 °C auf 17 °C abgekühlt wird, dann kann die Luft nur noch maximal 14,5 g/m³ Wasser aufnehmen und weist dann ebenfalls eine relative Luftfeuchtigkeit von 100 % auf. Die Differenz von 17,3 g/m³ zu 14,5 g/m³, also 2,8 g/m³, fällt als überschüssige Feuchtigkeit in Form von Tauwasser aus. In der Natur ist dieser Vorgang durch Tauwasserausfall in der Nacht, zum Beispiel auf dem Boden oder auf Autos bekannt.

Abtransport von Luftfeuchte durch Lüften

Kalte Luft mit hoher relativer Luftfeuchte ist absolut gesehen im Vergleich zu warmer Luft trockener. Hierbei handelt es sich um eine physikalische Gegebenheit.

Vergleicht man die absoluten Wassergehalte der Luft bei unterschiedlichen Temperaturen und relativen Luftfeuchtigkeiten miteinander, so zeigt sich Folgendes:

> Luft mit 20 °C und einer relativen Luftfeuchte von 50 % weist einen absoluten Wassergehalt von 8,7 g/m³ auf.
>
> Hingegen weist die Außenluft bei einer Lufttemperatur von 0 °C und einer relativen Luftfeuchte von 90 % einen absoluten Wassergehalt von 4,4 g/m³ auf. In diesem Fall ist die Außenluft absolut gesehen um die Hälfte trockener als die Innenluft.

Diese Eigenschaft macht man sich beim Lüften zunutze. Warme und feuchte Luft wird durch kalte und absolut trockenere Luft ausgetauscht, die dann im Raum aufgeheizt wird. Durch diesen Vorgang wird Luftfeuchtigkeit aus der Wohnung abtransportiert. Hierzu ein weiteres Beispiel:

Wird im Winter durch Lüften kühle Luft mit einer Temperatur von 5 °C und einer relativen Luftfeuchte von 100 %, was einem absoluten Wassergehalt von 6,8 g/m³ entspricht, in Wohnräume gebracht und auf 20 °C erwärmt, dann reduziert sich die relative Luftfeuchte von 100 % auf 39 %. Dies bedeutet, dass die Luft 3,6 g Wasser pro m³ aufnehmen kann, bis eine relative Luftfeuchte von 60 % erreicht ist.

Geht man von einem Schlafzimmer mit einer Grundfläche von 16 m² und einer lichten Höhe von 2,5 m aus, dann weist dieser Raum ein Volumen von 40 m³ auf. Bei 20 °C und einer relativen Luftfeuchte von 40 % befindet sich in der Luft insgesamt eine Wassermenge von 277 g. Setzt man voraus, dass sich zwei Personen im Schlafzimmer während der Nacht für 8 h aufhalten und sie zusammen mindestens 40 g Wasserdampf pro Stunde abgeben, dann müssen die Luft sowie die umgebenden Bauteile und die Einrichtung insgesamt 320 g Wasser aufnehmen.

Legt man modellhaft weiter zugrunde, dass der Raum absolut luftdicht ist und die umgebenden Bauteile und Einrichtungsgegenstände keinen Wasserdampf aufnehmen können, dann würde die Raumluft am Morgen eine Wassermenge von 277 g + 320 g, somit insgesamt 597 g Wasser enthalten. In diesem Fall wäre die relative Luftfeuchte auf 86 % angestiegen, es müsste also mit Tauwasser- und Schimmelpilzbildungen an den Außenwänden gerechnet werden. An diesem Beispiel ist abzulesen, dass es sehr wichtig ist, die Raumumschließungsflächen so auszubilden, dass sie temporär Wasser aufnehmen können. Selbstverständlich muss am nächsten Tag durch mehrfaches Lüften dafür gesorgt werden, dass die Bauteile das gespeicherte Wasser wieder abgeben können. Weiterhin ist es günstig, auch während der Nacht oder zumindest am Abend vor dem Zubettgehen und am Morgen nach dem Aufstehen für eine ausreichende Lüftung des Schlafzimmers zu sorgen.

Austrocknung von Raumumschließungsflächen

Für die Austrocknung von Raumumschließungsflächen ist einmaliges Lüften nicht ausreichend. Nach Beendigung des Lüftungsvorgangs geben die Raumumschließungsflächen wieder Wasser an die Raumluft ab, sodass die relative Luftfeuchte wieder ansteigt. Es ist deshalb ein mehrmaliges Lüften erforderlich, damit auch die in den Raumumschließungsflächen gespeicherte Feuchtigkeit abgeführt werden kann.

Größenordnungsmäßig können Raumumschließungsflächen (Putze, Teppichbeläge, Holzböden, Gardinen etc.) folgende Wassermengen aufnehmen:

10 bis 30 g/m².

Beim Schlafzimmer im obigen Beispiel können die Raumumschließungsflächen also etwa 0,7 bis 2,1 l Wasser aufnehmen. Diese Werte gelten jedoch nur für den Fall, dass die Raumumschließungsflächen vorher trocken waren. Bei unzureichender Lüftung, die längere Zeit andauert, nimmt der Wassergehalt der Raumumschließungsflächen zu, sodass sie immer weniger Wasser zusätzlich aufnehmen können. In diesem Fall kann Feuchtigkeit durch die Bewohnung nur von der Raumluft aufgenommen werden, sodass die relative Luftfeuchte schnell ansteigt, wie in oben genanntem Beispiel gezeigt.

Besonders kritisch hinsichtlich Schimmelpilzbildungen sind kleine Räume oder Räume im Dachgeschoss, bei denen eine Dachschräge vorliegt. In solchen Räumen steht nur ein geringes Volumen und somit eine geringe Luftmenge zur Aufnahme von Wasserdampf zur Verfügung.

Auch eine reduzierte Lufttemperatur ist ungünstig. Beispielsweise kann die Raumluft in einem kühlen Schlafzimmer mit 40 m^3 Raumvolumen, einer Lufttemperatur von 15 °C und einer relativen Luftfeuchte von 40 % nur maximal 307 g Wasser aufnehmen, bis die Luft wassergesättigt ist. Zwei Personen in dem Schlafzimmer geben also mehr Wasser in einer Nacht an den Raum ab (etwa 320 g), als die Raumluft allein aufnehmen kann, unter der Voraussetzung, dass keine Lüftung stattfindet und die Raumumschließungsflächen kein Wasser abpuffern können.

Kritische Faktoren für Schimmelpilzbildungen

Kritische Faktoren für Schimmelpilzbildungen in Wohn- und Schlafräumen sind im Hinblick auf eine hohe Luftfeuchte folgende:

Kritische Faktoren für Schimmelpilzbildungen

- Kleine Räume
- Dachschrägen (reduziertes Luftvolumen)
- Geringe Lüftung
- Reduzierte Beheizung
- Geringe Wasserspeicherfähigkeit der Raumumschließungsflächen
- Offene Türen zwischen warmen und kälteren Räumen
- Vollgestellte Fensterbänke
- Möblierung ohne Hinterlüftung
- Polstermöbel vor Außenwänden
- Viele Pflanzen in der Wohnung
- Raumluftbefeuchter oder große, nicht abgedeckte Aquarien

Aspekte des Wärmeschutzes der Gebäudeumschließungsflächen sind in dieser Aufzählung nicht berücksichtigt.

2.5 Wohnungslüftung

2.5.1 Grundsätze der Wohnungslüftung

Jede Wohnung muss ausreichend gelüftet werden, damit die in der Luft vorhandene Luftfeuchte nach außen abgeführt wird. Üblicherweise sollte sich die relative Luftfeuchte in einem Bereich von 40 bis 60 % bewegen, bei einem Mittelwert über längere Zeit gesehen von 50 %.

Der Zeitraum, in welchem die gesamte Luftmenge in einem Raum einmal gegen frische Außenluft ausgetauscht wird, ist bei Fensterlüftung abhängig von der Stellung der Fenster oder Fenstertüren. Größenordnungsmäßig ist mit den in Tabelle 2.5 angegebenen Zeiträumen zu rechnen.

Der in 1 h vorliegende Luftaustausch wird auch als *Luftwechsel* bezeichnet. Wenn also in 1 h die gesamte Luftmenge einer Wohnung ausgetauscht wird, dann liegt ein einfacher Luftwechsel vor. Ein 0,5-facher Luftwechsel bedeutet, dass die Hälfte der Luftmenge in einer Wohnung oder einem Raum pro Stunde durch Frischluft ausgetauscht wird.

Die Erfahrung zeigt, dass in Wohnräumen bei Fensterlüftung ein etwa 0,6-facher bis 1-facher Luftwechsel angestrebt werden sollte.

Hierzu ist es erforderlich, dass je nach Klimabedingungen drei- bis viermal am Tag eine Stoßlüftung durchgeführt wird. Als *Stoßlüftung* wird das vollständige Öffnen des Fensters bezeichnet. Noch wirkungsvoller ist die *Querlüftung*, bei der gegenüberliegende Fenster gleichzeitig geöffnet werden. Dies können auch Fenster in unterschiedlichen Zimmern sein, wenn ein Luftverbund über offene Türen besteht. Hierbei wird durch Herstellung eines Durchzugs für einen schnellen Luftaustausch gesorgt. Während des Lüftungsvorgangs müssen die Heizkörper abgeschaltet sein.

Tabelle 2.5: Dauer des Luftaustausches für einen einfachen Luftwechsel bei unterschiedlichen manuellen Lüftungsarten

Stellung der Fenster	Lüftungsdauer für einfachen Luftwechsel
Fenster geschlossen (Lüftung nur über Undichtheiten in den Fugen möglich)	ca. 3 bis ca. 10 Stunden
Fenster gekippt (Kipplüftung)	ca. 15 bis ca. 90 Minuten
Fenster halb geöffnet	ca. 6 bis ca. 12 Minuten
Fenster ganz offen (Stoßlüftung)	ca. 4 bis ca. 8 Minuten
Gegenüberliegende Fenster ganz offen mit Durchzug (Querlüftung)	ca. 2 bis ca. 4 Minuten

Auf die Durchführung einer Kipplüftung (Fenster in Kippstellung) während der Heizperiode sollte zugunsten einer Stoßlüftung verzichtet werden. Zum einen ist eine Kipplüftung weniger wirkungsvoll, das heißt, die Lüftungsdauer muss länger sein, zum anderen tritt eine Abkühlung der Raumumschließungsflächen auf. In diesem Fall liegt ein höherer Energieverlust vor als bei einer Stoßlüftung, bei der nur die ausgetauschte Luft, nicht aber die Raumumschließungsflächen erwärmt werden müssen.

Außerdem kühlen die Fensterleibungen im Zuge einer Kipplüftung deutlich ab, sodass dort die *Taupunkttemperatur* unterschritten werden kann. In diesem Fall muss insbesondere in Verbindung mit einer hohen Luftfeuchtigkeit mit Schimmelpilzbildungen an den Fensterleibungen gerechnet werden.

Außerhalb der Heizperiode ist eine längere Kipplüftung über die Fenster jedoch unkritisch und kann zur Lüftung von Wohnräumen eingesetzt werden.

Feuchtigkeit, die in einem Raum mit hoher Feuchteproduktion anfällt, zum Beispiel in Bad oder Küche, sollte möglichst sofort entfernt werden. Hierzu muss unmittelbar nach Abschluss des Bade- oder Kochvorgangs durch Öffnen der Fenster in dem betroffenen Raum die Feuchte nach außen weggelüftet werden. Hierzu ist eine Stoßlüftung durch vollständiges Öffnen eines Fensters geeignet. Dabei ist die Tür möglichst geschlossen zu halten. Es muss vermieden werden, dass durch Offenlassen der Tür die Luftfeuchte in der ganzen Wohnung verteilt wird. Nach Durchführen der Stoßlüftung müssen die Fenster wieder geschlossen und die Raumluft wieder auf Raumtemperatur erwärmt werden. Dieser Vorgang muss je nach Klimabedingungen gegebenenfalls mehrfach wiederholt werden, damit auch die Raumumschließungsflächen, welche einen Teil der Luftfeuchtigkeit zwischengespeichert haben, ihre Feuchtigkeit ebenfalls wieder abgeben können.

Feuchtigkeit, die an der Oberseite von Fliesenbelägen aufgetreten ist, kann auch durch Abwischen mit einem Tuch entfernt werden. Dieses Tuch muss dann zum Trocknen im Freien aufgehängt werden. Eine Trocknung des Tuchs in der Wohnung darf nicht erfolgen, weil in diesem Fall die Feuchtigkeit wieder an die Raumluft abgegeben wird.

Die Lüftung eines Raumes muss immer über die Fenster, sonstige Öffnungen oder über eine mechanische Lüftungsanlage vorgenommen werden. Sogenannte „Atmende Wände", wie sie verschiedentlich in der Diskussion genannt werden, gibt es nicht.

Günstig ist es, wenn die relative Luftfeuchte in einer Wohnung mit einem elektrisch betriebenen *Hygrometer* gemessen wird. Wenn der Messwert der relativen Luftfeuchte 60 % überschreitet, dann muss dringend gelüftet werden. Längerfristig ist ein Mittelwert der relativen Luftfeuchte von etwa 50 % anzustreben.

Der in einer Wohnung erforderliche Luftwechsel ist auch vom Feuchtigkeitsgehalt der Außenluft abhängig. Bei kalten Außentemperaturen im Winter, also wenn die Außenluft absolut gesehen sehr trocken ist, muss weniger gelüftet werden, als bei milderen Temperaturen in der Übergangszeit, wenn die absolute Luftfeuchte der Außenluft höher ist.

Die Empfehlungen für die *Zeitdauer einer Stoßlüftung* variieren je nach Jahreszeit. Als Grundlage können folgende Werte herangezogen werden:

Januar: 4 bis 6 Minuten

Februar: 4 bis 6 Minuten

März: 8 bis 10 Minuten

April: 12 bis 15 Minuten

Mai: 16 bis 20 Minuten

Juni: 25 bis 30 Minuten

Juli: 25 bis 30 Minuten

August: 25 bis 30 Minuten

September: 16 bis 20 Minuten

Oktober: 12 bis 15 Minuten

November: 8 bis 10 Minuten

Dezember: 4 bis 6 Minuten

2.5.2 Lüftung von warmer und feuchter Luft in kühlere Räume

Bei der Wohnungsnutzung muss insbesondere vermieden werden, dass die in einem Raum entstandene hohe Luftfeuchtigkeit (zum Beispiel beim Duschen oder beim Kochen) durch Offenlassen der Türen zu Nachbarräumen in diese abgeführt wird.

Besonders kritisch sind Situationen, in denen der Nachbarraum kälter ist bzw. weniger stark beheizt wird (zum Beispiel Schlafzimmer, selten benutzte Gästezimmer oder Abstellräume). In diesem Fall kühlt die Luft beim Eintreten in den Nachbarraum ab. Da kühlere Luft entsprechend weniger Wasserdampf aufnehmen kann, steigt die relative Luftfeuchte an. Dies kann dazu führen, dass die für Schimmelpilzbildungen kritische relative Luftfeuchte von etwa 80 % an den Bauteiloberflächen überschritten wird.

Außerdem liegt bei kühleren Räumen auch eine entsprechend geringere Oberflächentemperatur der Außenwände vor. Dies kann dazu führen, dass an den Außenwänden, insbesondere an den Außenecken, Tauwasserbildungen entstehen und sich dort Schimmelpilze ansiedeln.

Auch hierfür sei ein Beispiel aufgeführt:

> In einem Badezimmer liegt nach dem Duschen oder Baden meist eine hohe relative Luftfeuchte vor. Geht man von einer Lufttemperatur von 24 °C und einer relativen Luftfeuchte von 80 % aus, dann enthält dort die Luft eine Wassermenge von 17,4 g/m³. Wird diese Luft in einen kühleren Nachbarraum gelüftet, der eine Lufttemperatur von 18 °C aufweist, dann kann dort die Luft eine maximale Wassermenge von 15,4 g/m³ aufnehmen, bis sie wassergesättigt ist, das heißt, sie weist dann eine relative Luftfeuchte von 100 % auf. Dies bedeutet, dass eine Wassermenge von 17,4 g/m³ abzüglich 15,4 g/m³, also insgesamt 2 g/m³, als Tauwasser ausfällt und außerdem eine relative Luftfeuchte von 100 % vorliegt.

Aus den oben beschriebenen Ausführungen ergibt sich auch, dass das sogenannte „Temperieren" eines gering oder gar nicht beheizten Raumes durch Offenlassen der Türen zu normal beheizten Wohnräumen unbedingt vermieden werden muss.

Wenn beispielsweise Schlafräume tagsüber nicht beheizt werden, dann dürfen sie abends nicht durch Hineinlüften von warmer Luft aus den Nachbarräumen angewärmt werden. Besser ist in diesem Fall, die Türen geschlossen zu halten und die Räume separat einzeln zu beheizen. Besonders kritisch sind solche Räume, die keine eigene Heizungsmöglichkeit aufweisen und als Aufenthalts- oder Schlafraum genutzt werden.

2.5.3 Lüftungsregeln

Bei der Lüftung einer Wohnung müssen einige Regeln beachtet werden, damit keine Schimmelpilzbildungen entstehen können. Dieses Wissen ist im Zuge der Herstellung von dichteren Fenstern und energiesparenden Wohnungen immer wichtiger geworden. Bei alten Wohnungen, die häufig undichte Fenster aufweisen, findet meist durch die undichten Fensterfugen ein hoher Grundluftwechsel statt, sodass nur wenig zusätzlich gelüftet werden muss. Die Lüftung über Undichtigkeiten ist jedoch insbesondere von der Art der Undichtigkeiten sowie den Klimabedingungen und der Windanströmung abhängig. Ein gleichmäßiger Luftaustausch kann hierdurch nicht erzielt werden. Außerdem muss bei Undichtigkeiten durch einströmende Kaltluft mit unbehaglichen Situationen durch Zugerscheinungen gerechnet werden.

Für eine ausreichende Wohnungslüftung müssen folgende Lüftungsregeln beachtet werden:

Lüftungsregeln für die Wohnungslüftung

- Wohnräume sollten in Abhängigkeit vom Außenklima mindestens drei- bis viermal pro Tag gelüftet werden.
- Grundsätzlich sollte durch Stoßlüftung, das heißt vollständiges Öffnen der Fenster, gelüftet werden.
- Eine Lüftung durch Kippen der Fenster muss während der Heizperiode vermieden werden.
- Räume mit hoher Feuchteproduktion, wie Bad oder Küche, müssen unmittelbar nach Benutzung durch Öffnen der Fenster in den betroffenen Räumen nach außen gelüftet werden. Gegebenenfalls muss der Lüftungsvorgang mehrfach wiederholt werden, um die Raumumschließungsflächen auszutrocknen.
- Warmfeuchte Luft aus Bad oder Küche darf nicht in die Wohnräume gelüftet werden.
- Kühlere oder unbeheizte Räume dürfen nicht durch Offenlassen der Türen zu Wohnräumen temperiert und gelüftet werden. Diese Räume müssen separat beheizt und gelüftet werden.
- Ein Beschlagen der Fensterscheiben ist ein Zeichen dafür, dass die relative Luftfeuchte deutlich über 60 % angestiegen ist und dringend gelüftet werden muss.

- Während des Lüftens müssen die Heizkörper abgestellt werden.
- Zur Abführung der Baufeuchte muss bei Neubauten in den ersten zwei Heizperioden vermehrt geheizt und gelüftet werden.

2.5.4 Mechanische Lüftungsanlagen

Mechanische Lüftungsanlagen von Wohnungen (manchmal auch als kontrollierte Lüftung bezeichnet) werden in folgende Typen unterschieden:

- Abluftanlage,
- Zu- und Abluftanlage ohne oder mit Wärmerückgewinnung.
  Klimaanlagen, welche zusätzlich zur Lüftungs- und Heizungsfunktion auch eine Befeuchtung oder eine Entfeuchtung der Außenluft durchführen, sind bei reinen Wohngebäuden nicht üblich. Solche Anlagen beschränken sich im Regelfall auf Büro- und Geschäftsräume.

Arbeitsweise einer Abluftanlage

Bei einer *Abluftanlage* wird mittels eines Abluftventilators Raumluft aus der Wohnung abgesaugt. Die Menge der nach außen geförderten Luft kann geregelt werden.

Oberhalb der Heizkörper sind Außenwanddurchlässe eingebaut, durch welche eine entsprechende Luftmenge nachströmt und vom Heizkörper erwärmt wird.

Arbeitsweise einer Zu- und Abluftanlage mit Wärmerückgewinnung

Eine Zu- und Abluftanlage mit Wärmerückgewinnung arbeitet nach dem in Abb. 2.1 dargestellten Prinzip.

Eine konstante Außenluftmenge (Außenluft) wird über einen Filter angesaugt, gegebenenfalls über einen Erdreichwärmetauscher geführt und zum Lüftungszentralgerät transportiert. Gleichzeitig wird aus den Badezimmern, WC-Räumen, der Küche und gegebenenfalls zusätzlichen Abluftbereichen die verbrauchte Luft (Abluft) abgesaugt und ebenfalls dem Lüftungszentralgerät zugeführt. Im Wärmetauscher des Lüftungszentralgeräts wird die in der Abluft enthaltene Wärmeenergie zum großen Teil entzogen und auf die einströmende Außenluft übertragen. Beide Luftströme sind vollständig voneinander getrennt, sodass keine Vermischung stattfinden kann. Es tritt somit weder eine Geruchsübertragung noch eine Übertragung von Schadstoffen oder Feuchtigkeit auf.

Vor dem Wärmetauscher sind zur Verhinderung von Staub- und Schmutzablagerungen Filter eingebaut.

Die erwärmte und gefilterte Außenluft wird den Wohn- und Schlafräumen als Frischluft zugeführt (Zuluft). Eine zusätzliche Lüftung durch Öffnen der Fenster ist nicht mehr erforderlich und sollte auch aus Gründen der Energieeinsparung nicht erfolgen. Die verbrauchte, nach dem Wärmetauscher abgekühlte Luft wird nach außen geführt (Fortluft).

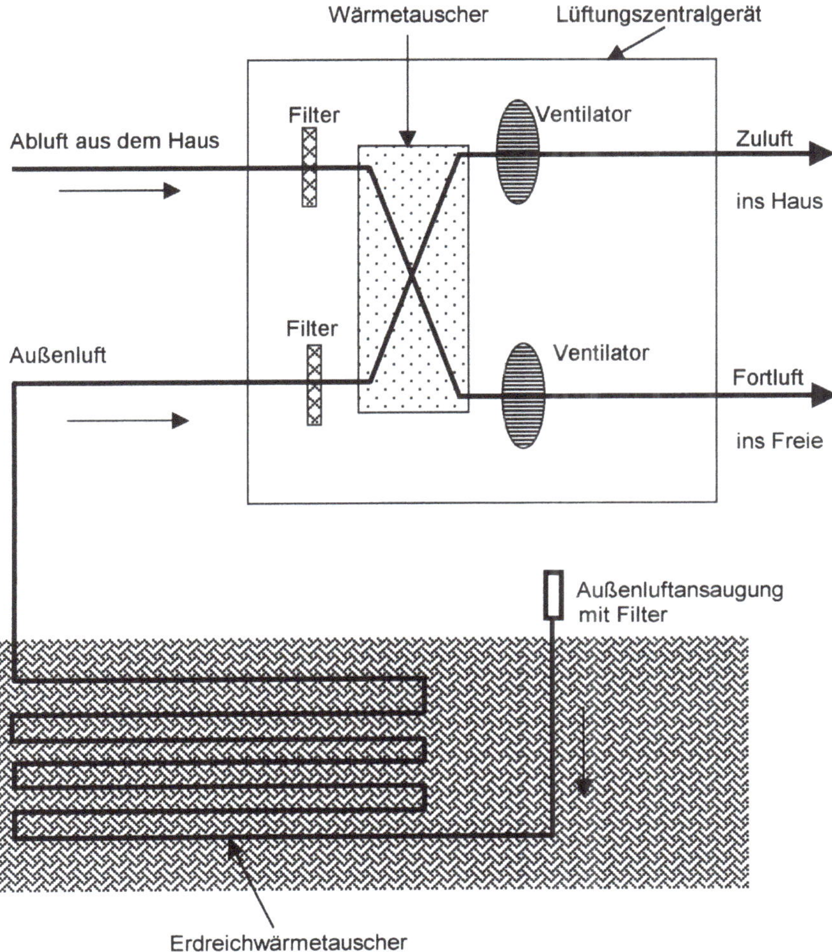

Abb. 2.1: Schematische Darstellung des Prinzips einer Zu- und Abluftanlage mit Wärmerückgewinnung

2.5.5 Abfuhr schädlicher Luftschadstoffe

Neben der Reduzierung der Luftfeuchte zur Verhinderung von Schimmelpilzbildungen ist eine Lüftung auch aus folgenden Gründen notwendig:

- Ablüftung des von den Bewohnern erzeugten Kohlendioxidgehaltes,
- Abfuhr von Gerüchen,
- Abfuhr von Schadstoffen, die von Möbeln, Textilien, Bauteilen oder sonstigen Gegenständen abgegeben werden,
- Abfuhr von Schadstoffen aus Reinigungsmitteln,

- Abfuhr von Schadstoffen durch Rauchen,
- Abfuhr von Schadstoffen durch Kaminöfen oder offene Kamine,
- Reduzierung des Radongehaltes, der je nach Lage und Art der Baustoffe sehr unterschiedlich sein kann.

Die Wohnungslüftung muss insbesondere dafür sorgen, dass der von den Bewohnern erzeugte *Kohlendioxidgehalt* abgeführt wird. In Abhängigkeit von der Art der Tätigkeit wird größenordnungsmäßig pro Bewohner folgender Kohlendioxidgehalt erzeugt:

- Schlafen: 10 bis 13 Liter pro Stunde
- Sitzende Tätigkeit: 12 bis 26 Liter pro Stunde
- Hausarbeit: 32 bis 43 Liter pro Stunde
- Handwerker: bis 75 Liter pro Stunde

Hieraus ergibt sich, dass je nach Tätigkeit zur Abfuhr des Kohlendioxidgehalts eine Frischluftmenge pro Bewohner bis zu 75 m^3/h erforderlich werden kann.

2.6 Ausreichende Beheizung der Wohnräume und der Bauteiloberflächen

Sowohl durch Lüften als auch durch ausreichende Beheizung der Wohnräume muss verhindert werden, dass sich auf den Bauteiloberflächen Tauwasser niederschlägt. Üblicherweise wird eine Lufttemperatur von 20 °C als ausreichend angesehen. Durch die Beheizung der Räume vergrößert sich einerseits die Wasserdampfaufnahmefähigkeit der Luft und andererseits werden die Innenoberflächentemperaturen der Bauteile angehoben. Dadurch wird die Möglichkeit der Tauwasserbildung auf einer Bauteiloberfläche vermindert.

Hierbei ist es wichtig, dass die Außenwände nicht durch Möblierung oder durch Gegenstände verstellt werden und eine ausreichende Belüftung der inneren Wandoberflächen sichergestellt ist. Hierdurch wird die innere Oberflächentemperatur der Wand soweit angehoben, dass sie oberhalb der Taupunkttemperatur der Raumluft liegt, sofern keine Wärmebrücken vorhanden sind.

Als *Taupunkttemperatur* wird diejenige Temperatur bezeichnet, bei der es zu Tauwasserbildungen kommt, wenn die Luft abgekühlt wird. Beim Erreichen der Taupunkttemperatur hat die Raumluft ihren Sättigungsgrad an Wasserdampf erreicht, das heißt, die relative Luftfeuchte beträgt in diesem Fall 100 %.

Aus dem Alltag ist bekannt, dass an einer Flasche, die im Kühlschrank gelagert worden ist, nach dem Herausnehmen Tauwasser auftritt. Dieser Effekt wird umgangssprachlich auch als „Bierglaseffekt" bezeichnet. Die an der Flasche oder an dem Glas mit kühlem Inhalt befindliche Luft kühlt sich unter die Taupunkttemperatur ab, sodass sie weniger Wasser aufnehmen kann. Das Überschusswasser tritt als Tauwasser an der Flasche bzw. dem Glas auf.

Unterschreitet die Oberflächentemperatur eines Bauteils die Taupunkttemperatur der zugehörigen Raumluft, dann tritt Tauwasserbildung auf der Bauteiloberfläche auf. Hierdurch kann das

Bauteil durchfeuchtet werden, wodurch die Wärmedämmfähigkeit des Bauteils abnimmt und es zu einer weiteren Reduzierung der Oberflächentemperatur kommt. Es handelt sich hierbei um einen selbstverstärkenden Effekt.

Für die Bildung von Schimmelpilzen ist jedoch keine Tauwasserbildung erforderlich. Es ist ausreichend, wenn an der Bauteiloberfläche eine relative Luftfeuchte von etwa 80 % über eine Zeitdauer von einer bis mehreren Wochen vorliegt. Unter diesen Bedingungen kann in den oberflächennahen Schichten des Bauteils *Kapillarkondensation* auftreten, sodass in den Kapillaren flüssiges Wasser als Voraussetzung für Schimmelpilzbildungen vorliegt.

Dies kann dazu führen, dass sich Schimmelpilze auf der Bauteiloberfläche ansiedeln und stark vermehren, sodass sie dann in Form von dunklen Flecken sichtbar werden. Die Keime für eine solche Schimmelpilzbildung sind in der Luft immer vorhanden. Sie benötigen zum Wachstum lediglich solche Untergründe, die ausreichend durchfeuchtet sind und ihnen außerdem genügend Nahrung bieten. Hierfür reichen bereits zum Beispiel Raufasertapeten und Tapetenkleister sowie Anstriche oder Verschmutzungen aus.

Wird beispielsweise ein Kleiderschrank vor einer Außenwand aufgestellt, dann wirkt dieser wie eine innere Wärmedämmung und führt zu einer Temperaturabsenkung an der Innenseite der Außenwand, die sich hinter dem Schrank befindet. Zusätzlich kann dieser Wandbereich schlecht beheizt und belüftet werden. Dieser Effekt kann dazu führen, dass sich an der Außenwand hinter dem Schrank Schimmelpilze ansiedeln.

Tabelle 2.6: Beispiele für kritische Oberflächentemperaturen in einem Raum mit einer Lufttemperatur von 20 °C und einer relativen Luftfeuchte von 50 %

Oberflächentemperatur der Wand	Sich einstellende relative Luftfeuchte an der Wandoberfläche	Bewertung hinsichtlich der Bildung von Schimmelpilzen
15 °C	67 %	unkritisch
13 °C	78 %	Übergang zu kritisch
12,6 °C	80 %	kritisch
11 °C	89 %	kritisch
9,3 °C	100 %	kritisch

Es muss deshalb dafür gesorgt werden, dass der Wandbereich hinter dem Schrank ausreichend beheizt und belüftet wird. Hierzu ist es günstig, wenn der Schrank mit einem Wandabstand von etwa 5 cm bis 10 cm aufgestellt wird. Außerdem muss dafür gesorgt werden, dass die Luft unter dem Schrank hindurch an die Außenwand gelangen kann, dort nach oben strömen und an der Oberkante des Schrankes wieder in den Raum zurückströmen kann. Es mag deshalb erforderlich werden, dass der Schrank auf Füße gestellt oder die Sockelverblendung entfernt wird.

Ähnliche Effekte, wie beim Kleiderschrank beschrieben, können auch dann auftreten, wenn Betten, vor allem mit Überbauten, oder Nachttischchen direkt an die Außenwände gestellt werden.

Auch unterhalb von Betten kann dieser Effekt in Wohnungen über Kellern, Tiefgaragen oder unbeheizten Bereichen auftreten, wenn eine Unterlüftung nicht möglich ist. Dieser Vorgang kann durch Gegenstände (Wäsche, Bettzeug etc.), die in einem Bettkasten unter dem Bett gelagert werden, zusätzlich verstärkt werden.

Heizungstipps

- Alle Wohnräume möglichst gleichmäßig auf 20 °C beheizen.
- Türen zu kühleren Räumen geschlossen halten.
- Kühlere Räume nicht durch „Temperieren" mit warmer Luft aus Nachbarräumen mitbeheizen.
- Kühlere Räume während der Nutzung häufiger lüften.
- Während des Lüftens die Heizkörper abstellen und nach dem Lüften wieder aufdrehen.
- Außenwandflächen möglichst nicht verstellen, sodass sie gleichmäßig beheizt werden können.
- Überheizen von Räumen vermeiden.
- Heizkörper durch Thermostate regeln.

Bei der Möblierung von Wohnungen sollten deshalb folgende Hinweise beachtet werden:

Möblierungstipps

- Große Schränke, vor allem Kleiderschränke, sollten möglichst nicht vor Außenwände gestellt werden.
- Möbelstücke oder Polstermöbel und dergleichen, die direkt vor Außenwände gestellt werden, sollten einen Wandabstand von mindestens 5 bis 10 cm aufweisen.
- Bei Schränken vor Außenwänden muss eine Hinterströmung mit Raumluft möglich sein. Falls erforderlich, müssen diese Schränke auf Füße gestellt werden oder die Sockelverblendung muss entfernt werden.
- Bei Betten in Schlafzimmern über Kellern, Tiefgaragen oder unbeheizten Räumen muss für eine Unterlüftung des Bettes gesorgt werden.
- Heizkörper dürfen nicht verstellt werden.
- Vorhänge dürfen die Heizkörper nicht bedecken.
- Schwere Vorhänge sollten eine Belüftung der oberen Decken-/Wandkante nicht verhindern.
- Fensterbänke dürfen nicht verstellt werden, es muss jederzeit ein vollständiges Aufschwenken des Fensterflügels zur Durchführung einer Stoßlüftung möglich sein.

2.7 Tauwasserbildung an Außenwandecken

In den Ecken von Wohnräumen liegt ein Stoß zweier Außenwände oder ein Stoß zwischen Außenwand und Decke vor. An diesen Ecken steht eine kleine wärmeaufnehmende Innenfläche einer größeren wärmeabgebenden Außenfläche gegenüber (Abb. 2.2). Hierdurch ergibt sich in den Ecken unter sonst gleichen Bedingungen ein höherer Wärmestrom von innen nach außen als in einem vergleichbaren Bereich der ebenen Wand. Zusätzlich liegen an den Ecken eine geringere Wärmezustrahlung im Vergleich zu den übrigen Raumumschließungsflächen und eine kleinere Wärmeübertragung infolge der verminderten Konvektion (Luftbewegung) vor. Besonders kritisch sind die dreidimensionalen Außenecken.

In diesem Fall wird die innere Oberflächentemperatur in der Ecke niedriger liegen als die innere Oberflächentemperatur an der sonstigen Innenseite der Außenwand.

Liegt die innere Oberflächentemperatur unter der Taupunkttemperatur der Raumluft, so entsteht Tauwasserausfall auf der Oberfläche des kalten Bauteils. Eckbereiche sind hierbei besonders gefährdet. Meist bilden sich deshalb Schimmelpilze bevorzugt an Ecken und Kanten.

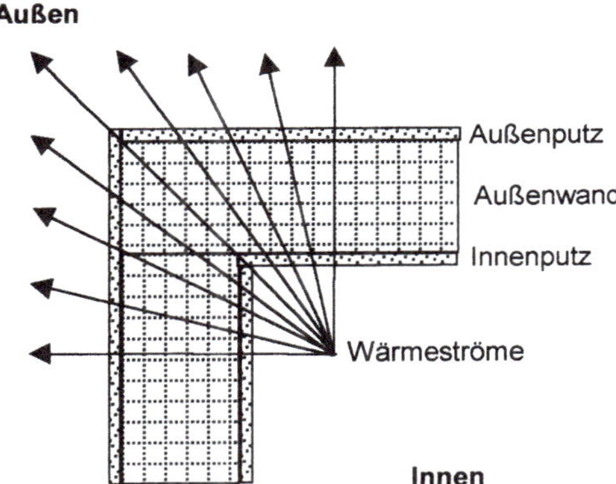

Abb. 2.2: Schematische Darstellung der Wärmeströme in einem Eckbereich (Grundrissskizze)

2.8 Wärmebrücken

2.8.1 Mindestwärmeschutz

Alle Umfassungsbauteile eines Gebäudes müssen zur Verhinderung von Wärmebrücken einen *Mindestwärmeschutz* erfüllen. Dieser Mindestwärmeschutz ist vor allem von folgenden Faktoren abhängig:

- Art des Gebäudes,
- Art des Bauteils,
- Temperatur an der Außenseite des Bauteils.

In DIN 4108:2013-02 „Wärmeschutz und Energieeinsparung in Gebäuden, Teil 2: Mindestanforderungen an den Wärmeschutz" wird der in Tabelle 2.7 aufgeführte Mindestwärmeschutz gefordert. Tabelle 2.7 gilt für Aufenthaltsräume, die auf eine Mindesttemperatur von 19 °C beheizt werden, und für schwere Bauteile. Bei leichten Bauteilen wird hingegen ein erhöhter Wärmeschutz gefordert.

Tabelle 2.7: Erforderlicher Mindestwärmeschutz von Aufenthaltsräumen nach DIN 4108

Bauteil	Mindestens erforderlicher Wärmedurchlasswiderstand in $(m^2K)/W$
Außenwände	1,2
Wohnungstrennwände	0,07
Treppenraumwände	0,07 bis 0,25
Wohnungstrenndecken, allgemein	0,35
Decken zu nicht beheizten Räumen	0,09
Wohnungstrenndecken, in zentralbeheizten Bürogebäuden	0,17
Decken an Erdreich und Kellerdecken	0,90
Decken nach unten zu Garagen oder Durchfahrten	1,75
Decken und Dächer an Außenluft	1,20

2.8.2 Ursachen von Wärmebrücken

Wärmebrückeneffekte entstehen unter anderem dann, wenn die Wärmedämmung einer Außenwand lokale bzw. kleinflächige Bereiche mit niedrigerem Wärmedurchgangswiderstand als ihre Umgebung aufweist. Diese können zum Beispiel aufgrund von geringerer Schichtdicke der Wärmedämmung, Fehlstellen oder Durchfeuchtung der Wärmedämmung hervorgerufen werden.

Somit sind Wärmebrücken örtlich begrenzte Schwächungen des Wärmeschutzes in flächigen Außenbauteilen, wodurch Stellen mit einer lokalen Reduzierung der inneren Oberflächentemperatur entstehen. Unter diesen Umständen wird in dem Flächenbereich mit niedrigerem Wärmedurchgangswiderstand mehr Wärme nach außen abgeführt werden als in den Nachbarbereichen. Dies führt dazu, dass die Temperatur an der Innenoberfläche des Bauteils im Bereich mit erhöhter Wärmeabfuhr niedriger sein wird als die Innenoberflächentemperatur an den benachbarten Bereichen. Auf diese Weise kann es an diesen Stellen mit Wärmebrücken zu einer Unterschreitung der Taupunkttemperatur an der Innenoberfläche kommen, wodurch Tauwasserbildung und die Ansiedlung von Schimmelpilzen hervorgerufen werden können.

Im Hinblick auf Schimmelpilzbildungen sind prinzipiell die folgenden drei Typen von Wärmebrücken zu unterscheiden, die auch in kombinierter Weise vorliegen können.

Wärmebrücken durch eine ungünstige Form der Bauteile

Solche Wärmebrücken entstehen durch eine Vergrößerung der wärmeabgebenden Oberfläche eines Bauteils zwischen Bereichen unterschiedlicher Temperatur.

Auskragende Balkonplatten, wie sie vor allem bei älteren Gebäuden vorkommen, oder auskragende Geschosse sind hierzu ein typisches Beispiel (Abb. 2.3). Aufgrund einer von innen nach außen durchlaufenden Betondecke entsteht an der Außenseite eine „Kühlrippe", also eine große wärmeabgebende Fläche. Hierdurch ergibt sich eine erhöhte Wärmeabgabe von innen nach außen, vergleichbar einer Kühlrippe an einem luftgekühlten Motor. Dies kann zu einer Temperaturabsenkung an der Innenkante zwischen Decke und Außenwand führen. Aufgrund dieser Temperaturabsenkung können sich dort in der Folge dann Schimmelpilzbildungen entwickeln.

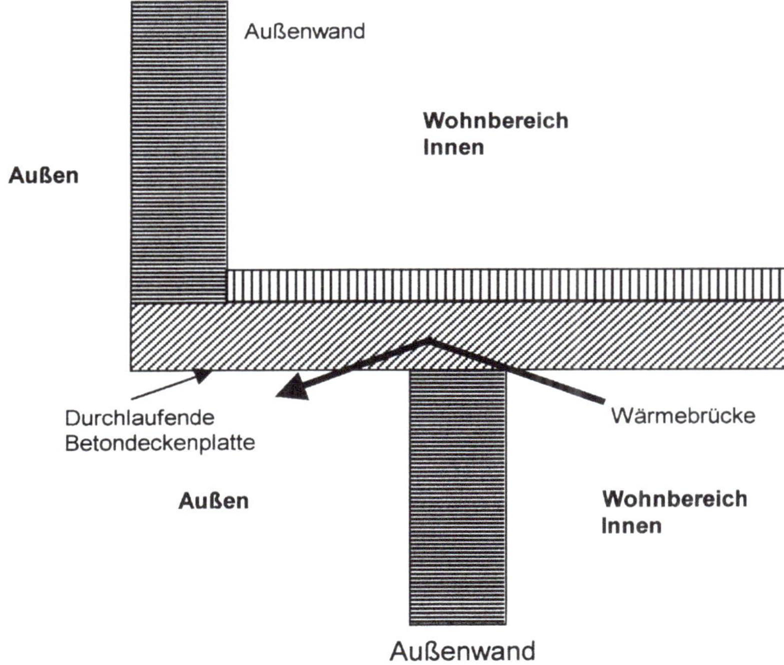

Abb. 2.3: Schematische Darstellung eines auskragenden Wohngeschosses mit durchlaufender Betondeckenplatte ohne Wärmedämmung (Vertikalschnitt)

Wärmebrücken aufgrund von Werkstoffen mit deutlich unterschiedlichen Wärmeleitfähigkeiten

Wärmebrücken aufgrund von Werkstoffen mit deutlich unterschiedlichen *Wärmeleitfähigkeiten* entstehen dann, wenn ein Bauteil sich aus unterschiedlichen Baustoffen zusammensetzt, die sich in der Eigenschaft, Wärme zu leiten, stark unterscheiden.

Ein Beispiel hierfür sind Holzständerwände mit einer Wärmedämmung in den Gefachen (Abb. 2.4).

Hierbei liegen in der Wandebene nebeneinander unterschiedliche Wärmedurchgangskoeffizienten der Baustoffe vor. Im Bereich der Holzständer wird pro Flächeneinheit wesentlich mehr Wärme nach außen transportiert als im Bereich der Gefache, in denen eine Wärmedämmung vorliegt. Somit stellen die Holzständer in diesem Fall Wärmebrücken dar.

Ein deutlich extremerer Fall liegt zum Beispiel dann vor, wenn in einer massiven Außenwand aus wärmedämmenden Steinen eine Betonstütze ohne oder mit zu geringer Wärmedämmung vorhanden ist. In solchen Fällen ist regelmäßig mit Schimmelpilzbildungen an der Innenseite der Außenwand im Bereich der Stütze zu rechnen, da sich an dieser Stelle eine deutliche Temperaturabsenkung im Vergleich zur sonstigen Wandfläche einstellen wird.

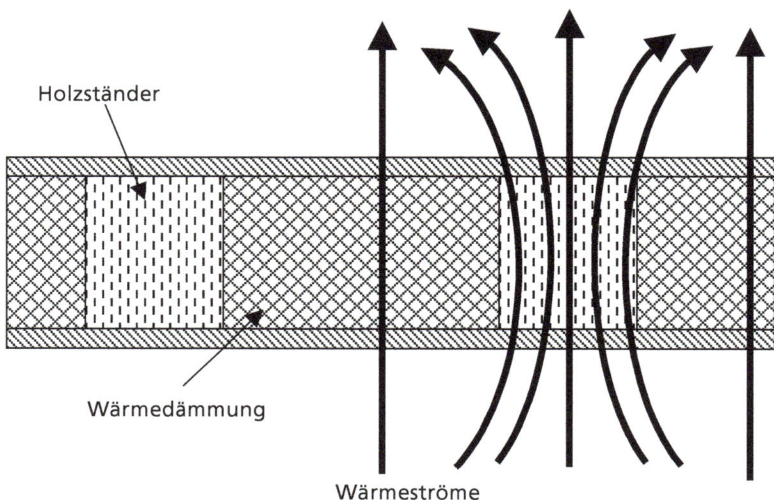

Abb. 2.4: Schematische Darstellung einer Holzständerwand (Horizontalschnitt); im Bereich der Holzständer findet ein erhöhter Wärmestrom nach außen im Vergleich zum Gefach statt; hier liegt eine Wärmebrücke vor

Wärmebrücken aufgrund einer Strömung

Eine Wärmebrücke aufgrund einer *Strömung* liegt dann vor, wenn ein „Materialtransport" durch die Gebäudehülle auftritt, wobei auch Energie mitübertragen wird.

Zu diesen Wärmebrücken gehören zum Beispiel solche Stellen, an denen Undichtheiten in der Konstruktion vorliegen (warme Luft kann nach außen strömen) oder an denen Durchführungen von Wasserleitungen oder Ähnlichem durch Bauteile hindurch vorhanden sind.

An Luftundichtheiten kann warme Luft nach außen strömen, womit Wärme nach außen transportiert wird und somit für den Raum „verloren" geht. Die nach außen strömende Luft kühlt sich ab und kann deshalb weniger Wasser aufnehmen als die warme Innenluft. Es muss dann mit Tauwasserbildungen im Inneren des Bauteils gerechnet werden, wodurch die Gefahr von Feuchteschäden besteht.

In Abbildung 2.5 ist eine schematische Skizze des Anschlusses eines Dachaufbaus an eine Außenwand dargestellt. Im Übergang der Wärmedämmung an die Außenwand liegt eine Luftundichtigkeit vor, da die Luftdichtheitsfolie nicht korrekt befestigt wurde.

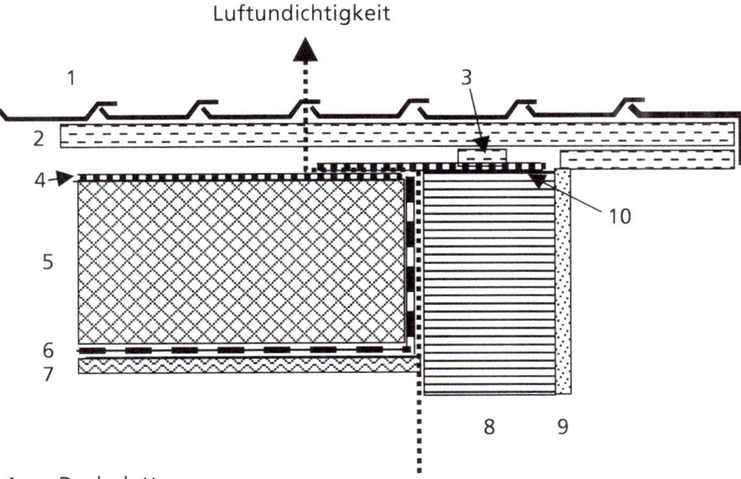

1 Dachplatten
2 Lattung
3 Konterlattung
4 Unterspannbahn
5 Wärmedämmung, Ober- und Unterseite mit Aluminiumfolie kaschiert
6 Kunststofffolie (Luftdichtheitsschicht)
7 Nut- und Federschalung
8 Giebelwand
9 Außenputz
10 Unterspannbahn

Abb. 2.5: Schematische Darstellung eines Dachaufbaus im Anschluss an eine Außenwand; im Übergang der Wärmedämmung an die Außenwand liegt eine Luftundichtigkeit vor, da die Luftdichtheitsfolie nicht korrekt befestigt wurde

2.8.3 Beispiele für Wärmebrücken

Beispiele für Wärmebrücken werden in Kapitel 5 beschrieben.

In vielen Fällen ist nicht bekannt, ob eine bestimmte Konstruktion eine Wärmebrücke darstellt oder nicht. In diesen Fällen kann mit Modellrechnungen auf der Basis von speziellen Computerprogrammen das Temperaturfeld an den Bauteiloberflächen unter normierten Bedingungen ermittelt werden. Aus den Ergebnissen lässt sich abschätzen, ob ein Bauteil im Hinblick auf Tauwasser- und Schimmelpilzbildungen kritisch ist. In Abbildung 2.6 ist ein Beispiel für die Ermittlung eines solchen Temperaturfeldes dargestellt.

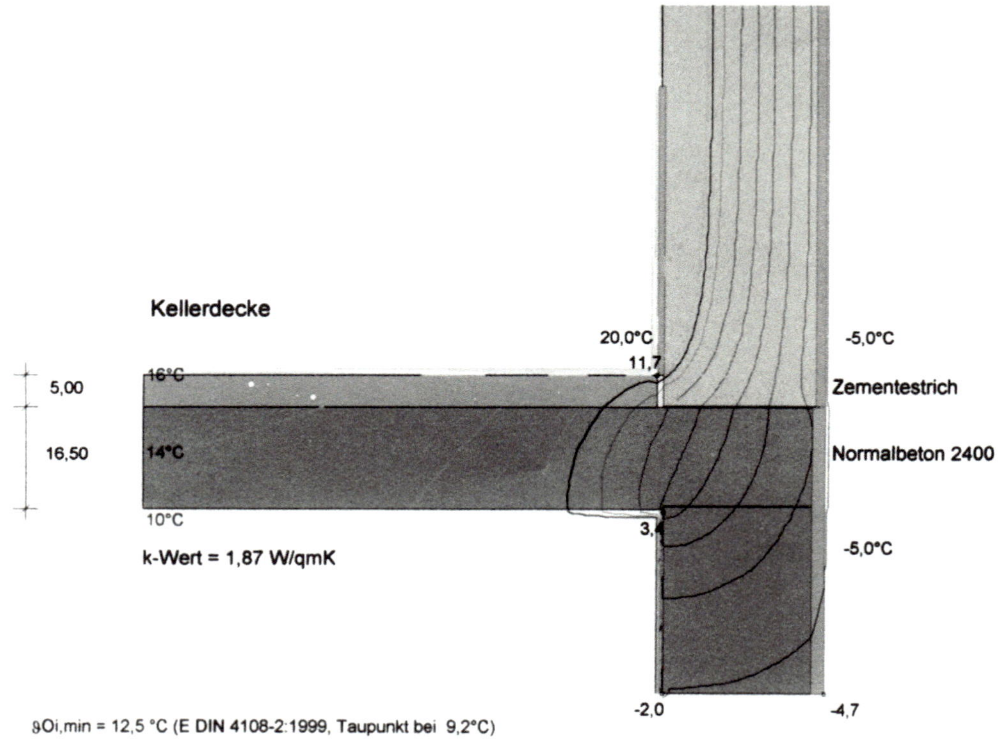

Abb. 2.6: Temperaturfeld im Anschluss einer Außenwand an eine Kellerdecke im Vertikalschnitt

2.8.4 Bauthermografie

Wenn in beheizten Gebäuden Wärmebrücken vermutet werden, bietet sich eine Untersuchung per *Bauthermografie* an. Hierbei wird das Gebäude mit einer Infrarotkamera aufgenommen. In dem Infrarotbild werden dann Bereiche mit unterschiedlichen Oberflächentemperaturen durch unterschiedliche Farben dargestellt, denen jeweils Temperaturen zugeordnet sind.

Bauthermografie beruht auf dem physikalischen Vorgang der *Wärmestrahlung* eines Körpers. Diese Strahlung wird im Infrarotbereich ausgesandt. Mithilfe von speziellen Kameras lässt sich die Infrarotstrahlung messen und in Form von Infrarotbildern darstellen. Die Wellenlänge der Infrarotstrahlung liegt etwa zwischen 7 und 1000 µm. Für die Bauthermografie werden hauptsächlich Wellenlängen zwischen 3 und 5 µm sowie zwischen 8 und 14 µm genutzt.

Eine solche Untersuchung kann von spezialisierten Ingenieurbüros vorgenommen werden.

2.9 Feuchtigkeitsschäden durch flüssiges Wasser

Undichte Rohrleitungen, Schäden an der Kellerabdichtung, der Abdichtung von Balkonen, Terrassen und Dächern oder Risse im Putz haben eines gemeinsam: Sie lassen Wasser in die Baukonstruktion eindringen. Es handelt sich hierbei allgemein um bauliche Mängel, die das Einwirken von Wasser in flüssiger Form ermöglichen.

Bei der Untersuchung und Beurteilung der Frage, woher die Feuchtigkeit in einem Bauwerk kommt, müssen folgende Effekte beachtet werden:

Wasser, welches an Undichtigkeiten einer Abdichtung oder eines Rohres in einen mineralischen Baustoff eindringt, liegt dort in flüssiger Form vor. Das Wasser gelangt durch physikalische Transportvorgänge innerhalb des Werkstoffes an die Oberfläche der Baustoffe und wird dort durch Verdunstung an die Raumluft abgegeben. Beim Transport des flüssigen Wassers werden die Inhaltsstoffe, wie lösliche Salze und Kalke des mineralischen Baustoffes, ebenfalls an die Bauteiloberfläche transportiert. Dort lagern sie sich nach der Verdunstung des Wassers in kristalliner Form ab. Bei diesem Vorgang können unter anderem flaumartige Erscheinungen entstehen, die man ***Ausblühungen*** nennt. Bei Berührung mit der Hand zerfallen diese Ausblühungen.

Typische Hinweise auf das Vorhandensein von flüssigem Wasser in einem mineralischen Baustoff sind folgende Erscheinungen:

Auswirkungen von flüssigem Wasser im Baustoff

- Wasserränder auf der Bauteiloberfläche
- Verfärbungen
- Fleckenbildungen
- Lokale Zerstörung des Putzes und Putzabplatzungen
- Hohlstellen im Putz
- Putzrisse
- Anstrichabplatzungen
- Ablösungen der Tapeten
- Schmutzablagerungen

Charakteristische Wasserschäden entstehen auch dann, wenn Rohrleitungen undicht sind. An Rohrleitungen, die unter Druck stehen, können bereits bei sehr kleinen Leckstellen über längere

Zeiträume nennenswerte Mengen an Wasser austreten und in ein Gebäude eindringen. Solche Leckstellen lassen sich typischerweise an folgenden Erscheinungen erkennen:

- Bei Undichtheiten an Heizungsrohrleitungen entsteht im Laufe der Zeit ein Druckverlust im Heizungssystem. Dieser Druckverlust kann am Manometer im Heizsystem abgelesen werden. Ein typisches Zeichen liegt dann vor, wenn über einen längeren Zeitraum ständig Wasser in das Heizsystem nachgespeist werden muss.
- Zur Überprüfung der Kalt- und Warmwasserleitungen müssen die Wasserzähler bei geschlossenen Verbrauchern abgelesen werden. Wenn ein Verbrauch festgestellt wird, ohne dass eine Wasserabnahmestelle in Betrieb ist, dann ist dies ein Zeichen dafür, dass am Rohrleitungssystem eine Undichtheit vorliegt. Hierbei muss überprüft werden, ob möglicherweise nur eine Dichtung, wie zum Beispiel häufig am Wasserkasten des WCs, defekt ist. Hierdurch würde der Wasserverbrauch eine Undichtigkeit an den Rohrleitungen vortäuschen, welche tatsächlich gar nicht vorliegt.

2.10 Tauwasserbildungen an Fensterscheiben

Ein deutlicher Beweis für unzureichende Heizung und Lüftung in einer Wohnung sind Schimmelpilzbildungen auf den Dichtungsprofilen zwischen der Isolierverglasung und dem Fensterflügel, die auf Tauwasserbildungen an der Innenseite der inneren Fensterscheiben zurückzuführen sind. Wenn derartige Tauwasserbildungen intensiv auftreten, dann läuft das Wasser an der Scheibe hinab auf das untere Rahmenprofil des Fensterflügels. Bei länger andauerndem Auftreten von Tauwasser ergeben sich Schimmelpilzbildungen im Übergangsbereich (Dichtungsprofil) zwischen der Innenseite der Glasscheibe und dem Fensterflügel. Häufig ist zusätzlich das untere Rahmenprofil von Schimmelpilzbildungen betroffen.

Da die Fenster solche Bereiche sind, an denen im Vergleich zu den übrigen Bauteilen eine schlechtere Wärmedämmung, das heißt ein geringerer Wärmedurchlasswiderstand vorliegt, stellt sich auf der Scheibenoberfläche eine niedrigere Temperatur ein als bei den anderen Bauteilen. Folglich wird bei Erhöhung der Luftfeuchtigkeit in den Räumen zuerst an der inneren Scheibenoberfläche die Taupunkttemperatur der Raumluft unterschritten, wobei sich auf der Innenseite der inneren Scheibe Tauwasser bildet. Eine solche Tauwasserbildung tritt nur dann auf, wenn die relative Luftfeuchte deutlich über 60 % ansteigt. Tauwasserbildungen an den Innenseiten von Fensterscheiben sind somit ein deutlicher Hinweis, dass eine unzureichende Lüftung und eventuell auch Beheizung vorliegt.

2.11 Unbeheizte Räume im Untergeschoss (Kellerräume)

Im Erdreich liegende unbeheizte Untergeschossräume (Kellerräume) weisen über das gesamte Jahr betrachtet im Vergleich zu Wohnräumen eine niedrigere Lufttemperatur und eine niedrigere Oberflächentemperatur der Wände auf. Auch das Lagergut im Keller wird eine niedrige Temperatur, in der Größenordnung der Lufttemperatur im Keller, annehmen.

Im Sommer und in der Übergangszeit kann durch Lüftung warme und feuchte Luft in den Keller gelangen. Hierbei kühlt sich die eintretende Luft ab, wodurch sich die relative Luftfeuchte erhöht. An kalten Wandoberflächen oder an kalten Oberflächen von Lagergut kann in diesem Fall Tauwasserbildung oder eine hohe relative Luftfeuchte entstehen. Bei häufigem Auftreten von Tauwasser wird es zu Durchfeuchtungen des Bauteils oder des Lagerguts kommen und in der Folge können sich dann Schimmelpilzbildungen ansiedeln. Hierfür ist nicht zwingend Tauwasserbildung erforderlich. Es genügt, wenn über einen längeren Zeitraum an der Oberfläche eine relative Luftfeuchte von mindestens 80 % vorliegt.

Insbesondere an Lederwaren, zum Beispiel Schuhen oder Jacken aus Leder, die im Keller gelagert werden, treten häufig Schimmelpilzbildungen auf. Dies bedeutet, dass in unbeheizten Kellerräumen nur solche Güter gelagert werden sollten, die nicht feuchtigkeitsempfindlich sind.

Darüber hinaus kann es günstig sein, an schwülwarmen Sommertagen die Kellerräume ausschließlich während der Nacht zu lüften und tagsüber die Fenster geschlossen zu halten. Diese Lüftungsart wird auch als *Sommernachtslüftung* bezeichnet.

Es muss auch beachtet werden, dass bei Kellerräumen eine Abdichtung der Außenwände erforderlich ist, damit eine zusätzliche Durchfeuchtung der Räume von außen durch die Wände verhindert wird.

Häufig werden Bodenplatten im Keller nicht abgedichtet, sondern sie erhalten lediglich eine kapillarbrechende Schüttung unterhalb der Bodenplatte. In diesem Fall muss damit gerechnet werden, dass von unten durch Diffusion oder durch Kapillarität Wasser eindringen kann. Aus diesem Grunde sollte das Lagergut nicht direkt auf den Boden gestellt werden, sondern auf Abstandhalter, damit eine Unterlüftung möglich ist.

2.12 Überflutungen

Überflutungen eines Gebäudes können unter anderem durch folgende Ereignisse auftreten:

- Regeneintritte während der Bauphase bei noch nicht fertiggestelltem Dach,
- Hochwasserereignisse,
- fehlende oder fehlerhafte Abdichtung und/oder Dränage,
- Rohrbrüche,
- defekte Geschirrspüler oder Waschmaschinen,
- überlaufende Waschbecken oder Badewannen.

Bei Überflutungen werden einzelne Bereiche oder ganze Geschosse eines Gebäudes mit Wasser beaufschlagt, sodass der Boden sowie die Sockelbereiche der angrenzenden Wandbereiche intensiv durchfeuchtet werden. In diesen Fällen ist es in Abhängigkeit von der Art der Bauteile und der Menge des eingetretenen Wassers meist erforderlich, dass eine *künstliche Trocknung* mit Trocknungsgeräten durchgeführt wird, um die Feuchte möglichst schnell wieder abzuführen und Folgeschäden zu vermeiden oder zu minimieren.

Bei der künstlichen Trocknung kann zum Beispiel mit einem Trocknungsgerät warme und trockene Luft auf der einen Seite des Fußbodens in Löcher oder zum Beispiel in die Anschlussfuge eines schwimmenden Estrichs eingeblasen und an der anderen Seite wieder abgesaugt werden. Dieser Vorgang wird solange durchgeführt, bis der Feuchtegehalt der abgesaugten Luft wieder normale Werte angenommen hat. Hierbei muss der Feuchtegehalt der Luft in regelmäßigen Abständen gemessen werden.

Eine andere Möglichkeit ist das Aufstellen eines Trocknungsgerätes in den betroffenen Räumen, welches die Raumluft trocknet. Hierbei geben die feuchten Bauteile das eingedrungene Wasser durch Diffusion an die trockene Raumluft ab, wodurch eine Trocknung der Raumumschließungsflächen stattfindet.

Trocknungstipps

- Durchführung von Feuchtemessungen vor dem Beginn der Trocknungsmaßnahmen.
- Falls möglich, Hohlräume auf Schäden untersuchen. Insbesondere muss untersucht werden, ob sich in Hohlräumen, wozu beispielsweise auch Wärmedämmschichten in schwimmenden Estrichen zählen, Schimmel gebildet haben kann.
- Mineralwolle-Wärmedämmung oder Zellulose-Wärmedämmung kann bei Durchfeuchtung zusammensacken und muss dann ausgetauscht werden.
- Nach Abschluss der Trocknungsmaßnahmen sollte der Feuchtegehalt der Bauteile messtechnisch überprüft werden.

Bei der Durchführung von Trocknungsmaßnahmen muss in jedem Fall dafür gesorgt werden, dass keine „feuchten Inseln" bestehen bleiben. Solche feuchten Restbereiche können ansonsten die Ursache für Schimmelpilzbildungen sein. Insbesondere bei der Austrocknung von schwimmenden Estrichen können feuchte Stellen zurückbleiben, da die bei den Trocknungsmaßnahmen eingeblasene Luft den Weg des geringsten Widerstands geht und möglicherweise nicht alle Bereiche erreicht. Bei der Messung des Feuchtigkeitsgehaltes der aus dem Estrich austretenden Luft werden dann niedrige Werte gemessen, obwohl möglicherweise noch Restfeuchte unter dem Estrich in der Wärmedämmung verbleibt. In der noch feuchten Wärmedämmung können dann Schimmelpilzbildungen entstehen, die jedoch nicht sichtbar sind. Beim Betreten des Estrichs werden Bewegungen in der Estrichschale hervorgerufen, die zu einer Pumpwirkung führen. Diese Pumpwirkung erzeugt eine Luftströmung über die Randfugen des Estrichs in den Raum. Mit dieser Luftströmung können Bestandteile der nicht sichtbaren Schimmelpilzbildungen in den Raum eingetragen werden. Solche Vorgänge können dafür verantwortlich sein, dass ein muffiger Geruch im Gebäude herrscht sowie allergische Reaktionen oder sonstige Gesundheitsbeeinträchtigungen bei Bewohnern ausgelöst werden.

2.13 Austrocknung von Neubaufeuchte

Während der Bauerstellung können die Bauteile eines Gebäudes zum Teil auch längeren Regenperioden ungeschützt ausgesetzt sein. Hierbei kann eine intensive Wasserbelastung der Wände und Decken auftreten. Die Bauteile nehmen bei diesem Vorgang Wasser überwiegend auf kapillarem Weg auf. Die bei Neubauten erforderliche Zeitspanne für die Austrocknung bis zur *Gleichgewichtsfeuchte* beträgt erfahrungsgemäß je nach Art der Konstruktion und der Baustoffe 1 bis 3 Heizperioden.

Zur Abschätzung der *Austrocknungsdauer* lassen sich folgende Anhaltswerte zugrunde legen:

- Ziegelmauerwerk: ca. 1 Jahr,
- Betonbauteile: ca. 3 Jahre.

Die Austrocknungsdauer ist unter anderem abhängig von der Menge an Feuchtigkeit in einem Bauteil, der Dicke des Bauteils, der Anzahl der Austrocknungsseiten (zweiseitige Austrocknung geht schneller als einseitige Austrocknung) und den Klimabedingungen an der Bauteiloberfläche.

Falls erforderlich, kann das Austrocknen von Neubaufeuchte durch Aufstellen eines Trocknungsgerätes in bestimmten Räumen oder in ganzen Geschossen beschleunigt werden.

2.14 Luftdichtheit von Bauteilen

Für die Funktionsfähigkeit eines Gebäudes ist es wichtig, dass eine zuverlässig funktionierende *Luftdichtheitsschicht* eingebaut wird, die man üblicherweise raumseitig der Wärmedämmung anordnet. Bei Gebäuden in Massivbauweise sind hiervon typischerweise Dachbereiche in Holzkonstruktionen über bewohnten Räumen betroffen. Meist wird die Funktion der Luftdichtheitsschicht von der *Dampfbremse* oder *Dampfsperre* übernommen.

An Mauerwerk wird die Luftdichtheit durch eine Putzschicht hergestellt.

Bei Löchern in der Luftdichtheitsschicht kann aufgrund von Luftdruckunterschieden am Gebäude warme und feuchte Luft aus dem Wohnbereich in die Dachkonstruktion eindringen. Hierbei muss im Dachaufbau mit Tauwasserbildung gerechnet werden, da die ausströmende Luft sich abkühlt und somit weniger Wasser aufnehmen kann als die Luft in wärmerem Zustand.

Tauwasserbildung durch Konvektion kann ein Vielfaches derjenigen Tauwassermenge betragen, welche durch Wasserdampfdiffusion maximal möglich ist. Dieses Tauwasser kann zu Durchfeuchtungen und zu Schimmelpilzbildungen im Dachaufbau führen. Es ist deshalb erforderlich, dass die Dampfsperre bzw. Dampfbremse luftdicht im Bereich von Anschlüssen, Überlappungen und Durchdringungen ausgebildet wird. Diese Luftdichtheit ist auch zur Verhinderung von Wärmeverlusten über die Dachfläche wichtig.

Probleme bei der Luftdichtheit ergeben sich häufig dann, wenn Installationen wie Kabel und Rohre durch die Luftdichtheitsschicht geführt werden. Ein luftdichter Anschluss der Luftdichtheitsschicht an solche Installationen ist nur mit hohem Aufwand möglich und wird in der Praxis deshalb oft nicht fachgerecht ausgeführt oder einfach vergessen. Aus diesem Grunde hat es sich bewährt, dass an der Innenseite des Daches, das heißt raumseitig der Luftdichtheitsschicht, eine eigene Ebene für die Führung von Installationen vorgesehen wird. Dies kann zum Beispiel zwischen der Luftdichtheitsschicht und einer Raumbekleidung aus Gipskartonplatten erfolgen. In dieser Ebene lassen sich dann auch später eventuell noch erforderliche Nachinstallationen einbauen.

Aus DIN 4108-2:2013-02 „Wärmeschutz und Energie-Einsparung in Gebäuden – Teil 2: Mindestanforderungen an den Wärmeschutz" gehen folgende Anforderungen an die Luftdichtheit von Außenbauteilen hervor:

> Aus einzelnen Teilen zusammengesetzte Bauteile oder Bauteilschichten (z. B. Holzschalungen) müssen unter Beachtung von DIN 4108-7 luftdicht ausgeführt sein.

In DIN 4108-7:2011-01 „Wärmeschutz und Energie-Einsparung in Gebäuden - Teil 7: Luftdichtheit von Gebäuden - Anforderungen, Planungs- und Ausführungsempfehlungen sowie -beispiele" sind unter anderem folgende prinzipielle Angaben enthalten:

- Als Dichtungsmaterialien im Bereich von Fugen können konfektionierte Schnüre, Streifen, Bänder und Spezialprofile eingesetzt werden. Die Luftdichtheit wird bei Dichtungsbändern erst bei einer ausreichenden Kompression erreicht.
- Anschlüsse von raumseitigen Folien können insbesondere durch die Kombination von Latten und vorkomprimierten Dichtbändern gesichert werden.
- Anpresslatten zur Sicherung von Anschlüssen sind zu verschrauben.
- Durchdringungen senkrecht zu Bauteilen können durch Flansche gesichert werden.
- Im Bereich von geneigten Dächern können Durchdringungen durch Schellen bzw. Manschetten aus Klebebändern luftdicht abgedichtet werden.
- Bei der Festlegung der Bauteile ist das Luftdichtheitskonzept, das heißt, die Lage der Luftdichtheitsschicht zu berücksichtigen. Die Anschlussdetails und Werkstoffe sollten im Vorfeld festgelegt werden.
- Unvermeidbare Fugen sind so zu planen, dass sie dauerhaft luftdicht verschlossen werden können.
- Montageschäume, mit denen meist die Anschlussfugen von Fenstern und Türen verfüllt werden, sind als alleinige Maßnahme zur Sicherstellung der Luftdichtheit ungeeignet.

In den Abbildungen 2.7 und 2.8 sind Beispiele für die Ausbildung von Anschlüssen einer Luftdichtheitsschicht aus einer Folie dargestellt.

Die Überprüfung der Luftdichtheitsschicht eines Gebäudes lässt sich durch eine Messung des Luftwechsels nach dem *Blower-Door-Verfahren* vornehmen. Hierzu wird in eine Außentür oder ein Außenfenster ein Messgerät, bestehend aus einem Metallrahmen mit Kunststoffbespannung, einem Ventilator sowie einem Druckmessgerät, eingebaut.

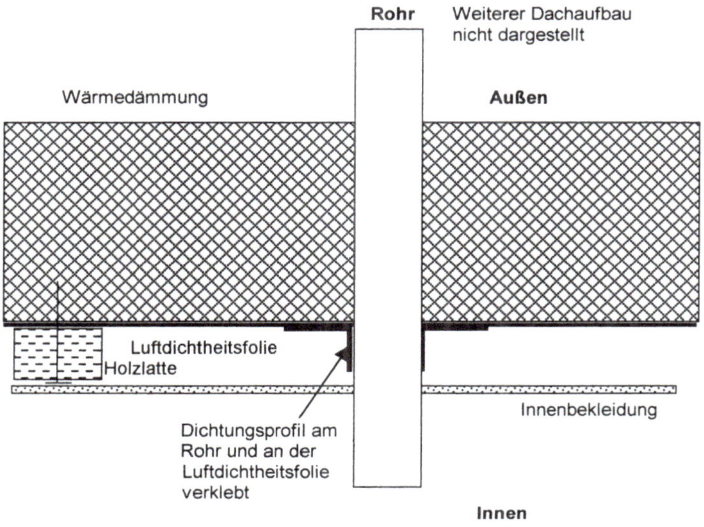

Rohr
Weiterer Dachaufbau nicht dargestellt
Wärmedämmung
Außen
Luftdichtheitsfolie
Holzlatte
Innenbekleidung
Dichtungsprofil am Rohr und an der Luftdichtheitsfolie verklebt
Innen

Abb. 2.7: Beispiel für den Anschluss einer Luftdichtheitsschicht im Dachbereich an eine Rohrdurchführung mit einer verklebten Dichtungsmanschette (Darstellung als Vertikalschnitt)

Weiterer Dachaufbau nicht dargestellt
Sparren
Wärmedämmung
Luftdichtheitsfolie
Latte
Innenbekleidung
Verklebung der Luftdichtheitsfolie
Innenputz
Außenwand

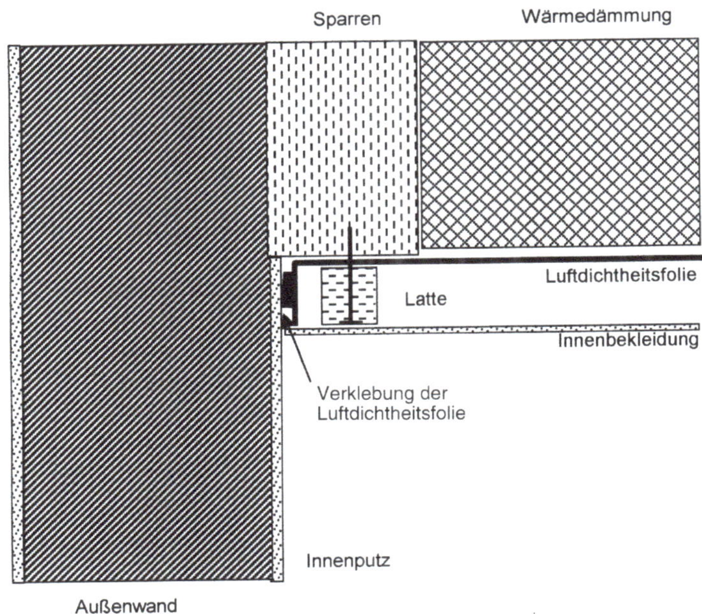

Abb. 2.8: Beispiel für den Anschluss einer Luftdichtheitsschicht an eine Massivwand (Darstellung als Vertikalschnitt) durch Verklebung der Luftdichtheitsschicht

Mit dem Ventilator kann in dem Gebäude sowohl ein Unterdruck als auch ein Überdruck hergestellt werden. Die hierbei vom Ventilator transportierte Luftmenge wird gemessen. Aus der Luftmenge und dem Raumvolumen lässt sich der *Luftwechsel* ermitteln, welcher bei einem Differenzdruck zwischen innen und außen von 50 P auftritt. Diesen Wert des Luftwechsels bezeichnet man als n_{50}-Wert. Der n_{50}-Wert soll die in Tabelle 2.7 angegebenen Anforderungen nicht überschreiten. Im Zuge der Durchführung einer Blower-Door-Messung können mithilfe eines Nebelgenerators, eines Anemometers (Luftgeschwindigkeitsmesser) oder einer Infrarot-Kamera Undichtigkeiten in der Gebäudehülle aufgespürt werden.

Tabelle 2.8: Anforderung an den n_{50}-Wert von Gebäuden

Gebäudeart	n_{50}-Wert
Gebäude ohne raumlufttechnische Anlage, Anforderung laut DIN 4108-7: 2011-01	3
Gebäude mit raumlufttechnischer Anlage, Anforderung laut DIN 4108-7: 2011-01	1,5

Planungs- und Ausführungstipps zur Luftdichtheit von Gebäuden

- Die Luftdichtheitsebene sollte in einem möglichst frühen Stadium festgelegt werden.
- Prinzipiell sollte es möglich sein, mit einem Stift die Luftdichtheitsebene in einem Plan ringsum – ohne abzusetzen und ohne zu verspringen – darzustellen.
- Raumseitig der Luftdichtheitsschicht sollte eine Installationsebene angeordnet werden.
- Die Luftdichtheitsebene darf nicht von innen nach außen oder umgekehrt verspringen.
- Stöße und Durchdringungen müssen minimiert werden.
- Für jeden Anschluss der Dichtebene muss ein Detail festgelegt werden. Außerdem muss festgelegt werden, von welchem Gewerk die Luftdichtung hergestellt wird.
- Bei Steckdosen, Wasserspülkästen etc. muss geprüft werden, ob sie über Leitungen oder Kabelkanäle Undichtigkeiten aufweisen.

2.15 Wintergärten

Wintergärten stellen unbeheizte Pufferräume zwischen Wohnräumen und dem Außenbereich dar. Häufig werden Wintergärten zum Schutz der Pflanzen durch Frostwächter frostfrei gehalten, das heißt, geringfügig beheizt.

Bei Wintergärten ist es wichtig, dass sie nach außen gelüftet werden. Weiterhin muss beachtet werden, dass Wohnräume, die an Wintergärten grenzen, zusätzliche Lüftungsmöglichkeiten

(Fenster) nach außen aufweisen und die Verbindung zwischen dem Wohnraum und dem Wintergarten nicht die einzige Lüftungsmöglichkeit für den Wohnbereich darstellt.

Bei der Nutzung von Wintergärten kann sich je nach Art und Anzahl der Belegung mit Pflanzen eine unter Umständen sehr hohe Luftfeuchtigkeit einstellen. Hierbei können sich Bedingungen ergeben, bei denen der absolute Wassergehalt der Luft im Wintergarten höher liegt als der absolute Wassergehalt der Luft im angrenzenden Wohnraum. Wenn in diesem Fall die Luft aus dem Wintergarten in den Wohnraum hineingelüftet wird, dann kann hierdurch die Feuchtigkeit der Raumluft im Wohnbereich erhöht werden, wodurch letztendlich Schimmelpilzbildungen begünstigt werden.

Wenn im umgekehrten Fall in der Heizperiode warme Raumluft aus dem Wohnbereich in den Wintergarten gelangt, dann können an den kühleren Umfassungsflächen des Wintergartens Tauwasserbildungen entstehen. Der Wintergarten muss für diesen Fall so konstruiert sein, dass das anfallende Tauwasser ohne Schäden zu verursachen abgeführt werden kann. Hierzu ist zum Beispiel der Einbau von Tauwasserrinnen erforderlich.

2.16 Holzbauteile im Freien

2.16.1 Allgemeines

Holzbauteile im Außenbereich sind folgenden *Witterungseinflüssen* ausgesetzt:

Niederschläge

Niederschläge, die auf das Holz treffen, bewirken erhebliche Feuchteänderungen im Holz, insbesondere an der Oberfläche bzw. den oberflächennahen Querschnittsbereichen. Bedingt durch das Schwinden und Quellen treten feine Risse in der Holzoberfläche auf, die sich mit der Zeit vergrößern, sodass die Niederschläge auch in tiefer liegende Bereiche des Holzbauteils eindringen können. Aus diesen Bereichen kann das Wasser nur sehr langsam entweichen, sodass durch die Anreicherung von Wasser über einen längeren Zeitraum die Gefahr von Pilzbefall besteht oder sich holzzerstörende Insekten ansiedeln können. Je nach Art des verwendeten Holzes sind die Holzbauteile unterschiedlich widerstandsfähig gegen Feuchte.

Genauso wie gegen Niederschläge muss Holz auch gegen Wasser aus dem Erdreich geschützt werden. Hierzu ist es erforderlich, dass das Holz gegen Feuchte abgedichtet oder durch Abstand vom Erdreich getrennt wird.

Sonneneinstrahlung

Die Strahlungswärme der Sonne bewirkt eine Erwärmung des Holzes. So treten bei hellen Holzoberflächen Temperaturen bis zu etwa 40 °C, bei dunklen Oberflächen bis zu 80 °C auf. Die ungleichmäßige Erwärmung (Temperaturgefälle von außen nach innen), die Temperaturschwankungen und die damit verbundenen Feuchteschwankungen im Holz fördern die Rissbildung und die damit verbundenen Gefährdungen. An den Rissen kann Wasser eindringen und zu einer

Erhöhung der Holzfeuchte führen. Dieser Effekt kann zur Bildung von Holzpilzen oder sonstigen Holzschädlingen beitragen.

UV-Strahlung

UV-Strahlen bauen das Lignin des Holzes fotochemisch zu einem wasserlöslichen Stoff um und verfärben das Holz (Vergrauung). Werden die wasserlöslichen Stoffe vom Regen ausgewaschen, so nimmt das Holz mit der Zeit ein waschbrettartiges Aussehen an, weil das weichere Frühholz schneller ausgewaschen wird als das härtere Spätholz.

Zum Schutz des Holzes vor Feuchtigkeitsschäden sind in Abhängigkeit von der Gefährdungsklasse prinzipiell mehrere *Schutzmaßnahmen* allein oder in Kombination möglich:

Physikalischer Holzschutz

Zum Schutz des Holzes gegen die oben beschriebenen Witterungseinflüsse werden meist Anstriche und Beschichtungen eingesetzt, die das Eindringen von Wasser in flüssiger oder tropfenförmiger Form in das Holz hinein verhindern.

Vorbeugender chemischer Holzschutz

Der vorbeugende chemische Holzschutz nach DIN 68800-3 soll die Risiken abdecken, die für Holzteile unter anderem aus folgenden Einflüssen entstehen können:

- unkontrollierter Insektenbefall, zum Beispiel bei belüfteten Bauteilen;
- „ungewollt" auftretende Feuchte, zum Beispiel durch
  - erhöhte Einbaufeuchte des Holzes oder anderer Werkstoffe im Querschnitt des Holzbauteils,
  - bei Außenbauteilen durch Leckagen an der Raumseite (Wasserdampfkonvektion),
  - Belastung an der Außenseite durch Niederschläge.

Baulicher Holzschutz

Zum baulichen Holzschutz zählen unter anderem folgende Maßnahmen:

- Vermeidung unzuträglicher Feuchte oder Feuchteänderungen während Transport, Lagerung, Bauzustand und Nutzung,
- Einhaltung des Tauwasserschutzes nach DIN 4108-3 für den Nutzungszustand. Dies bedeutet, dass Tauwasserbildung zu keiner unzulässigen Befeuchtung des Holzbauteils führen darf.

2.16.2 Balkone

Wenn Balkone aus Holz hergestellt werden, dann können entweder die gesamte Balkonkonstruktion aus Holz bestehen oder nur Teile des Balkons, zum Beispiel der Gehbelag.

Bei der Errichtung eines solchen Balkons müssen folgende Aspekte beachtet werden:

- Vorsehen eines baulichen oder chemischen Holzschutzes,
- fachgerechte Entwässerung des Balkons,
- Verhinderung von Staunässe.
- Alle Bauteile müssen luftumspült sein und in Trockenperioden wieder zuverlässig austrocknen können.

Die Schutzmaßnahmen des Holzes müssen dafür sorgen, dass entweder keine unzulässige Erhöhung der Holzfeuchte entsteht oder die Holzfeuchte nicht zu einer Schädigung des Holzes führt. Es muss dabei jedoch darauf geachtet werden, dass die Schutzmaßnahmen nicht die Holzschäden verdecken. Zum Beispiel ist es möglich, dass an Rissen in Holzschutzanstrichen Wasser in das Holzbauteil eindringt und nicht mehr schnell genug austrocknen kann. Dies kann zu einer lokalen Holzschädigung führen.

Wenn Schäden am Holz sichtbar werden, dann hat meist bereits über einen längeren Zeitraum Wasser auf das Holz eingewirkt und einen erhöhten Feuchtegehalt ergeben. Hierbei können folgende Schadensbilder auftreten:

- Holzverfärbungen,
- Schimmelpilzbildungen an der Holzaußenseite,
- Auftreten von Fruchtkörpern von Holzpilzen,
- Zerstörung der Holzstruktur durch Pilze,
- Ansiedlung von holzzerstörenden Insekten.

2.16.3 Dachüberstände

Dachüberstände von Gebäuden sind wechselnden Feuchtigkeiten ausgesetzt. Hierzu zählen zum Beispiel Belastungen durch Regen, Nebel und hohe relative Luftfeuchtigkeiten.

Werden gegen diese Belastungen keine geeigneten Schutzmaßnahmen ergriffen, dann können schwarze Verfärbungen oder Pilzbildungen an den Holzbauteilen auftreten. Aus diesem Grunde erhalten die Dachüberstände meist Abdeckungen aus Metall, aus geeigneten Holzbauteilen oder aus sonstigen Abdeckungsmaterialien.

Ein ausreichender Schlagregenschutz ist zum Beispiel durch eine oberseitige Abdeckung mit Überstand erreichbar. Hierbei muss die Abdeckung so weit überstehen, dass der außenliegende Sparren am Ortgang gegenüber einem solchen Regen geschützt ist, der in einem Winkel von 60° gegenüber der Horizontalen fällt (siehe Abb. 2.9). Für eine solche Abdeckung sind die üblicherweise am Dachrand aufgebrachten überstehenden Dachplatten nicht ausreichend. In diesem Fall bietet sich eine oberseitige Abdeckung in Kombination mit einer seitlichen Bekleidung an, zum Beispiel durch Blech oder durch eine geeignete Brettschalung. Die Skizze in Abb. 2.10 stellt eine solche Konstruktion beispielhaft dar.

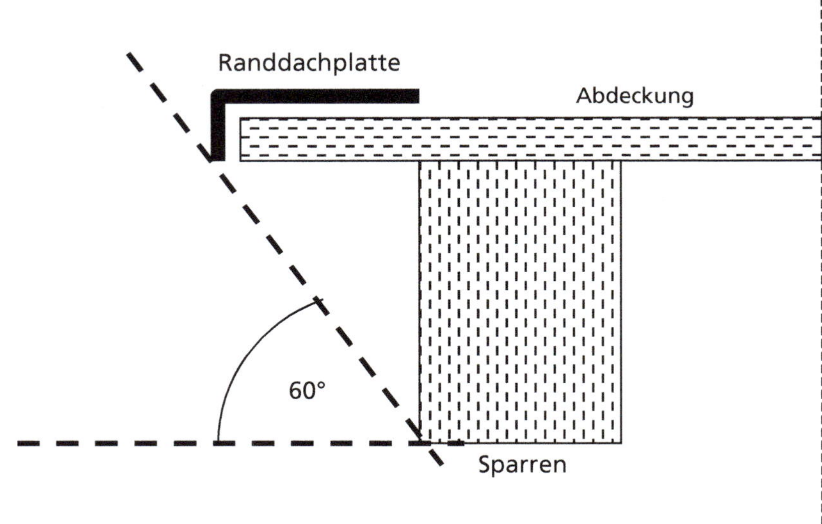

Abb. 2.9: Schutz eines Sparrens am Ortgang vor Regenbelastung durch eine auskragende Überdeckung

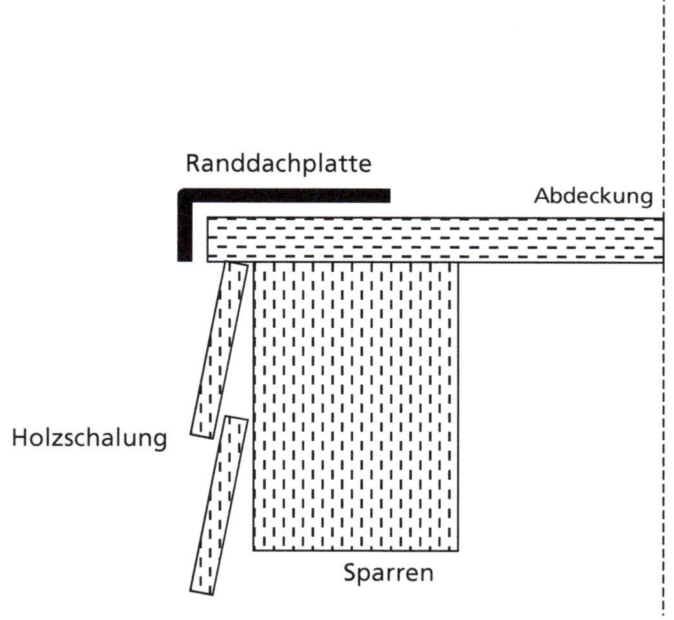

Abb. 2.10: Schutz eines Sparrens am Ortgang vor Regenbelastung durch eine Holzschalung

2.17 Algenbildungen

An Fassaden tritt häufig im Lauf der Zeit eine mikrobiologische Besiedlung auf. Als mikrobiologische Besiedlung von Fassaden bezeichnet man vor allem folgende Spezies:

- Algen,
- Schimmelpilze,
- Bakterien,
- Flechten,
- Moose und Farne.

Sehr häufig findet eine gemeinsame Besiedlung durch Schimmelpilze und Grünalgen oder Blaualgen statt.

Grünalgen sind typischerweise an ihrem grünlichen Aussehen zu erkennen. Hierbei handelt es sich um vielzellige Organismen. Sie können sich innerhalb eines Temperaturbereichs von 0 bis zu 50 °C und an Extremstandorten zwischen –7 bis zu 70 °C bilden. Die wichtigste Wachstumsvoraussetzung ist aber immer eine ausreichende Menge an Feuchtigkeit. Ab relativen Luftfeuchtigkeiten von 70 % und mehr können sich Algen entwickeln.

Als Nahrungsgrundlage sind Kohlendioxyd, Salze und Spurenelemente ausreichend. Im Gegensatz zu Schimmelpilzbildungen benötigen Algen jedoch Licht zur Photosynthese.

Das Wachstum von Algen wird durch eine Vielzahl an Faktoren beeinflusst. Im Baubereich spielen hierbei insbesondere folgende Einflüsse eine große Rolle:

- Konstruktionen, welche den Feuchtehaushalt eines Baustoffs oder einer Baustoffoberfläche fördern oder reduzieren, zum Beispiel Dachüberstände oder Abdeckungen,
- Himmelsrichtung und damit die Besonnung,
- Wetterseite oder geschützte Seite,
- Art der Baustoffoberfläche,
- Standort, zum Beispiel Industriegebiet, Wohngebiet, Wald,
- Klima, feucht oder trocken,
- Witterung,
- Pflanzenbewuchs,
- Lichteinfluss,
- materialspezifische Einflüsse der Bauteiloberfläche.

Zur Verhinderung von Algenbildungen ist es zuerst wichtig, die Befeuchtung eines Bauteils soweit als möglich zu reduzieren. Dabei sind beispielsweise die gleichen Maßnahmen wie beim konstruktiven Holzschutz einsetzbar. Auch hier muss wieder der Grundsatz „Wasser weg vom Bau" beachtet werden.

Weiterhin muss sichergestellt werden, dass das Bauteil bzw. die Bauteiloberfläche nach einer Befeuchtung rechtzeitig und ausreichend austrocknen kann.

Als letzte Möglichkeit bieten sich algizide Maßnahmen an. Insbesondere können dem Außenputz, einer Beschichtung oder einem Anstrich biozide Wirkstoffe gegen Algenwachstum zugemischt werden. Solche Wirkstoffe sind jedoch nur für eine begrenzte Zeit wirksam und werden allmählich durch die Witterung wieder ausgewaschen.

Tipps zur Vorbeugung

- Wasser konsequent von der Fassade weg führen.
- Verhindern, dass Wasser über die Fassade abläuft.
- Dachüberstände einplanen und herstellen.
- Alle horizontalen Flächen wasserdicht abdecken.
- Ausreichende Tropfkanten herstellen.
- Vorsprünge und horizontale oder geneigte Fassadenflächen vermeiden.
- Spritzwasserbelastung verhindern.
- Schäden an Abdichtungen, Abdeckungen usw. schnell reparieren.
- Gefälle des Geländes vom Gebäude weg führen.
- Schattenwirkung durch Bäume und Büsche verhindern.
- Regelmäßige Reinigung der Fassaden sicherstellen.
- Regelmäßige Wartung der Abläufe sowie Dachrinnen und Fallrohre.
- Im Winter den Schnee an der Fassade entfernen.

3 Beseitigung von Schimmelpilzbildungen

3.1 Ursachenermittlung

Zur Beseitigung von Schimmelpilzbildungen ist es zwingend erforderlich, zuerst die Ursachen herauszufinden und diese zu beseitigen. Hierbei können bauliche Maßnahmen erforderlich sein, zum Beispiel die Verbesserung des Wärmeschutzes von Außenbauteilen. Zusätzlich, oder in vielen Fällen auch als alleinige Maßnahme ausreichend, kann eine Umstellung der Nutzungsgewohnheiten durch die Bewohner erforderlich werden. Hierunter fallen Maßnahmen zur ausreichenden Lüftung und Beheizung der Wohnung.

Erst wenn diese Maßnahmen geklärt und durchgeführt sind, kann als weiterer Schritt eine dauerhafte Beseitigung der Schimmelpilzbildungen erfolgen. Eine alleinige Beseitigung der Schimmelpilzbildungen, ohne auch die Ursache zu beseitigen, bringt nur einen kurzfristigen Erfolg. Sie sind als provisorische Maßnahmen allenfalls dann sinnvoll, wenn die Durchführung von dauerhaften Instandsetzungsmaßnahmen nicht sofort erfolgen kann.

Mögliche Ursachen von Schimmelpilzbildungen in Wohnungen

Bauliche Ursachen:

- unzureichender Wärmeschutz von Bauteilen,
- Wärmebrücken,
- fehlende oder fehlerhafte Abdichtung von Dächern, Balkonen, Keller oder an Erdreich angrenzenden Räumen,
- undichte Heizungs- oder Sanitärrohrleitungen,
- unzureichender Wetterschutz des Außenbauteils,
- Fehler an der Luftdichtheitsschicht.

Nutzungsbedingte Ursachen:

- Wasserschäden durch auslaufende Waschmaschinen oder Geschirrspülmaschinen,
- auslaufendes Wasser beim Baden oder Duschen,
- unzureichende Beheizung der Wohnung oder einzelner Räume der Wohnung,
- unzureichende Belüftung der Wohnung,
- Wäschetrocknung in der Wohnung,
- ungünstige Stellung von Möbeln ohne ausreichende Hinterlüftung,
- Temperierung kalter Räume mit warmer Raumluft aus der Wohnung.

3.2 Provisorische Maßnahmen

Zur provisorischen Bekämpfung von Schimmelpilzbildungen lässt sich eine Desinfizierung der befallenen Stellen vornehmen.

Desinfizierende Maßnahmen sind jedoch nur als zeitlich begrenztes Provisorium zu betrachten. Sobald wie möglich muss eine fachgerechte Sanierung erfolgen. Zur provisorischen Desinfektion können zum Beispiel folgende Wirkstoffe verwendet werden:

- 80-prozentige Alkohollösung,
- 5- bis 10-prozentige Wasserstoffperoxidlösung, gegebenenfalls mit Zusatz von Silberionen,
- Chlorbleichlauge.

Bei der Anwendung der Desinfektionslösung muss beachtet werden, dass je nach Wirkstoff eine Gesundheitsgefährdung bei der Ausführung auftreten kann.

Es können in Einzelfällen auch fungizid wirkende Stoffe eingesetzt werden, wobei jedoch beachtet werden muss, dass diese Stoffe auch die Gesundheit der Bewohner in Innenräumen beeinträchtigen können. In jedem Fall müssen die Angaben des Herstellers beachtet werden.

Auf die Anwendung von Essig sollte verzichtet werden, da kalkhaltige Baustoffe oder Putze die Essigsäure neutralisieren können und damit wirkungslos machen.

Zusätzlich sollten die befallenen Stellen gezielt belüftet und beheizt werden, damit dort der Nachschub an Feuchtigkeit unterbrochen oder mindestens reduziert wird. Auf alle Fälle müssen zu einem späteren Zeitpunkt dauerhafte Maßnahmen zur Entfernung der Schimmelpilzbildungen durchgeführt werden, sobald die Ursachen der Schimmelpilzbildungen beseitigt worden sind.

3.3 Nutzungssituation

Gleichzeitig mit der Durchführung von Maßnahmen zur Schimmelsanierung sollten auch die eigenen Nutzungsgewohnheiten kritisch hinterfragt werden. Insbesondere muss darauf geachtet werden, dass eine ausreichende Beheizung und Lüftung der jeweiligen Räume durchgeführt wird. Meist ist es hilfreich, wenn der Erfolg dieser Maßnahmen mit einem Thermohygrometer überprüft wird. Mit einem solchen Messgerät lassen sich sowohl die Lufttemperatur als auch die relative Luftfeuchte überprüfen. Die relative Luftfeuchte sollte im Mittel über eine längere Zeitperiode um 50 % liegen.

Weiter sollte auch die Möblierung der Wohnung überprüft werden. Gegebenenfalls kann eine Veränderung der Möbelaufstellung die Situation verbessern.

3.4 Dauerhafte Maßnahmen

Die nachfolgend aufgeführten Maßnahmen stellen nur prinzipielle Möglichkeiten zur Beseitigung von Schimmelpilzbildungen dar und müssen immer auf den speziellen Einzelfall angepasst werden.

Dauerhafte Maßnahmen zur Beseitigung von aufgetretenen Schimmelpilzbildungen sollten dann eingesetzt werden, wenn die Ursache der Schimmelpilzbildungen beseitigt worden ist. In diesem Fall sind insbesondere folgende Maßnahmen erforderlich:

- Entfernen und Ersetzen von befallenen porösen Baustoffen, zum Beispiel müssen Tapeten und Putz entfernt und neu aufgebracht werden. Die entfernten Baustoffe müssen entsorgt werden. Bei geringen Mengen ist die Entsorgung über den Hausmüll ausreichend, ansonsten können Schuttstoffe auch auf eine Baustoffdeponie abgefahren werden.
- Befallene Fugendichtstoffe in Sanitärräumen oder in Küchen müssen ersetzt werden.
- Baustoffe mit glatten Oberflächen können abgewaschen und desinfiziert werden.
- Möbelstücke mit glatten Oberflächen können ebenfalls abgewaschen und desinfiziert werden.
- Bei Möbelstücken mit textilen Oberflächen und/oder Polsterungen muss geprüft werden, ob eine Reinigung durchgeführt werden kann. Gegebenenfalls müssen Möbelstücke, die einen intensiven Befall mit Schimmelpilzen aufweisen, entsorgt werden.
- Entfernung des entstehenden Staubes mit einem Staubsauger. Der Staubsaugerbeutel sollte anschließend im Hausmüll entsorgt werden.

Bei allen Arbeiten muss damit gerechnet werden, dass Sporen oder Schimmelpilzteile in der Wohnung freigesetzt und verteilt werden. Aus diesem Grunde sollten folgende Hinweise beachtet werden:

- Personen mit Allergien sollten nicht mit der Beseitigung von Schimmelpilzbildungen beauftragt werden.
- Personen, die Instandsetzungsarbeiten bei intensivem Schimmelpilzbefall durchführen, sollten Arbeitsschutzmaßnahmen ergreifen. Hierzu gehören insbesondere Mundschutz, Schutzbrille und Arbeitsschutzhandschuhe.
- Die zu behandelnden Bereiche sollten gegebenenfalls durch provisorische Trennwände mit Folien von den übrigen Bereichen abgetrennt werden, damit die Schimmelpilzbildungen nicht durch die Sanierungsmaßnahmen in andere Räume verschleppt werden. Diese Maßnahmen dienen auch dazu, die Bewohner der betroffenen Wohnung, insbesondere Allergiker oder immungeschwächte Personen, während der Sanierung zu schützen.
- Vor der Durchführung der Instandsetzungsarbeiten sollten Lebensmittel, Kleidung, Kinderspielzeug, Pflanzen und andere bewegliche Gegenstände aus dem betroffenen Raum entfernt werden.
- Nach Beendigung der Maßnahmen sollte in der gesamten Wohnung eine Feinreinigung durchgeführt werden.
- Bei den Instandsetzungsarbeiten müssen die einschlägigen Arbeitsschutzvorschriften beachtet werden (siehe Anhang A, Arbeitsschutzvorschriften und technische Regeln).
- Bei intensivem Befall ist es meist empfehlenswert, eine Fachfirma mit der Beseitigung der Schäden zu beauftragen.

D e Beseitigung von Hausschwamm darf nur von Fachfirmen durchgeführt werden, die Erfahrung auf diesem speziellen Fachgebiet aufweisen.

4 Verbesserung des Wärmeschutzes von Außenwänden

4.1 Anforderungen an die Wärmedämmung

Zur Vorbeugung oder Verhinderung von Schimmelpilzbildungen in Wohnungen ist es häufig erforderlich, zusätzliche Wärmedämm-Maßnahmen zu ergreifen. Mittels Verbesserung des Wärmeschutzes der Gebäudehülle können zum einen gezielt Wärmebrücken beseitigt werden, zum anderen wird dadurch die Oberflächentemperatur an der Innenseite der Außenwände angehoben. Beides kann zur Verhinderung von Schimmelpilzbildungen beitragen. Nebenbei wird hierdurch auch der Heizenergieverbrauch eines Gebäudes reduziert, sodass zusätzlich eine Einsparung an Heizkosten erzielt wird.

Bei der Planung von Wärmeschutzmaßnahmen stößt man auf eine Vielfalt möglicher Methoden und Werkstoffe, mit denen sich eine wärmetechnische Sanierung durchführen lässt.

Eine Wärmedämmung der Gebäudehülle muss entweder allein oder in Kombination mit zusätzlichen Werkstoffen Anforderungen an den

- Wärmeschutz,
- Brandschutz,
- Feuchteschutz und
- Schallschutz

erfüllen. Neben diesen technischen Anforderungen spielen weiterhin auch optische und gestalterische Gesichtspunkte eine Rolle, auf die im Folgenden jedoch nicht weiter eingegangen wird.

Weiterhin kann es unter Umständen erforderlich werden, auch statische Fragestellungen zu klären. In solchen Fällen muss jedoch immer ein Statiker eingeschaltet werden.

4.1.1 Wärmeschutz

Die wohl wichtigste Anforderung an eine Außenwanddämmung ist, einen möglichst guten Wärmeschutz der Außenwand herzustellen. Die Anforderungen an den Wärmeschutz sind in DIN 4108-2:2013-02 „Wärmeschutz und Energieeinsparung in Gebäuden, Teil 2: Mindestanforderungen an den Wärmeschutz" sowie im Gebäudeenergiegesetz (GEG) von 2020 geregelt. Das GEG enthält Anforderungen an die energetische Qualität von Gebäuden, die Erstellung und die Verwendung von Energieausweisen sowie an den Einsatz erneuerbarer Energien in Gebäuden.

4.1.2 Brandschutz

Die zu erfüllenden Brandschutzanforderungen für die Bauteile eines Hauses sind in den jeweiligen Landesbauordnungen der Länder geregelt. Die Regelungen selbst sind nicht einheitlich, sondern unterscheiden sich zum Teil erheblich von Land zu Land. Im Zweifelsfall muss mit der zuständigen Baurechtsbehörde Rücksprache genommen werden.

4.1.3 Feuchteschutz

Außenwände müssen sowohl einen ausreichenden Schlagregenschutz als auch Schutz vor Tauwasser an der Bauteiloberfläche sowie im Inneren von Bauteilen bieten. Der Schlagregenschutz kann von einem Wärmedämmstoff allein nicht erzielt werden, es ist in jedem Fall eine zusätzliche Schicht als Wetterschutz erforderlich. Diese Schicht kann zum Beispiel eine Bekleidung aus Holz, Metall, einer Putzschicht oder auch aus keramischen Platten sein. Bei der Verarbeitung dieser Werkstoffe müssen jeweils die einschlägigen technischen Regeln beachtet werden.

Hinsichtlich des Tauwasserschutzes im Inneren der Bauteile sind alle Einzelschichten der Außenwand zu betrachten. Je nach Konstruktion kann zusätzlich der Einbau einer raumseitigen Dampfsperre oder zumindest einer Dampfbremse erforderlich werden. Bei kritischen Konstruktionen sollte eine Tauwasserberechnung erfolgen, zum Beispiel nach dem sogenannten Glaserverfahren, um mögliche Bauschäden durch Tauwasserbildung zuverlässig ausschließen zu können.

Außerdem können für die Überprüfung von Wärmebrücken Computerprogramme zur Berechnung der Temperaturfelder im Bereich der kritischen Stellen herangezogen werden.

Bei Sonderproblemen lassen sich auch hygrothermische Simulationen mit speziellen Computerprogrammen durchführen. Solche Berechnungen entsprechen in der Zwischenzeit bereits dem Stand der Technik, jedoch noch nicht den allgemein anerkannten Regeln der Technik.

Beim Einbau der Dampfbremse oder Dampfsperre muss darauf geachtet werden, dass sie dicht an Durchdringungen, Überlappungen und anschließenden Bauteilen angearbeitet wird. Es muss verhindert werden, dass warmfeuchte Luft in das Bauteil hineinströmt, sich abkühlt und hierbei Tauwasserbildungen entstehen, welche schließlich zu Feuchtigkeitsschäden führen.

4.1.4 Schallschutz

Der bestehende Schallschutz einer Außenwand darf durch Einbau einer Wärmedämmung nicht verschlechtert werden. Als vereinfachte Faustregel kann gelten, dass „harte" Wärmedämmstoffe mit Putz den Schallschutz verschlechtern, „weiche" Wärmedämmstoffe mit Putz jedoch den Schallschutz verbessern. Auch hier gilt, im Zweifelsfalle sollte immer ein Fachmann zu Rate gezogen werden.

4.2 Außen- oder Innenwanddämmung

Jeder, der eine bestehende Fassade eines Gebäudes dämmen möchte, steht zuerst vor der Frage, ob die Wärmedämmung außen oder innen angebracht werden soll.

Außendämmung

Vorteile

- Eine Außendämmung ist unkritisch hinsichtlich Tauwasserbildung innerhalb des Wandaufbaus, sofern nicht an der Außenseite der Wärmedämmung eine Schicht mit hohem Widerstand gegen Wasserdampfdiffusion angebracht wird. Als günstig haben sich zum Beispiel hinterlüftete Konstruktionen oder Wärmedämm-Verbundsysteme erwiesen.

- Bestehende Wärmebrücken, zum Beispiel schlecht gedämmte Deckenstirnseiten, werden von der Wärmedämmung lückenlos überdeckt und somit in ihrer Wirkung „unschädlich" gemacht.
- Fassadenschäden oder Verschmutzungen brauchen im Regelfall nicht beseitigt zu werden.

Nachteile

- Architektonische Fassadenelemente oder Schmuckwerk werden unter der Wärmedämmung versteckt. Dies bedeutet, dass sich das Aussehen eines Gebäudes deutlich verändern kann. Außerdem müssen im Einzelfall auch Vorgaben des Denkmalschutzes oder der örtlichen Baurechtsbehörde beachtet werden. Diese können Auswirkungen auf die Art der möglichen Dämm-Maßnahme haben.
- Die Wärmedämmung muss vor Klimaeinflüssen geschützt werden, sodass in jedem Fall eine Schutzschicht in Form einer Bekleidung oder eines Putzes erforderlich wird.
- Bei Häusern, die unmittelbar oder sehr nah an die Grundstücksgrenze gebaut wurden, kann es aufgrund zu geringer Grenzabstände vorkommen, dass eine außenseitige Wärmedämmung nicht möglich ist. Die Wärmedämmung darf nicht die Grenze zum Nachbargrundstück überschreiten. Auch dann, wenn ein Gebäude den Mindestabstand gerade noch einhält, aber ihn durch eine zusätzliche außenseitige Wärmedämmung überschreiten würde, kann es zu Problemen mit den Nachbarn führen.

Innendämmung

Vorteile

- Eine Innendämmung ist relativ einfach anzubringen und kann bei einigem handwerklichen Geschick selbst eingebaut werden.
- Die Fassadengestaltung bleibt unberührt.
- Die einzelnen Räume können nach und nach mit einer Wärmedämmung versehen werden.
- Die Räume sind schnell aufheizbar.

Nachteile

- Zur Verhinderung von Tauwasserbildung im Wandaufbau ist bei einer Innendämmung meist eine Dampfsperre oder Dampfbremse erforderlich, die vollflächig dicht und lückenlos an der Innenseite der Wärmedämmung angebracht werden muss.
- Einzelne Wärmebrücken jedoch, zum Beispiel schlecht gedämmte Deckenstirnseiten, werden nicht beseitigt. Im Gegenteil, es können die Wärmebrücken nach Durchführung der Wärmedämm-Maßnahme deutlicher hervortreten als vorher, sodass es bei ungünstigen Bedingungen wieder zu Schimmelpilzbildungen kommen kann. Das Gebäude muss deshalb vor Beginn der Maßnahme auf Wärmebrücken untersucht werden. Gegebenenfalls müssen zusätzliche Maßnahmen erfolgen.

- Die Wohnfläche wird durch eine Innendämmung der Außenwände reduziert. Bei einer aufsummierten Außenwandlänge von beispielsweise 40 m und einer Dicke der Wärmedämmung mit Bekleidung von etwa 10 cm, ist dies immerhin eine Reduzierung der Wohnfläche um ca. 4 m^2.
- Es muss überprüft werden, ob in der Außenwand wasserführende Rohrleitungen verlaufen, die nach Durchführung der Wärmedämm-Maßnahme im kalten Bereich liegen. Hier besteht die Gefahr, dass bei Frostperioden das Wasser in den Rohrleitungen gefriert und sie zum Platzen bringt.
- Bei Innendämmung muss mit einer Verschlechterung des Schallschutzes gerechnet werden, wenn eine Wärmedämmung mit hoher dynamischer Steifigkeit zum Einsatz kommt.

4.3 Wärmedämmstoffarten

Im Folgenden werden die verschiedenen Arten der häufigsten Wärmedämmstoffe beschrieben.

Polystyrol-Hartschaum

Polystyrol-Hartschaum ist ein überwiegend geschlossenzelliger, harter Wärmedämmstoff, der aus Rohstoffen der organischen Chemie hergestellt wird. Hierbei werden Kügelchen aus Polystyrol mittels Wasserdampf bei ca. 100 °C erhitzt, wobei die Kügelchen durch Treibmittel aufschäumen und zusammengebacken werden.

Diese Dämmstoffe unterliegen der Güteüberwachung durch die Güteschutzgemeinschaft Hartschaum e. V. in Frankfurt/M.

Polystyrol-Hartschäume lassen sich nahezu für jeden Anwendungszweck als Wärmedämmung einsetzen. Es muss jedoch darauf geachtet werden, dass eine maximale Gebrauchstemperatur von ca. 100 °C (kurzzeitig) und ca. 80 bis 85 °C (langzeitig) nicht überschritten wird. Außerdem muss beachtet werden, dass bestimmte Werkstoffe, zum Beispiel PVC-weich, nicht mit Polystyrol-Hartschäumen in direkten Kontakt gebracht werden dürfen, da sonst schädliche Wechselwirkungen möglich sind.

Hartschäume können nach ihrer Verwendung wieder zu neuen Baustoffen recycelt werden oder beispielsweise zur Auflockerung von Böden Verwendung finden. Häufig werden sie jedoch einer „thermischen Verwertung" in Müllverbrennungsanlagen zugeführt.

Sonstige Hartschäume

Andere Hartschäume wie

- Polyurethan-Hartschaum,
- Polystyrol-Extruderschaum und
- Ortschäume

werden ebenfalls aus Erdöl hergestellt. Auch hierbei handelt es sich um überwiegend geschlossenzellige, harte Wärmedämmstoffe.

Bei Polyurethan ist es möglich, Wärmedämmstoffe mit einem Bemessungswert der Wärmeleitfähigkeit von 0,022 W/(mK) herzustellen. Hiermit können sehr schlanke Konstruktionen errichtet werden.

Typische Anwendungsgebiete dieser Werkstoffe sind die Wärmedämmung von Fußböden, Fassaden, Dächern oder des Anschlussbereiches von Fenster- oder Türrahmen an die Wände.

Mineralfaser-Wärmedämmstoffe

Mineralfaser-Wärmedämmstoffe werden aus einer silikatischen Schmelze gewonnen. Die Fasern werden untereinander mit Bindemitteln aus Kunstharz zu einem festen Gerüst verbunden. Je nach Art und Anteil des Kunstharzes sowie der Rohstoffe (zum Beispiel spezielle Gesteine wie Diabas, Basalt, Sand) unterscheiden sich die Eigenschaften der Mineralfaser-Wärmedämmstoffe voneinander.

Beim Herstellungsverfahren werden üblicherweise sofort die Matten oder Platten in der erforderlichen Lieferdicke hergestellt. Mineralfaser-Wärmedämmstoffe weisen einen Marktanteil von über 60 % am gesamten Dämmstoffmarkt auf. Sie sind vielfältig einsetzbar von der Rohrleitungs-Wärmedämmung, über Trittschall-Dämmung bis zu Wärme- und Schallschutzzwecken in Decken, Dächern und Wänden.

Pflanzliche Faserdämmstoffe

Als pflanzliche Faserdämmstoffe werden Werkstoffe bezeichnet, die durch chemische oder mechanische Verarbeitung von Pflanzenfasern entstehen. Typische Vertreter dieser Gruppe sind Wärmedämmstoffplatten aus Kokosfasern, die unter anderem für die Wärmedämmung von Wänden, Dächern oder Decken eingesetzt werden können. Da die Rohstoffmenge begrenzt ist, werden sie jedoch nur selten verwendet.

In jüngerer Zeit wurden auch Wärmedämmstoffe aus Baumwolle oder Flachs entwickelt, die ebenfalls pflanzliche Faserdämmstoffe darstellen (siehe weiter unten). Wie alle pflanzlichen Werkstoffe müssen sie vor Feuchtigkeit sowie pflanzlichen und tierischen Schädlingen geschützt werden, da sie ansonsten vorzeitig zerstört werden. Hierzu sind meist zusätzliche Behandlungen der Dämmstoffe erforderlich.

Holzfaser-Wärmedämmstoffe

Holzfaser-Wärmedämmstoffe zählen ebenfalls zu den Dämmstoffen aus nachwachsenden Rohstoffen. Meist wird Restholz verarbeitet, das in den Sägewerken anfällt. Dämmstoffe aus dieser Werkstoffgruppe werden aus langen Holzfasern hergestellt, die man mit Bindemitteln und eventuell zusätzlichen Füllstoffen zu Platten verarbeitet. Zum Teil verwendet man auch nur die holzeigenen Harze für die Verfilzung der einzelnen Holzfasern zu Platten. Diese Dämmplatten werden häufig als Innendämmung eingesetzt. Sie lassen sich sowohl in Decken und Wänden als auch in Fußböden verwenden. Bei entsprechendem Schutz und fachgerechter Hinterlüftung ist auch der Einsatz in Dächern möglich.

Holzwolle-Leichtbauplatten

Holzwolle-Leichtbauplatten werden aus langen Holzwollefasern hergestellt, die mit Magnesit, Gips oder Zement zu Plattenware verarbeitet werden. Diese Platten können mit anderen Wärmedämmstoffen wie Polystyrol-Hartschaum oder Mineralfaser zu Mehrschicht-Leichtbauplatten kombiniert werden. Das häufigste Einsatzgebiet dieses Typs ist die außenseitige Wärmedämmung von Betonbauteilen (zum Beispiel an Deckenstirnseiten). Hierbei legt man die Platten entweder vor dem Betonieren in die Betonschalung ein oder befestigt sie nachträglich mit Dübeln.

Kork

Korkwärmedämmstoffe werden aus der Rinde der Korkeiche hergestellt. Hierzu mahlt man die Rinde als erstes zu Korkschrot. In einem weiteren Arbeitsschritt wird der Korkschrot unter Luftabschluss mit Heißdampf erhitzt, wobei Blähkork entsteht. Dieser Blähkork wird dann mit korkeigenen Harzen oder mit einem Bindemittel, zum Beispiel Bitumen, zu Wärmedämmstoffplatten verarbeitet.

Das Einsatzgebiet von Wärmedämmstoffen aus Kork liegt hauptsächlich bei der Wärmedämmung von Böden, Wänden und Dächern. Da es sich hierbei um einen pflanzlichen Werkstoff handelt, muss er vor Feuchtigkeit sowie tierischen und pflanzlichen Schädlingen geschützt werden.

Zellulose-Dämmstoffe

Zur Herstellung von Wärmedämmstoffen aus Zellulose wird Altpapier verwendet, das zu kleinen Flocken zerfasert und mit Borsalz als Brandschutzmittel vermischt wird. Dieses Material kann in Hohlräumen von Dächern und Wänden mittels eines speziellen Verfahrens eingeblasen oder von Hand eingeschüttet werden. Hierbei lassen sich auch kleine oder schlecht zugängliche Hohlräume füllen. Während und nach dem Einbau muss dieser Wärmedämmstoff vor Wasser geschützt werden.

Schaumglas

Schaumglas wird aus natürlichen Rohstoffen wie Sand hergestellt, die unter hohen Temperaturen über 1000 °C erhitzt und mit einem Treibmittel aufgeschäumt werden. Als Treibmittel verwendet man Kohlendioxid, das in den Poren des Schaumglases eingeschlossen wird. Die Herstellung erfolgt in Formen, da wegen der hohen Temperaturspannungen beim Abkühlen eine Strangfertigung nicht möglich ist.

Aufgrund seiner hohen Druckfestigkeit wird Schaumglas vorwiegend für solche Anwendungen eingesetzt, bei denen mit großen Belastungen, zum Beispiel Parkdecks, gerechnet werden muss. Es kann jedoch auch in Flachdächern, Wänden, Decken oder sogar als Rohrleitungs-Wärmedämmung verwendet werden.

Schaumglas ist beständig gegen Feuchtigkeit, sodass es auch bei solchen Anwendungsfällen eingesetzt werden kann, in denen mit Wasseranfall gerechnet werden muss. Dies ist zum Beispiel bei einer außenseitigen Dämmung von Kellerwänden oder unter Bodenplatten der Fall.

Mineralische Schüttungen

Mineralische Schüttungen für Wärmedämmzwecke bestehen hauptsächlich aus Blähton oder Blähperlit. Sie werden durch schockartiges Erhitzen (je nach Werkstoff ca. 600 bis 1250 °C) von blähfähigen Steinen hergestellt. Diese Schüttungen setzen sich aus kleinen Körnern zusammen, die einen hohen Anteil an luftgefüllten Poren aufweisen und hierdurch ihre wärmedämmende Wirkung erzielen. Je nach Anwendungsgebiet ist auch eine Nachbehandlung mit wasserabweisenden Stoffen oder Bitumen möglich.

Solche Schüttungen lassen sich unter anderem als Ausgleichsschüttungen auf Decken, in Wandhohlräumen, als Kerndämmung oder bei Holzbalkendecken einsetzen.

Transparente Wärmedämmung

Eine Neuentwicklung auf dem Wärmedämmstoffmarkt ist die transparente Wärmedämmung. Inzwischen werden ausgereifte Systeme angeboten, die sich auch bereits in der Praxis bewährt haben.

Eine transparente Wärmedämmung besteht aus einem lichtdurchlässigen Wärmedämmstoff. Hier können zum Beispiel vorgefertigte Kunststoffmodule mit Röhren oder Wabenstruktur verwendet werden. Auf der Außenseite erhält diese Wärmedämmung meist einen mechanischen Schutz, der zum Beispiel aus einer Glasplatte bestehen kann. Zum Schutz vor einer Überhitzung im Sommer ist eine Beschattungseinrichtung erforderlich.

Das Prinzip der transparenten Wärmedämmung besteht darin, dass das Sonnenlicht den Wärmedämmstoff durchdringen kann und die dahinterliegende massive Außenwand die Wärme speichert. Als Außenwand eignen sich schwere, massive Baustoffe wie Vollziegel, Kalksandstein oder Beton, die außenseitig eine schwarze Absorberbeschichtung erhalten.

Auch Wärmedämm-Verbundsysteme mit transparenter Wärmedämmung und transparentem Putz sind inzwischen auf dem Markt verfügbar.

Wärmedämmung aus Schafwolle

Seit einigen Jahren hat sich auf dem Markt der „biologischen" Wärmedämmstoffe die Schafwolle einen Stammplatz erobert. Schafwolle ist ein natürlicher, nachwachsender Rohstoff, zu dessen Herstellung wenig Energie verbraucht wird, sofern Schafwolle aus einheimischer Erzeugung und nicht aus Übersee verwendet wird.

Zum Schutz der Wolle gegen tierische Feinde, wie Motten oder Teppichkäfer, wird die Schafwolle vor der Verarbeitung üblicherweise mit Harnstoffderivat behandelt. Außerdem ist zur Erfüllung der Brandschutzanforderungen (B2) eine Behandlung mit Borsalz erforderlich, das gleichzeitig gegen Schimmelpilzbefall wirkt.

Bei sehr großen Dicken der Wärmedämmstoffmatten aus Schafwolle wird teilweise eine zusätzliche Stützfaser aus Polyester eingearbeitet.

Schafwolle kann zur Dämmung von Böden, Wänden, Decken und Dächern verwendet werden. Der tatsächliche Marktanteil von Schafwolle als Wärmedämmung ist jedoch sehr gering.

Wärmedämmung aus Baumwolle

Baumwolle ist ein natürlicher, nachwachsender Rohstoff, aus dem Wärmedämmstoffe für Böden, Wände, Decken und Dächer hergestellt werden. Wie alle Wärmedämmstoffe auf Pflanzenbasis muss er jedoch gegen tierische und pflanzliche Schädlinge geschützt werden. Hierzu verwendet man Borsalz. Diese Behandlung dient außerdem dazu, die Brandschutzanforderungen (B2) zu erfüllen. Mit einer Wärmedämmung aus Baumwolle wird ein üblicher Bemessungswert der Wärmeleitfähigkeit von 0,040 W/(mK) erreicht.

Wärmedämmung aus Flachs

Flachs ist eine weitverbreitete Kulturpflanze und dient unter anderem zur Herstellung von Leinen und Leinöl. Erst seit kurzem ist Flachs als Wärmedämmstoff in Gebrauch. Hierbei werden ausschließlich die kurzen Faseranteile verwendet, die für Textilien größtenteils unbrauchbar sind. Zur Bindung der Flachsfaser mischt man zusätzlich eine Textilfaser aus Polyester bei.

Damit der Wärmedämmstoff Flachs den Brandschutzanforderungen der Klasse B2 entspricht, wird er üblicherweise mit Ammoniumphosphat behandelt. Diese Ausrüstung sorgt gleichzeitig für eine ausreichende Resistenz gegen die Bildung von Schimmelpilzen.

Wärmedämmung aus Flachs weist üblicherweise einen Bemessungswert der Wärmeleitfähigkeit von 0,040 W/(mK) bzw. 0,045 W/(mK) auf. Er kann als Wärmedämmstoff für Böden, Wände, Decken und Dächer verwendet werden.

Vakuum-Wärmedämmung

Eine Neuentwicklung auf dem Wärmedämmstoffmarkt ist die Vakuum-Wärmedämmung. Hierbei wird eine folienummantelte Platte hergestellt, deren Innenraum vakuumiert ist. Diese Wärmedämmung weist eine 5- bis 10-fach niedrigere Wärmeleitfähigkeit als übliche Wärmedämmstoffe auf.

Die Lebensdauer einer Vakuum-Wärmedämmung hängt entscheidend von der Dichtigkeit der Folie ab, mit der die Platten ummantelt sind. Außerdem muss beim Einbau darauf geachtet werden, dass die Vakuum-Wärmedämmplatten nicht beschädigt werden, da sonst das Vakuum im Inneren der Platten verloren geht.

Der Einbau von Vakuum-Wärmedämmplatten ist bisher noch sehr kostspielig. Sie können jedoch dort wirtschaftlich eingesetzt werden, wo der Einbau einer dickeren Wärmedämmung mit höherer Wärmeleitfähigkeit zu viel Platz wegnehmen würde.

Kennzeichnung von Wärmedämmstoffen

Wärmedämmstoffe müssen eine CE-Kennzeichnung und das Ü-Zeichen aufweisen.

Die CE-Kennzeichnung stellt einen öffentlich-rechtlichen Konformitätsnachweis dar und ist als Voraussetzung für den freien Warenverkehr des Bauproduktes gesetzlich vorgeschrieben.

Demgegenüber ist das Ü-Zeichen in Verbindung mit einer Allgemeinen Bauaufsichtlichen Zulassung als Bestätigung der Verwendbarkeit der Wärmedämmung nach der Landesbauordnung anzusehen.

4.4 Wärmedämm-Verbundsysteme

Die am häufigsten durchgeführte wärmetechnische Verbesserungsmaßnahme von Gebäuden ist das Anbringen von Wärmedämm-Verbundsystemen, die manchmal auch als „Thermohaut" oder „Vollwärmeschutz" bezeichnet werden. Sie bestehen aus einem Wärmedämmstoff mit Putzbeschichtung und werden auf der Außenseite von Außenwänden angebracht.

Als Wärmedämmstoff kommt hauptsächlich Polystyrol-Hartschaum oder Mineralfaser zum Einsatz. Einige Hersteller bieten auch Systeme an, bei denen Kork zur Wärmedämmung verwendet wird. Hinsichtlich des Brandverhaltens sind die Polystyrol-Hartschäume in die Brandschutzklasse B1 (schwerentflammbar) und die Mineralfaserdämmstoffe in die Brandschutzklasse A1 (nicht brennbar) einzustufen. Kork wird in die Brandschutzklasse B2 (normalentflammbar) eingestuft.

Die Befestigung der Wärmedämmung erfolgt in Abhängigkeit vom Typ des Wärmedämm-Verbundsystems, der Höhe des Gebäudes sowie vom Wanduntergrund durch folgende Maßnahmen:

- Verklebung allein,
- Verklebung und Verdübelung,
- Befestigung mit Schienen.

Die Putzbeschichtung besteht aus mehreren Lagen, nämlich

- Beschichtung mit Armierungsgewebe,
- Grundierung,
- Schlussbeschichtung,
- gegebenenfalls Egalisierungsanstrich.

Als Beschichtung mit Armierungsgewebe werden üblicherweise folgende Werkstoffe eingesetzt:

- mineralische Werktrockenmörtel,
- Dispersionsmörtel ohne Zementanteil,
- Dispersionsmörtel mit Zementanteil.

Zur Armierung werden Glasseidengittergewebe verwendet.

Die Schlussbeschichtung, gegebenenfalls mit Grundierung, muss den Wetterschutz des Wärmedämm-Verbundsystems sicherstellen. Folgende Werkstoffe können hierfür verwendet werden:

- Kunstharzputze,
- Silikonharzputze,
- mineralische Putze,
- Silikatputze.

Alle verwendeten Werkstoffe müssen aufeinander abgestimmt werden. Es dürfen deshalb nur geprüfte und vom Hersteller als geeignet eingestufte Werkstoffe eines Systems eingesetzt werden.

Je nach Art des Wärmedämm-Verbundsystems und der vorliegenden Unterkonstruktion kann es erforderlich sein, dass eine Tauwasserberechnung hinsichtlich des gesamten Wandaufbaues, das heißt, von der bestehenden Wand inklusive neuem Wärmedämm-Verbundsystem, durchgeführt wird. Im Zweifelsfall sollte ein Berater hinzugezogen werden.

Wärmedämm-Verbundsysteme können lückenlos an eine außenseitige Wärmedämmung von Kellern, einer sogenannten *Perimeterdämmung*, angeschlossen werden.

4.5 Wärmedämmputze

Wärmedämmputze setzt man seit über 30 Jahren ein, sodass inzwischen ausgereifte Putzsysteme vorliegen. Sie bestehen meist aus einem mineralischen Unterputz, welchem kleine Kügelchen aus Polystyrol-Hartschaum hinzugemischt werden. Als Wetterschutz wird eine zweite Putzschicht (Oberputz) aufgebracht, die den Schlagregenschutz herstellt.

Vor dem Aufbringen des Unterputzes muss je nach Untergrund ein Spritzbewurf aufgebracht werden, um die Haftung des Unterputzes zu verbessern. Wärmedämmputze bestehen somit aus einem System von bis zu drei verschiedenen Putzschichten, die alle aufeinander abgestimmt sein müssen, um spätere Putzschäden zu vermeiden. Zur Verarbeitung sind deshalb auch spezielle Fachkenntnisse erforderlich, sodass für diese Maßnahmen eine Fachfirma beauftragt werden sollte.

Einige Hersteller bieten bereits Wärmedämmputze an, die einen Rechenwert der Wärmeleitfähigkeit von 0,06 bis 0,07 W/(mK) aufweisen. Im Vergleich zu einer üblichen Wärmedämmung schneiden sie somit zwar noch schlechter ab, sie haben jedoch den Vorteil, dass gleichzeitig der Wärmeschutz und der Witterungsschutz hergestellt werden.

4.6 Wärmedämmung mit hinterlüfteter Fassadenbekleidung

Diese Art der Fassadenbekleidung besteht aus einer Wärmedämmung, die an der Außenseite der Außenwände angebracht wird, sowie einer Wetterschutzschale. Die Wärmedämmung wird entweder angeklebt oder angedübelt oder zum Teil auch in Kombination mit beiden Verfahren eingebaut. Zusätzlich wird an die Außenwand eine Unterkonstruktion für die Fassadenbekleidung befestigt.

Die Unterkonstruktion für die Fassadenbekleidung besteht meist aus Holz- oder aus Metallprofilen. Sie muss sicherstellen, dass zwischen der Wärmedämmung und der Bekleidung dauerhaft ein durchgehender Lüftungsspalt mit einer Dicke von mindestens 2 cm vorhanden ist. Die Lüftungsöffnungen an der oberen und der unteren Fassadenkante müssen eine ungehinderte Luftströmung zulassen. Zur Sicherung der Lüftungsöffnungen gegen das Eindringen von Vögeln, Mäusen und sonstigen Kleintieren eignen sich zum Beispiel Lochbleche. Der Lüftungsspalt darf nicht von der Wärmedämmung oder von sonstigen Einbauteilen versperrt werden.

Als *Fassadenbekleidung* sind inzwischen vielerlei Werkstoffe auf dem Markt. Am häufigsten werden

- Holzbretter,
- Holzschindeln,
- Faserzementplatten,
- Keramikplatten,
- spezielle Kunststoffprofile,
- Ziegelplatten und
- Metallprofile

verwendet. Für den Heimwerker sind am besten Holzwerkstoffe geeignet. Da bei Fassadenarbeiten jedoch besondere Fachkenntnisse erforderlich sind, ist es empfehlenswert, eine Fachfirma mit der Ausführung der Arbeiten zu beauftragen.

4.7 Kerndämmung

Eine Wärmedämmung, die zwischen zwei Wände (Tragwand und Vormauerung) eingebaut wird, bezeichnet man als *Kerndämmung*. Als innere Tragwand kann eine Wand aus Beton oder aus Mauerwerk zum Einsatz kommen. Die äußere Wand besteht meist aus einer Vormauerung aus frostbeständigen Klinkersteinen. Der Witterungsschutz wird von der Vormauerung übernommen. Die Wärmedämmung befestigt man an der Tragwand. Am häufigsten wird für die Kerndämmung Mineralfaser oder Polystyrol-Hartschaum verwendet. Es muss jedoch darauf geachtet werden, dass die verwendete Wärmedämmung für den Einsatz als Kerndämmung zugelassen ist.

Die Vormauerung kann entweder mit einem Abstand von mindestens 4 cm vor die Wärmedämmung gesetzt werden, sodass ein Hinterlüftungsspalt besteht oder die Vormauerung wird direkt an die Kerndämmung ohne Hinterlüftungsspalt angemauert. Beide Varianten sind möglich und werden auch eingesetzt. Es sind jedoch jeweils die speziellen Randbedingungen der unterschiedlichen Systeme zu beachten.

Die Vormauerung mit Hinterlüftungsspalt hat den Vorteil, dass sich eingedrungene Feuchte wieder über den Luftstrom abführen lässt. Dieses System benötigt jedoch eine größere Grundfläche, welche wiederum der Wohnfläche fehlt.

Bei der Vormauerung ohne Hinterlüftung muss damit gerechnet werden, dass Wasser in die Wärmedämmung eindringt und sie zeitweilig durchfeuchtet. Es dürfen deshalb nur spezielle, für diesen Einsatzzweck zugelassene Wärmedämmstoffe verwendet werden.

Insgesamt ist eine Kerndämmung mit Vormauerung zwar eine teure, aber eine solide und beständige Konstruktion mit langer Lebensdauer. Eine solche Maßnahme wird meist nur bei Neubauten eingesetzt und beschränkt sich bei Altbauten auf einzelne Sonderfälle.

4.8 Checkliste für Wärmedämm-Maßnahmen

Vor der Durchführung von Wärmedämm-Maßnahmen müssen zuerst die Randbedingungen hinsichtlich des betroffenen Gebäudes untersucht werden. Die nachfolgend aufgeführte Checkliste soll dafür als Hilfestellung dienen.

Checkliste für Wärmedämm-Maßnahmen

1. Wie groß ist der Grenzabstand des Hauses bzw. wird durch eine außenseitige Wärmedämmung der erforderliche Grenzabstand unterschritten?
2. Soll das ganze Haus eine Wärmedämmung erhalten oder nur einzelne Zimmer? Im letzteren Fall bietet sich eine Innendämmung an.
3. Soll oder muss das äußere Erscheinungsbild des Hauses erhalten bleiben oder wird ein anderes Erscheinungsbild gewünscht?
4. Liegen denkmalschutzrechtliche Anforderungen vor?
5. Können für die Wärmedämm-Maßnahmen Zuschüsse in Anspruch genommen werden?
6. Ist für eine Außendämmung ein ausreichender Dachüberstand vorhanden?
7. Verlaufen in den Wänden, die eine Innendämmung erhalten, wasserführende Leitungen? Diese müssen vor Frost geschützt werden.
8. Soll im Zuge der Wärmedämmung auch der Schallschutz der Außenwand verbessert werden?
9. Wie dick muss die Wärmedämmung mindestens sein, um die Vorgaben des Gebäudeenergiegesetzes zu erfüllen?
10. Ist es sinnvoll, darüber hinausgehend eine noch dickere Wärmedämmung zu wählen? Hier kann ein Architekt, Bauphysiker oder Energieberater weiterhelfen.
11. Wie ist der Zustand der vorhandenen Fassade? In welchem Jahr wäre eine Instandsetzung sowieso erforderlich? Soll die Instandsetzung vorgezogen werden?
12. Ist es sinnvoll, die Wärmedämmung als Maßnahme für die gesamte Gebäudehüllfläche zu planen?
13. Ist es sinnvoll, die Wärmedämm-Maßnahme mit einer Heizungsmodernisierung zu kombinieren?

4.9 Energieberatung kann zusätzlich Heizkosten einsparen

Im Rahmen der Verbesserung des Wärmeschutzes von Einzelbauteilen zur Verhinderung von Schimmelpilzbildungen bzw. zur Beseitigung von Feuchtigkeitsschäden kann es ratsam sein, das gesamte Gebäude von einem Energieberater untersuchen zu lassen.

Das größte Einsparpotential an Heizenergie liegt im Altbaubestand. Altbaubesitzer, die Energiesparmaßnahmen durchführen wollen, müssen sich zuerst darüber klar werden, welche Maßnahmen sinnvoll sind. Diese Entscheidung kann dann getroffen werden, wenn bekannt ist, wie groß die Energieeinsparungen durch die einzelnen Maßnahmen sind, was diese schätzungsweise kosten und in wie vielen Jahren etwa die Investitionskosten durch geringere Heizkosten eingespart werden können.

Bei dieser Entscheidungsfindung kann ein Energieberater Hilfestellung geben. Hierzu ist die Durchführung einer Energiediagnose oder Energieberatung notwendig, bei der zuerst das bestehende Gebäude analysiert und dann ein gebäudespezifischer Maßnahmenkatalog ausgearbeitet wird. Eine Energieberatung gliedert sich in mehrere Schritte:

Erster Schritt: Vorbereitung und Angebot

Bei konkretem Bedarf eines Altbaubesitzers an einer Energieberatung kann dieser sich an einen Energieberater wenden und sich ein Angebot für die energetische Untersuchung des Hauses zusenden lassen. Die Kosten können je nach Objektart, Größe und Zustand sehr unterschiedlich sein. In der Regel liegen die Kosten für die Energieberatung bei einem Wohngebäude in der Größenordnung von etwa 500 € bis 1.500 €.

Eine Energieberatung und ein entsprechender Abschlussbericht sind auch die Grundlage für die Beantragung von Fördermitteln.

Zweiter Schritt: Bestandsanalyse

Zur Bestandsanalyse wird vom Energieberater ein Ortstermin am Gebäude durchgeführt. Hierbei untersucht er das gesamte Gebäude hinsichtlich des vorhandenen Wärmeschutzes. Vor allem die Außenbauteile (Wände, Decken, Dächer, Fenster und Türen) werden analysiert, um den Ist-Zustand des Gebäudes zu erfassen. Außerdem ist es wichtig, Wärmebrücken des Gebäudes herauszufinden.

Als Nächstes folgt die Untersuchung der Heizungsanlage.

Die Bestandsanalyse ist die Grundlage für die Ausarbeitung von Vorschlägen zur energetischen Verbesserung des Gebäudes.

Dritter Schritt: Gutachtenerstellung

Auf der Grundlage der bei der Bestandsanalyse ermittelten Daten werden die Wärmedurchgangskoeffizienten U, die sogenannten U-Werte, aller Außenbauteile ermittelt und die Heizenergieverluste jedes Bauteils einzeln berechnet. Hierbei zeigt sich, welche Bauteile die größten Energieverluste verursachen. Als Nächstes werden Verbesserungsvorschläge für die Gebäudehülle und die Heizungsanlage ausgearbeitet und die hierdurch möglichen Heizenergieeinsparungen berechnet.

Auf der Basis dieser Ergebnisse kann abgeschätzt werden, mit welchen Heizkosteneinsparungen zu rechnen ist und in wie vielen Jahren sich die vorgeschlagenen Maßnahmen in etwa amortisieren werden.

Alle Ergebnisse werden zusammen mit einem Maßnahmenkatalog und einer Prioritätenliste in einem Energieberatungsbericht oder einem Gutachten zusammengestellt und dem Altbaubesitzer übergeben.

Vierter Schritt: Besprechung am Haus

Erfahrungsgemäß zeigt sich, dass nach der Erstellung des Energieberatungsberichts oder Gutachtens noch bestimmte Fragen offen sind oder die Umsetzung spezieller Verbesserungsvorschläge abgeklärt werden muss. Hierzu wird vom Energieberater am jeweiligen Objekt eine Besprechung durchgeführt, während der solche Fragen geklärt werden können.

Fünfter Schritt: Durchführung der Maßnahmen

Nachdem der Bauherr entschieden hat, welche Maßnahmen zuerst durchgeführt werden, sollte er sich von erfahrenen Handwerksbetrieben ein schriftliches Angebot erstellen lassen. Je nach Art und Umfang der Wärmedämm- oder Umbaumaßnahme kann es auch erforderlich sein, einen Architekten oder Fachingenieur einzuschalten.

5 Vorschläge zur Instandsetzung typischer Wärmebrücken

5.1 Mindestanforderungen

Bei der Vermeidung oder Instandsetzung von Wärmebrücken muss unterschieden werden in Neubauten und in bestehende Bauwerke. Für Neubauten gilt, dass hier schon durch fachgerechte Planung sowie Bauüberwachung Wärmebrücken vermieden werden sollten.

Insbesondere müssen Neubauten die Mindestanforderungen an den Wärmeschutz nach DIN 4108 „Wärmeschutz und Energieeinsparung in Gebäuden" erfüllen. Die Einhaltung dieser Mindestanforderungen soll sicherstellen, dass bei ausreichender Heizung und Lüftung keine Tauwasserbildungen oder zu hohe relative Luftfeuchtigkeiten an den inneren Bauteiloberflächen entstehen, sodass Schimmelpilzbildungen verhindert werden. Hierdurch werden also ausreichende hygienische Bedingungen hergestellt.

Darüber hinaus müssen jedoch aus Energiespargründen auch die Anforderungen des Gebäudeenergiegesetzes in der jeweils aktuellen Fassung eingehalten werden.

5.2 Balkone

Wärmebrückenwirkung

Auskragende Balkonplatten aus Beton stellen eine Wärmebrücke dar, wenn keine zusätzlichen Wärmeschutzmaßnahmen getroffen werden. Hierbei handelt es sich um eine „Kühlrippe", die zu einer Absenkung der Temperatur im Gebäudeinneren an der Decken-/Wandkante führt und in diesem Bereich Schimmelpilzbildungen auslösen kann (Abb. 5.1).

Vorgestellte Balkone

Prinzipiell ist es immer günstig, einen Balkon vom Gebäude zu trennen. Bei Neubauten kann dies zum Beispiel dadurch erfolgen, dass die Balkonplatten auf eine separate Tragkonstruktion, die sich vor der Gebäudehülle befindet, aufgesetzt werden.

Thermische Trennung von Balkonplatten

Eine andere Möglichkeit zur Verhinderung von Wärmebrücken über auskragenden Balkonplatten aus Beton besteht darin, die Balkonplatte thermisch von der Baukonstruktion zu trennen. Dies kann zum Beispiel durch ein spezielles Wärmedämm-Element mit durchlaufender Bewehrung erfolgen, das beim Betoniervorgang in die Schalung eingelegt wird. Die geringe Wärmebrückenwirkung der durchlaufenden Bewehrung fällt hierbei nicht ins Gewicht (Abb. 5.2).

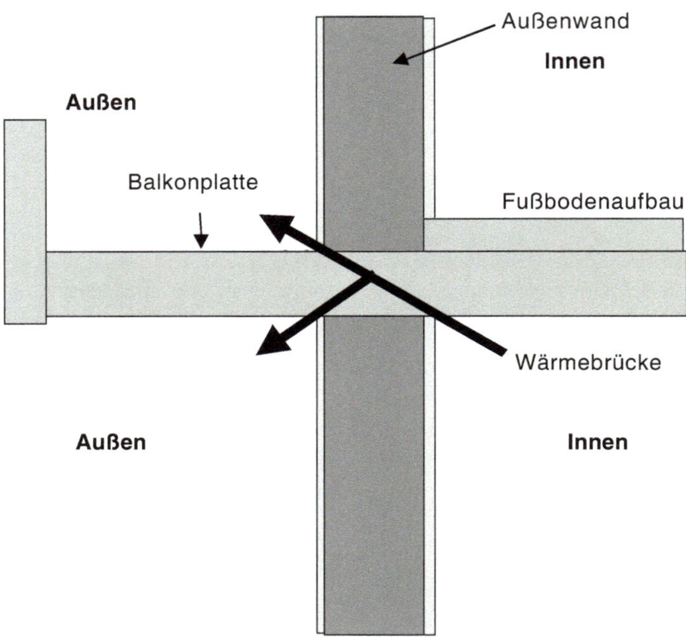

Abb. 5.1: Wärmebrücke über eine auskragende Balkonplatte (schematische Darstellung im Querschnitt)

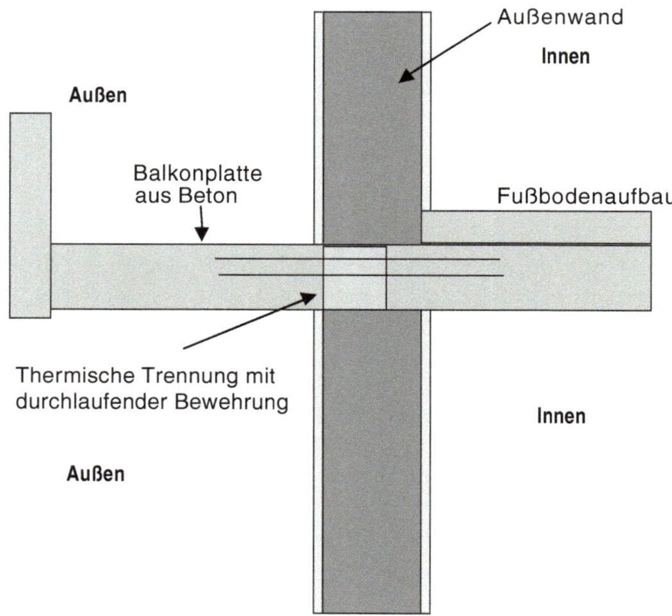

Abb. 5.2: Auskragende Balkonplatte mit thermischer Trennung (schematische Darstellung im Querschnitt)

Raumseitige Wärmedämmung an der Unterseite einer auskragenden Deckenplatte

Als weitere Variante kann auch in die Deckenschalung im Gebäudeinneren entlang der Außenwand zum Balkon eine Wärmedämmung eingelegt werden. Diese Maßnahme kann jedoch zu einer Verschlechterung des Schallschutzes zwischen fremden Wohnungen oder zwischen einzelnen Zimmern aufgrund erhöhter Schalllängsleitung führen.

Reduzierung der Wärmebrückenwirkung bei bestehenden Balkonen

Bei Altbauten sind die Möglichkeiten zur Verhinderung von Wärmebrücken über auskragende Balkonplatten aus Beton begrenzt. Das Anbringen einer außenseitigen Wärmedämmung am Balkon ist meist nicht möglich und außerdem nicht sehr wirkungsvoll.

Aus diesem Grunde verbleibt die Möglichkeit, an der Deckenunterseite innerhalb des Gebäudes entlang den Außenwänden zum Balkon eine Wärmedämmung anzubringen. Diese Wärmedämmung sollte mindestens 50 cm breit und etwa 4 cm dick sein, bei einem Bemessungswert der Wärmeleitfähigkeit von 0,040 W/(mK) (Abb. 5.3).

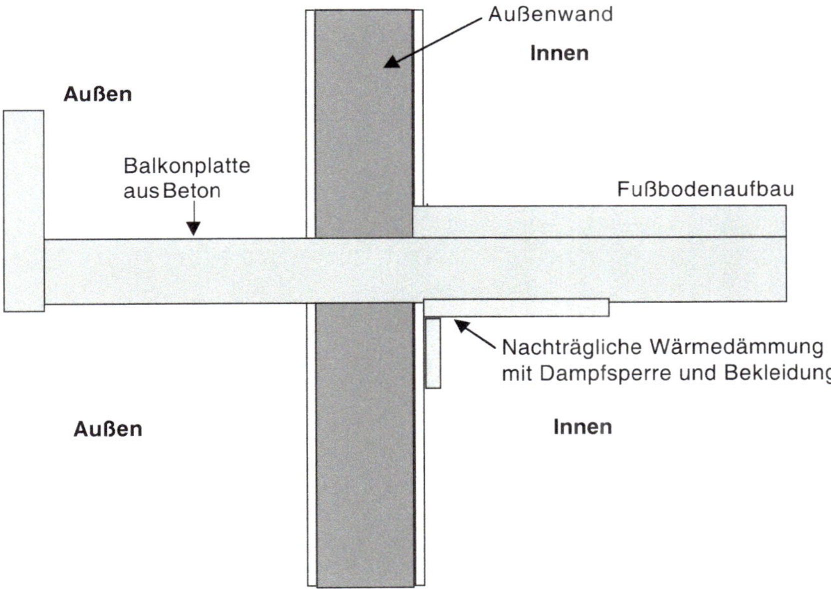

Abb. 5.3: Innenseitige Wärmedämmung zur Verhinderung einer Wärmebrücke über eine auskragende Balkonplatte (schematische Darstellung im Querschnitt)

Zusätzlich sollte die Wärmedämmung auch ca. 20 bis 30 cm an der Wand unterhalb der betroffenen Decken-/Wandkante angebracht werden. Die Wärmedämmung muss raumseitig eine Dampfsperre erhalten und mit einem mechanischen Schutz, z. B. einer Gipskartonplatte, abgedeckt werden. Diese Maßnahmen sind ausreichend, um die Kantentemperatur im Decken-/Wandstoß soweit anzuheben, dass sie hinsichtlich Schimmelpilzbildungen unkritisch ist.

Auch das Anbringen von sogenannten Calcium-Silikatplatten an den Innenseiten ist möglich. Hierbei handelt es sich um kapillaraktive mineralische Stoffe, welche Feuchtigkeit nach innen transportieren können. Von dort lässt sich dann die Feuchtigkeit ablüften.

Nachträgliche thermische Trennung bei bestehenden Balkonen

Inzwischen wurden spezielle Dämmprofile mit durchlaufender Bewehrung entwickelt, die sich auch bei der Instandsetzung auskragender Balkonplatten verwenden lassen. Hierbei wird eine nachträgliche thermische Trennung der Balkonplatte hergestellt. Bei einer solchen Renovierung sind prinzipiell folgende Arbeitsschritte erforderlich:

- Entfernung der vorhandenen Balkonplatte durch Abtrennen/Absägen,
- Vorbereitung der Deckenstirnseiten,
- Anbringen von sogenannten Schöck-Isokörben an den Deckenstirnseiten,
- Herstellung einer Schalung der neuen Balkonplatte als Ortbetonplatte,
- Betonieren der neuen Balkonplatte,
- Herstellung einer Balkonbrüstung oder eines Geländers als Absturzsicherung.

Mit diesen Maßnahmen kann die Wärmebrücke im Bereich der auskragenden Balkonplatte auf ein hinsichtlich Schimmelpilzbildungen unkritisches Maß reduziert werden. Generell handelt es sich hierbei jedoch um ein baulich aufwendiges Verfahren.

5.3 Deckenauflager auf massiven Außenwänden

Wärmebrückenwirkung

Deckenauflager auf Außenwänden stellen dann eine Wärmebrücke dar, wenn die Deckenstirnseite keine Wärmedämmung aufweist und auch sonst keine zusätzlichen Wärmedämm-Maßnahmen getroffen wurden (Abb. 5.4).

Wärmedämmung an der Deckenstirnseite

Die Deckenauflager auf Außenwänden werden bei Neubauten heute üblicherweise mit einer Mehrschichtleichtbauplatte als Wärmedämmung an der Deckenstirnseite versehen. Diese Maßnahme verbessert die Situation gegenüber der Ausbildung ohne Wärmedämmung. Eine weitere Verbesserung würde sich ergeben, wenn die Wärmedämmung auch noch in den Bereich oberhalb und unterhalb der Deckenstirnseite auf der Höhe einer Steinlage hineingeführt wird.

Verbesserung der Situation bei Altbauten

Wärmebrücken im Bereich von Deckenstirnseiten können zuverlässig mit einem außenseitig angebrachten Wärmedämm-Verbundsystem verhindert werden. Falls das Anbringen eines außenseitigen Wärmedämm-Verbundsystems nicht möglich oder nicht gewollt ist, dann bleiben nur Maßnahmen an den Innenseiten der betroffenen Räume übrig.

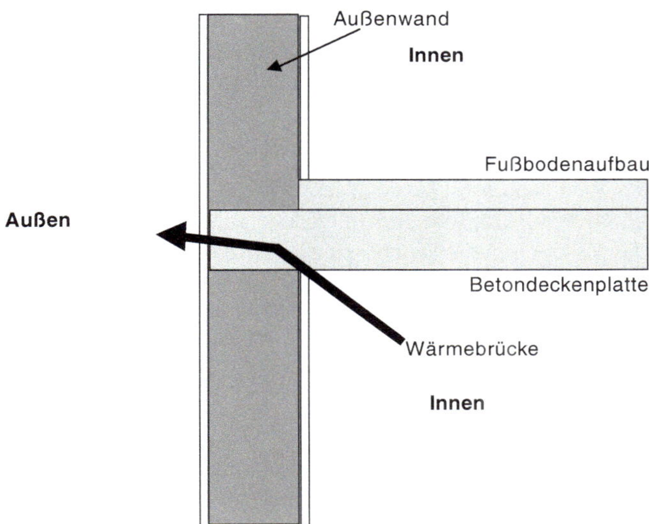

Abb. 5.4: Auflager einer Decke ohne Wärmedämm-Maßnahme an der Deckenstirnseite (schematische Darstellung im Querschnitt)

Eine solche Maßnahme zur Verbesserung der Situation bei bestehenden Gebäuden besteht darin, wie bei den Balkonen an der Deckenunterseite entlang den Außenwänden eine Wärmedämmung anzubringen. Diese Wärmedämmung sollte mindestens 50 cm breit und etwa 4 cm dick sein, bei einem Bemessungswert der Wärmeleitfähigkeit von 0,040 W/(mK) (Abb. 5.5).

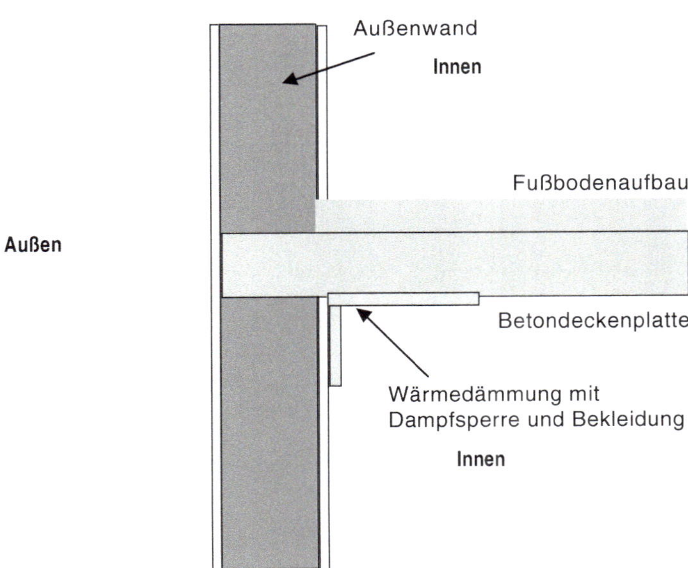

Abb. 5.5: Auflager einer Decke mit nachträglicher Wärmedämm-Maßnahme an der Deckenunterseite im Gebäudeinneren (schematische Darstellung im Querschnitt)

Zusätzlich sollte die Wärmedämmung auch ca. 20 bis 30 cm an der Wand unterhalb der betroffenen Decken-/Wandkante angebracht werden. Die Wärmedämmung muss raumseitig eine Dampfsperre erhalten und mit einem mechanischen Schutz, zum Beispiel einer Gipskartonplatte, abgedeckt werden. Diese Maßnahmen sind ausreichend, um die Kantentemperatur im Decken-/Wandstoß soweit anzuheben, dass sie hinsichtlich Schimmelpilzbildungen unkritisch ist.

Auch das Anbringen von Calcium-Silikatplatten an den Innenseiten ist möglich. Hierbei handelt es sich um kapillaraktive mineralische Stoffe, welche Feuchtigkeit nach innen transportieren können. Von dort lässt sich dann die Feuchtigkeit ablüften.

5.4 Rollladenkästen

Wärmebrückenwirkung

Weitere Schwachpunkte in der Hülle eines Gebäudes sind häufig die Rollladenkästen. Insbesondere bei Altbauten wurden meist solche Rollladenkästen eingebaut, bei denen die Wände zu dünn sind und somit einen zu geringen Wärmedurchlasswiderstand aufweisen.

Verbesserung der Situation bei Altbauten

Bei bestehenden Bauwerken kann eine unzureichende Wärmedämmung im Bereich der Rollladenkästen durch nachträgliches Anbringen einer innenseitigen Wärmedämmung verbessert werden (Abb. 5.6). Die Wärmedämmung muss dabei je nach Konstruktion nach unten bis an den Fensterrahmen und oben bis an die Deckenunterkante geführt werden. Außerdem kann es je nach Konstruktion erforderlich werden, dass die Wärmedämmung auch an der Deckenunterseite nach innen geführt wird. Die Wärmedämmung sollte mindestens etwa 4 cm dick sein bei einem Bemessungswert der Wärmeleitfähigkeit von 0,040 W/(mK). Sie muss raumseitig eine Dampfsperre erhalten und mit einem mechanischen Schutz, zum Beispiel einer Gipskartonplatte, abgedeckt werden.

Auch das Anbringen von Calcium-Silikatplatten an den Innenseiten ist möglich. Hierbei handelt es sich um kapillaraktive mineralische Stoffe, welche Feuchtigkeit nach innen transportieren können. Von dort lässt sich dann die Feuchtigkeit ablüften.

Weitere Maßnahmen bei außenseitiger Wärmedämmung

Sofern ein bestehendes Gebäude durch eine außenseitig angebrachte Wärmedämmung saniert wird, muss beachtet werden, dass sich hierdurch der Wärmeschutz der Rollladenkästen nicht verbessert. Im Bereich der Rollladenkästen wird nämlich die äußere Wärmedämmung „hinterlüftet". In solchen Fällen muss deshalb immer geprüft werden, ob im Bereich der Rollladenkästen zusätzliche Maßnahmen erforderlich sind.

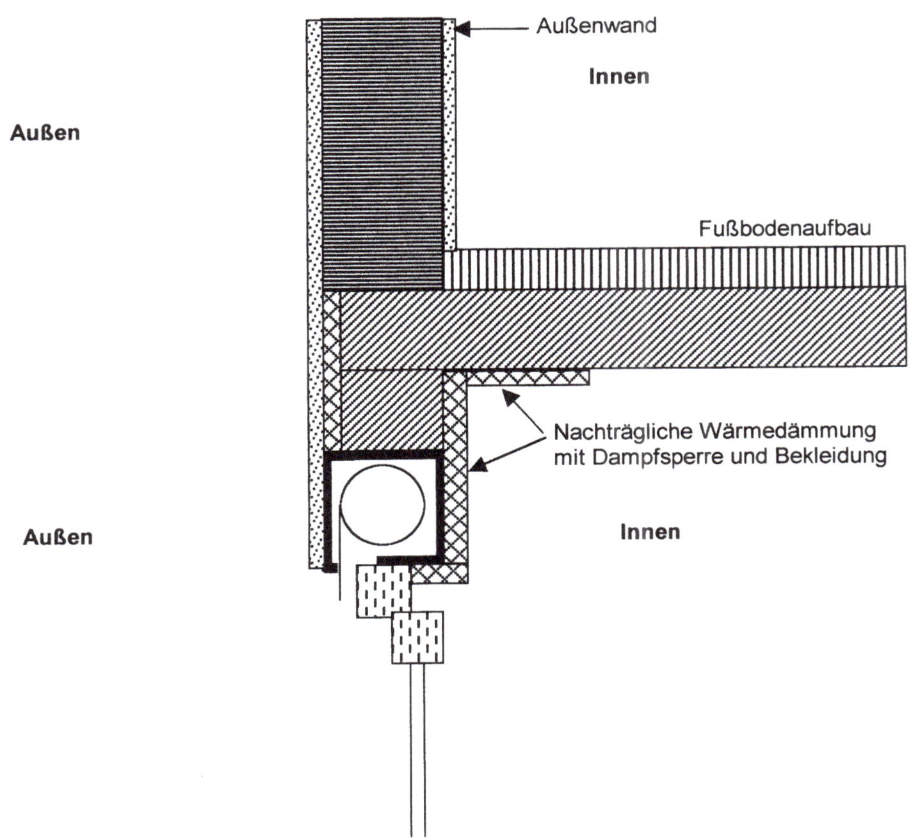

Abb. 5.6: Nachträgliche Verbesserung des Wärmeschutzes an einem Rollladenkasten (schematische Darstellung im Querschnitt)

5.5 Flachdächer mit Attika

Wärmebrückenwirkung

Auskragende Attiken bei Flachdächern stellen bei Betondecken dann eine Wärmebrücke dar, wenn die Attikaausbildung aus Beton besteht und mit der Decke verbunden ist (Abb. 5.7). In solchen Fällen steht einer großen wärmeabgebenden Fläche an der Außenseite eine kleine wärmeaufnehmende Fläche an der Innenseite gegenüber.

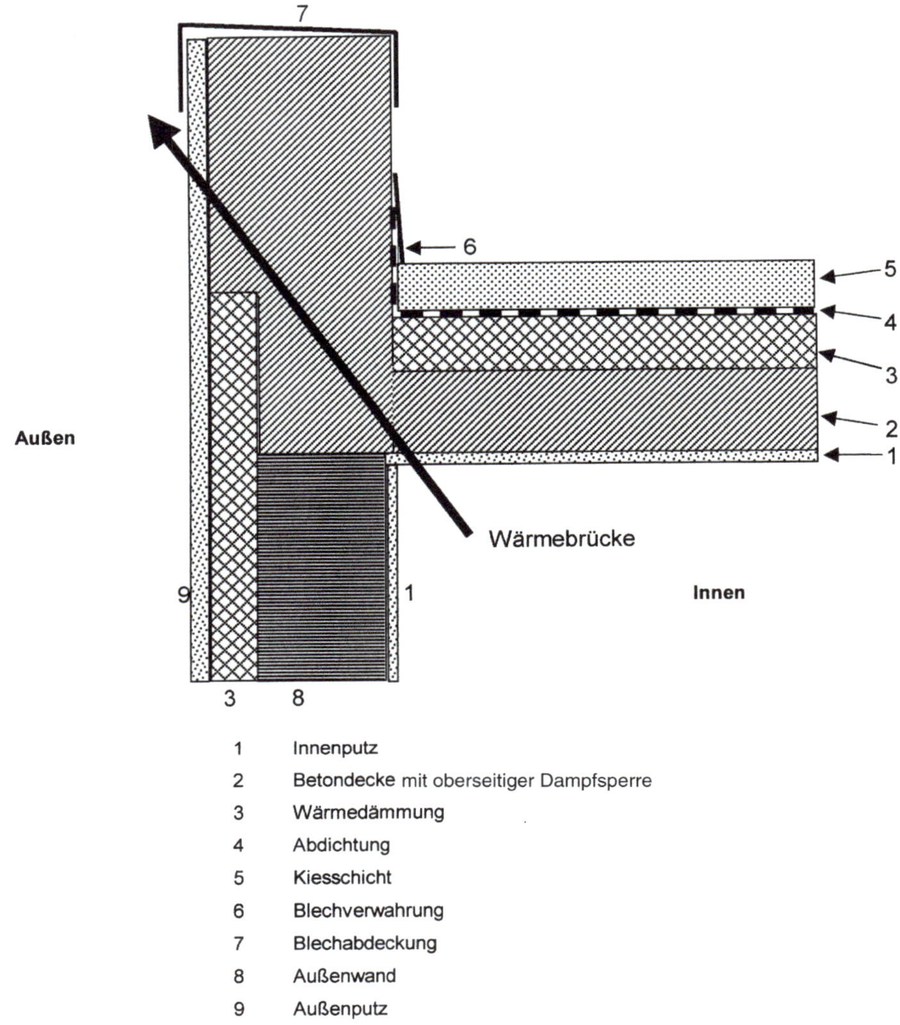

Abb. 5.7: Wärmebrücke im Bereich einer Attika (schematische Darstellung im Querschnitt)

Verbesserung der Situation bei Altbauten

Bei bestehenden Bauwerken lässt sich die Wärmebrückenwirkung einer Attika durch raumseitiges Anbringen einer Wärmedämmung an der inneren Decken-/Wandkante verhindern (Abb. 5.8). In diesem Fall sind die gleichen Maßnahmen erforderlich, wie sie bei der Deckenstirnseite bzw. bei der auskragenden Balkonplatte beschrieben sind.

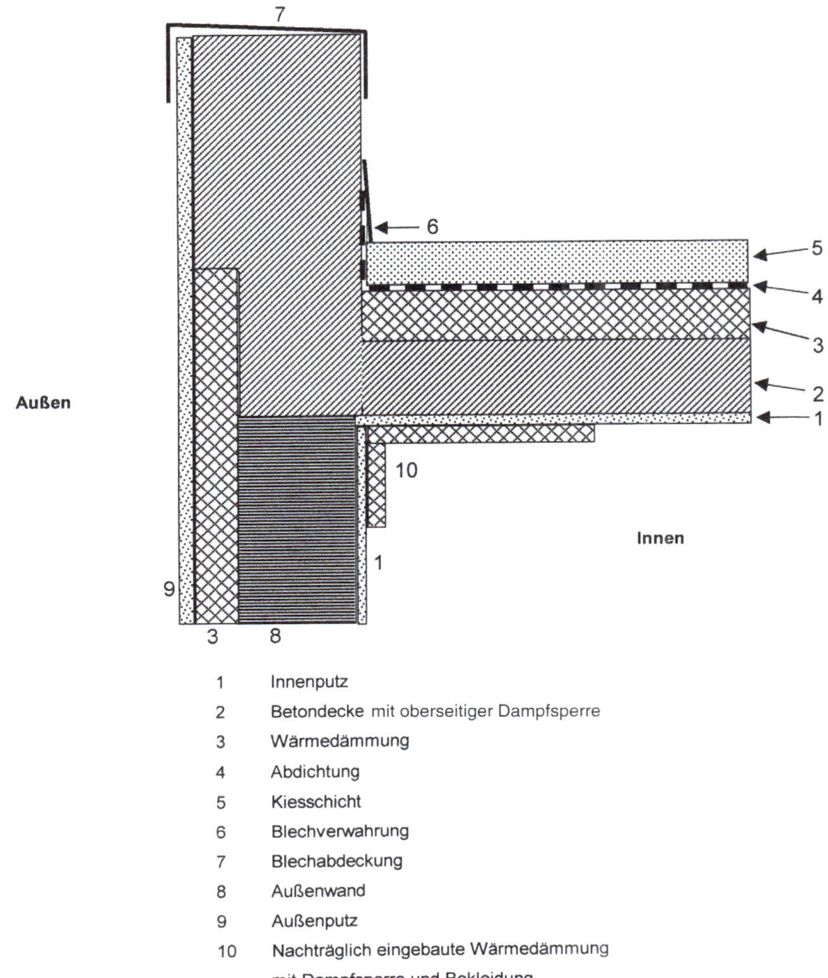

Abb. 5.8: Einbau einer Wärmedämmung zur Verhinderung einer Wärmebrücke im Bereich einer Attika (schematische Darstellung im Querschnitt)

5.6 Abseitenbereich im Dachgeschoss

Wärmebrückenwirkung

Den Abseitenbereichen wurde bei Altbauten häufig und auch manchmal bei Neubauten nicht genügend Beachtung geschenkt (Abb. 5.9). Wenn die dort vorhandenen Decken der Wohnungen unter dem Abseitenraum keine ausreichende Wärmedämmung aufweisen, dann besteht in diesem Bereich eine Wärmebrücke.

Verbesserung der Situation bei Altbauten

Die Wärmebrücke über eine ungedämmte Decke zu Abseitenräumen wird am wirkungsvollsten durch Aufbringen einer Wärmedämmung auf der Deckenoberseite beseitigt, falls der Abseitenbereich zugänglich ist (Abb. 5.10). Im Zuge dieser Maßnahme muss jedoch überprüft werden, ob an der inneren Kante durch diese Maßnahme eine ausreichend hohe Oberflächentemperatur erzeugt wird. Hierbei helfen bauphysikalische Berechnungen, bei denen das Temperaturfeld dieses Details berechnet wird. Wenn diese Berechnungen ergeben, dass unter Normbedingungen die Innentemperatur unter dem sogenannten Schimmelpilzkriterium nach DIN 4108 von 12,6 °C liegt, dann muss im Anschluss der Decke an die Außenwand eine zusätzliche Maßnahme durchgeführt werden.

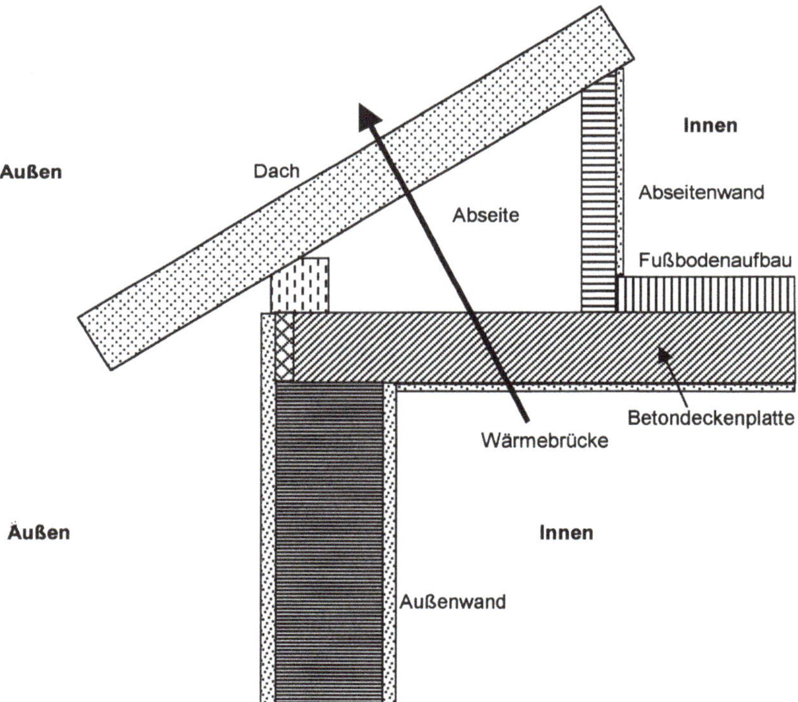

Abb. 5.9: Wärmebrücke über eine ungedämmte Decke zum Abseitenraum (schematische Darstellung im Querschnitt)

Falls Wärmedämm-Maßnahmen an der Deckenoberseite nicht möglich sind, dann kann auch an der Deckenunterseite eine Wärmedämmung mit raumseitiger Dampfsperre und Abdeckplatte angebracht werden.

Auch das Anbringen von Calcium-Silikatplatten an den Innenseiten ist möglich. Hierbei handelt es sich um kapillaraktive mineralische Stoffe, welche Feuchtigkeit nach innen transportieren können. Von dort lässt sich dann die Feuchtigkeit ablüften.

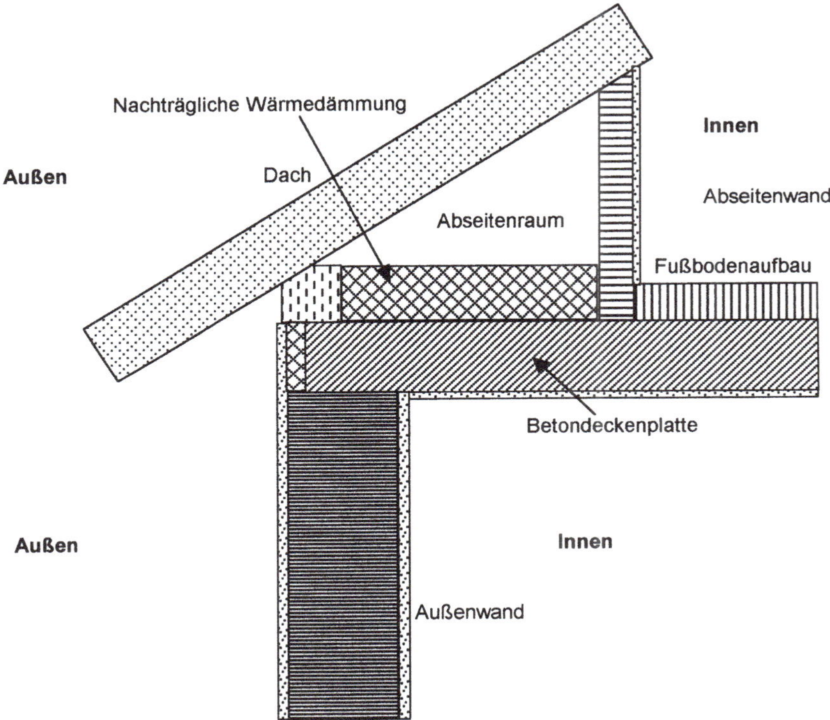

Abb. 5.10: Nachträgliche Wärmedämmung zur Verhinderung einer Wärmebrücke über die Decke zum Abseitenraum (schematische Darstellung im Querschnitt)

5.7 Betonstützen in Außenwänden

Wärmebrückenwirkung

Betonstützen in Außenwänden stellen lokale Bereiche mit schlechterem Wärmeschutz im Vergleich zur sonstigen Außenwand dar (Abb. 5.11). Der erhöhte Wärmestrom von innen nach außen durch die Betonstütze hindurch führt zu einer Absenkung der Oberflächentemperatur an der Innenseite der Stütze, wodurch Schimmelpilzbildungen ausgelöst werden können.

Verbesserung der Situation bei Altbauten

Die Wärmebrücke über eine Betonstütze in Außenwänden wird am sinnvollsten durch Aufbringen eines Wärmedämm-Verbundsystems oder einer Wärmedämmung mit hinterlüfteter Bekleidung an der Außenseite eines Gebäudes beseitigt.

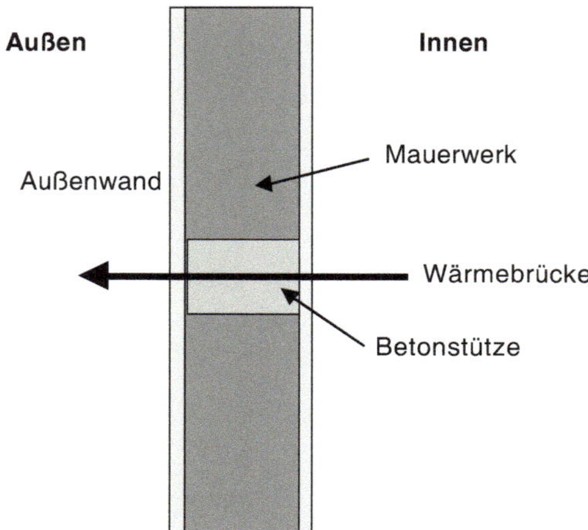

Abb. 5.11: Wärmebrücke über eine ungedämmte Betonstütze in einer Außenwand (schematische Darstellung im Grundriss)

Falls eine solche Maßnahme jedoch nicht durchgeführt werden soll, dann kann auch innenseitig eine Wärmedämmung im Stützenbereich angebracht werden (Abb. 5.12). In diesem Fall sollte die Wärmedämmung den Wandbereich beidseitig der Stütze überlappen.

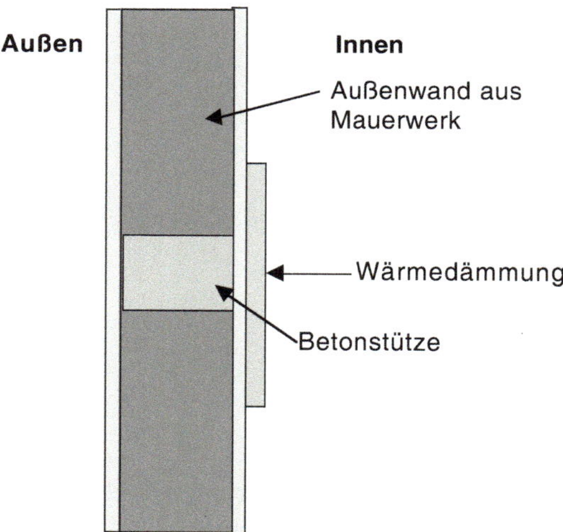

Abb. 5.12: Beseitigung einer Wärmebrücke über eine Betonstütze in einer Außenwand durch innenseitiges Anbringen einer Wärmedämmung mit Dampfsperre und Bekleidung (schematische Darstellung im Grundriss)

6 Vorschläge zur Instandsetzung von Fachwerkgebäuden

6.1 Fachwerkfassaden sind „Problemfassaden"

In der gegenwärtigen Zeit findet vielfach eine Rückbesinnung auf die Werte vergangener Jahrzehnte oder Jahrhunderte statt. Allerorts wird geprüft, welche Gebäude einen bedeutenden historischen Wert darstellen und den nachfolgenden Generationen erhalten werden sollen. Der Denkmalschutz ist hierbei sowohl im positiven als auch im negativen Sinne immer wieder in der Diskussion. Da in Deutschland früher Gebäude mit einem Ständerwerk aus Holzfachwerk und entsprechenden Ausfachungen weitverbreitet waren, werden solche Gebäude von den Denkmalschutzbehörden immer wieder als erhaltenswert eingestuft.

Hierbei wird jedoch nicht berücksichtigt, dass solche Fachwerkgebäude bei der heutigen „modernen" Nutzung häufig Anlass für Feuchteprobleme sind. Sowohl an der Holzkonstruktion selbst, als auch am Gefach können bauartbedingte Feuchteschäden auftreten. Diese Feuchteschäden führen in vielen Fällen auch zu Schimmelpilzbildungen an den Innenseiten der Außenwände. Größere Probleme treten dann auf, wenn das Wasser die Holzkonstruktion bereits soweit geschädigt hat, dass sich Holzschädlinge einnisten oder sogar ein Befall durch den Echten Hausschwamm auftritt.

Für die Besitzer dieser Gebäude bedeutet dies, dass sie auf der einen Seite besondere Anforderungen an eine originalgetreue Sanierung erfüllen müssen und auf der anderen Seite müssen die heutigen Kenntnisse der Bauphysik beachtet werden.

Fachwerkfassaden sind „Problemfassaden", bedingt durch die Kombination verschiedener Werkstoffe, dem Vorhandensein vieler Stoßfugen und der geringen Wanddicke, womit nur eine mäßige Wärmedämmung erzielt werden kann.

6.2 Schwind- und Quellverhalten von Holzfachwerk

Das vermutlich größte Problem bei der Sanierung von Holzfachwerken ist die Berücksichtigung des *Schwind- und Quellverhaltens* des Holzfachwerks. Holz- und Holzwerkstoffe können bei Befeuchtung (Regen, Schnee, Tauwasser, Spritzwasser usw.) Wasser in ihren Zellwänden und Zellhohlräumen einlagern. Während des Trocknungsvorganges wird dieses Wasser wieder abgegeben.

Unterhalb von ca. 30 Massen-% Holzfeuchtigkeit wird Wasser in die Zellwände des Holzes bei Feuchtigkeitsaufnahme eingebaut. Dieser Vorgang ist verantwortlich für die Längenänderung des Holzes durch Wasseraufnahme, das Holz quillt. Beim umgekehrten Vorgang, also bei der Austrocknung, wird Wasser aus den Zellwänden wieder abgegeben, das Holz schwindet. Die Längenänderung des Holzes zwischen 0 und 30 Massen-% Holzfeuchte ist linear zur Holzfeuchtigkeit. Oberhalb von 30 Massen-% Holzfeuchte finden nur noch geringe Längenänderungen statt.

Aufgrund seines Wuchses sind die hygrischen Längenänderungen des Holzes richtungsabhängig (anisotropes Verhalten). Die Längenänderungen des Holzes finden axial, radial und tangential statt und treten je nach Holzart in unterschiedlichem Ausmaß auf.

6.3 Anforderungen an die zulässige Feuchte von Holzfachwerk

DIN 1052 „Holzbauwerke" regelt die im Holzfachwerkbau einzuhaltenden Qualitätskriterien und Anforderungen an die zulässige Feuchtigkeit von Hölzern, die bei Sanierungen eingebaut werden. Als *Gleichgewichtsfeuchte* des Holzes (mittlere Feuchte des Holzes im fertigen und genutzten Bauwerk nach einer gewissen Zeitspanne) werden hierbei folgende Werte angegeben:

- allseitig geschlossene Bauwerke mit Heizung: 9 ± 3 Massen-% Holzfeuchte,
- allseitig geschlossene Bauwerke ohne Heizung: 12 ± 3 Massen-% Holzfeuchte.

6.4 Schwind- und Quellfugen bei Holzfachwerk

Wenn bei Sanierungen von Fachwerkhäusern Hölzer eingebaut werden, die eine höhere Holzfeuchte als oben angegeben aufweisen, dann müssen diese Hölzer nach dem Einbau trocknen können und es dürfen hierbei keine für das Bauwerk schädlichen Schwindverformungen auftreten. Hierin liegt ein großes Problem bei der Fachwerksanierung. Hölzer, die für den Austausch von geschädigten Fachwerkbauteilen verwendet werden, weisen häufig einen höheren Feuchtegehalt als die entsprechende Gleichgewichtsfeuchte auf. Dies bedeutet, dass die ausgewechselten Holzbauteile im eingebauten Zustand nachschwinden. Somit ergeben sich Fugen zwischen den Gefachen und dem Holzfachwerk. An diesen Fugen kann Wasser eindringen und sowohl die Holzbauteile als auch die Ausfachungswerkstoffe durchfeuchten.

Untersuchungen an Fachwerkgebäuden zeigten, dass offene Schwindfugen zwischen dem Holzfachwerk und der Ausfachung für einen Großteil der Schäden verantwortlich sind. Prinzipiell tritt dieser Vorgang bei jedem Gebäude aus sichtbarem Holzfachwerk und Ausfachungen auf. Üblicherweise liegen diese Schwind- und Quellfugen bei Gebäuden, deren Holzfachwerk eine Feuchte im Bereich der Gleichgewichtsfeuchte aufweist, in der Größenordnung von Bruchteilen von Millimetern. Die Menge an Wasser, die durch diese Spalten eintreten kann, ist infolgedessen gering. Es stellt sich dann im Laufe der Zeit ein Gleichgewichtszustand zwischen eindringendem und austrocknendem Wasser ein.

Bei größeren Spaltbreiten (mehrere Millimeter), wie sie beim Einbau von nicht ausreichend trockenem Holz auftreten können, ist dieser Gleichgewichtszustand gestört. Es dringt mehr Wasser ein als in den Trockenperioden wieder austrocknet. Hierdurch kann es zu Schäden am Holz oder an der Ausfachung kommen. Außerdem wird aufgrund des höheren Feuchtegehaltes der Ausfachungswerkstoffe der Wärmedurchgang erhöht, sodass sich Probleme mit Schimmelpilzbildungen an der Wandinnenseite entwickeln können und ein größerer Heizaufwand entsteht.

6.5 Sanierung von Schwind- und Quellfugen

Alle Sanierungsmaßnahmen an Holzfachwerken müssen das Ziel verfolgen, einen ausreichenden Schutz der Fassade vor eindringendem Wasser sicherzustellen. Sofern dieses Ziel nicht erreicht wird, sind ständig weitere Instandsetzungsmaßnahmen die Folge. Gleichzeitig müssen jedoch zusätzlich auch folgende bauphysikalische Kriterien beachtet werden:

- Schutz der Wand vor Tauwasser. Insbesondere wenn ein mehrschaliger Gefachaufbau vorliegt oder eine raumseitige Wärmedämmung eingebaut wird, dann muss durch einen Fachmann, zum Beispiel einen Bauphysiker, rechnerisch überprüft werden, ob im Wandaufbau Tauwasser anfallen kann.
- Erzielung eines ausreichenden Wärmeschutzes. Hierbei dürfen die Mindestanforderungen an den Wärmeschutz gemäß DIN 4108 nicht unterschritten werden. Außerdem müssen bei Umbauten die Anforderungen des Gebäudeenergiegesetzes eingehalten werden, sofern keine Ausnahmegenehmigung beantragt und erteilt wird. Bei Umbauten muss hierzu von einem Architekten oder einem Bauphysiker ein schriftlicher Nachweis über die Einhaltung des Gebäudeenergiegesetzes erbracht werden.
- Verhinderung von Wärmebrücken.
- Erzielung eines ausreichenden Schallschutzes.

Zur Instandsetzung von Schwind- und Quellfugen sind prinzipiell folgende Arbeitsschritte erforderlich:

- Aufstellen eines Gerüstes und Verkehrsabsicherung.
- Vollflächiges Überprüfen der Außenwände auf Schäden am Holz und an den Gefachen vom Gerüst aus. Diese Überprüfung muss von einem Fachmann (Zimmermann, Architekt oder Sachverständiger) durchgeführt werden. Feststellung des Schädigungsgrades des Holzfachwerkes. Das Holzfachwerk muss außerdem von außen und innen auf Schäden durch Pilzbefall, insbesondere Befall durch den Echten Hausschwamm, und tierische Schädlinge untersucht werden. Falls erforderlich, müssen hierbei Holzproben entnommen und im Labor untersucht werden. Je nach Ergebnis kann es notwendig werden, eine Fachfirma für die Bekämpfung von Hausschwamm oder von Holzschädlingen einzuschalten.
- Je nach Schädigungsgrad ist eine Erneuerung der geschädigten Holzbalken durch einen Zimmermann notwendig. Falls erforderlich, muss hierzu ein Statiker eingeschaltet werden.
- Prüfung der Gefache auf festen Sitz. Erforderlichenfalls zusätzliche Sicherung der Gefache.
- Entfernung des Putzes auf den Gefachen entlang von Schwindspalten auf einer Breite von ca. 10 cm. Entsorgung des Schuttes.
- An solchen Stellen, an denen die Ausfachung an den Außenseiten der Außenwände über die Fachwerkhölzer hinaussteht, muss die Ausfachung in entsprechender Dicke durch mechanisches Bearbeiten in den Anschlussbereichen zum Fachwerk entfernt werden (Kanten abschrägen). Durch diese Maßnahme muss ein bündiger Anschluss des neuen Putzes an das Fachwerk sichergestellt werden.
- Reinigen der Flanken von Schwindspalten und Herstellen einer festen Oberfläche, lose Bestandteile müssen entfernt werden.
- Füllung der Schwindspaltenbereiche mit einem geeigneten Wärmedämm-Mörtel. Die Füllung muss bündig mit der Kante des abgeschrägten Gefachbereiches abschließen, damit hier der Außenputz am Anschluss zum Fachwerk später ausreichend dick aufgebracht werden kann.
- Aufbringen eines geeigneten Putzes im Bereich von Schwindspalten sowie in den sonstigen Bereichen, in denen der Putz entfernt worden ist. Der Putz muss bündig mit der Außenkante

des Holzes abschließen. Es ist günstig, wenn zur Putzausbesserung der gleiche Putz verwendet wird, der bereits auf den Gefachen vorhanden ist.

- Klaffende Spalte, das heißt bei einer Spaltbreite größer als ca. 10 mm zwischen einzelnen Hölzern des Holzfachwerkes, müssen ausgespänt, das heißt mit trockenen, ungehobelten Holzleisten stramm ausgekeilt werden. Spalte kleiner als ca. 10 mm müssen nur dann ausgespänt werden, wenn Wasser in ihnen stehen bleiben kann. Die Ausspänung und die noch offenen Spalte müssen mit einem Anstrich versehen werden.
- Ein Abdichten offener Spalte mit Fugendichtstoff darf nicht vorgenommen werden, da sich hierdurch Hohlräume in den Anschlussbereichen und hinter dem Fugendichtstoff bilden können, die sich über Fehlstellen oder Rissbildungen des Fugendichtstoffes bei Regen mit Wasser füllen. Da dieses Wasser in den Hohlräumen eingeschlossen bleibt und nur sehr langsam wieder heraus diffundieren kann, würde es im Laufe der Zeit zu Schäden an der Holzkonstruktion führen.
- Aufbringen eines Anstriches auf die erneuerten Putz- und Holzbereiche.
- Prüfung der Regendichtigkeit der Fensterabschlüsse an die Fassade und gegebenenfalls Nachbesserungen der Anschlüsse.

Früher wurde häufig empfohlen, Schwindspalte zwischen Fachwerk und Gefach mit einem elastischen Fugendichtstoff zu füllen. Hiervon muss jedoch dringend abgeraten werden. Aus vielen Schadensfällen ist bekannt, dass Fugendichtstoffe für diesen Anwendungszweck nicht geeignet sind. Sie verschlechtern sogar die Situation dadurch, dass einmal eingedrungenes Wasser nur noch sehr langsam austrocknen kann und somit Holzschäden Vorschub geleistet wird. Solche Schwindfugen müssen deshalb wie oben beschrieben ausgebessert werden.

Tipps für den Ersatz geschädigter Fachwerkhölzer

- Es muss darauf geachtet werden, dass für den Ersatz geschädigter Fachwerkhölzer nur ausreichend trockene Hölzer zum Einsatz kommen.
- Günstig ist es, wenn Altholz aus abgebrochenen Häusern zur Verfügung steht.
- Falls Bedenken hinsichtlich des Feuchtigkeitsgehaltes bestehen, dann sollte man den Feuchtegehalt messen und beurteilen lassen.

6.6 Schwellenhölzer auf Mauerwerk

Bei alten Fachwerkgebäuden wurden häufig die Schwellenhölzer auf Mauerwerk, zum Beispiel dem Kellergeschossmauerwerk, aufgesetzt. Eine Abdichtung zwischen dem Mauerwerk und der Holzschwelle liegt nur in den seltensten Fällen vor. Bei dieser Bauweise kann Feuchtigkeit aus dem Mauerwerk durch kapillare Transportvorgänge in das Holz eindringen und dort zu Schäden führen. Aus diesem Grunde muss hier eine Abdichtungstrennlage eingebaut werden, die zum Beispiel aus Bitumenbahnen bestehen kann.

6.7 Sanierung der Ausfachung

Wenn die Ausfachung von Fachwerkfassaden Schäden aufweist, dann muss zuerst geprüft werden, ob die gesamte Ausfachung einzelner oder sogar aller Gefachfelder erneuert werden muss.

Bei einer Ausfachung aus Strohlehm ist es meist ausreichend, nur die losen Bestandteile zu entfernen. Bei einer Sanierung muss dann auf den gleichen Werkstoff, also wieder Strohlehm, zurückgegriffen werden. Nachteilig ist beim Werkstoff Lehm jedoch, dass er wasserlöslich ist. Man muss ihn deshalb vor Wasser schützen. Hierzu kann ein Putz verwendet werden, der an der Außenseite des Gefaches auf einen Putzträger aufgebracht wird. Falls zusätzlich ein Anstrich erfolgen soll, dann darf dieser der Wasserdampfdiffusion keinen hohen Widerstand entgegensetzen. Er sollte also möglichst diffusionsoffen sein.

Sofern das Gefach soweit geschädigt ist, dass sich eine Reparatur nicht mehr lohnt, dann muss der Ausfachungswerkstoff komplett entfernt werden. Anschließend werden in der Mitte der Gefachebene Dreiecksleisten aus Holz an das Fachwerk genagelt (seitlich und unten). Diese Dreiecksleisten dienen der späteren Fixierung des neuen Ausfachungswerkstoffes. Danach werden die Gefache ausgemauert. Hierbei muss darauf geachtet werden, dass das Mauerwerk ca. 2 cm hinter der Außenseite der Fassade zurücksteht, damit der neue Putz bündig mit der äußeren Holzoberfläche abschließen kann. Als Werkstoff für die Ausmauerung haben sich u. a. folgende Steinarten gut bewährt:

- Porenbetonsteine,
- Leichtbetonsteine mit porigen Zuschlägen (zum Beispiel aus Bims),
- Ziegel.

6.8 Bekleidungen

Aufgrund der unvermeidlichen Schwindfugen zwischen Fachwerk und Ausmauerung sind Fachwerkfassaden bei starker Schlagregenbeanspruchung hohen Witterungsbelastungen ausgesetzt, die zu Schäden führen können und eine regelmäßige Wartung der Fassade erforderlich machen.

An Wetterseiten werden Fachwerkfassaden deshalb häufig durch eine Bekleidung, zum Beispiel eine Holzverschalung, oder durch einen Putz vor Schäden geschützt. Aus diesem Grunde kann es empfehlenswert sein zu prüfen, ob die Wetterseite des Gebäudes mit Putz oder einer Holzverschalung bekleidet werden soll. Gegebenenfalls muss hierzu eine Abstimmung mit der Denkmalschutzbehörde erfolgen, da in diesem Fall das Fachwerk nicht mehr sichtbar ist.

6.9 Regelmäßige Wartungsmaßnahmen

Durch Schwind- und Quellbewegungen des Holzes können auch bei sanierten Fachwerkfassaden immer wieder Abrisse des Putzes von der Holzkonstruktion entstehen. Sofern diese dadurch entstandenen Spalte nur in der Größenordnung von Haarrissen liegen, sind sie jedoch unkritisch und können toleriert werden. Durch Schlagregen eindringendes Wasser kann dann während den Trockenperioden wieder nach außen ausdiffundieren.

An Fassaden mit sichtbarem Holzfachwerk muss deshalb zum Schutz gegen Durchfeuchtung eine regelmäßige Überprüfung auf Risse, Spalte oder sonstige Schäden durchgeführt werden. Sind Schäden erkannt, dann müssen diese möglichst kurzfristig ausgebessert werden. Je länger mit den Nachbesserungsarbeiten gewartet wird, desto größer werden die Feuchtigkeitsschäden und desto aufwendiger und teurer sind dann die Maßnahmen.

Tipps für die regelmäßige Untersuchung von Fachwerkfassaden

Fachwerkfassaden müssen in regelmäßigen Abständen (etwa alle 1 bis 2 Jahre) von außen inspiziert werden. Meist reicht hierzu ein Rundgang um das Gebäude aus, bei welchem auf folgende Erscheinungen geachtet wird:

- Putzabplatzungen,
- Anstrichabplatzungen,
- Risse,
- Spalte zwischen dem Fachwerk und dem Gefach,
- sichtbare Holzveränderungen,
- sonstige Auffälligkeiten.

Diese Inspektionen können vom Besitzer selbst durchgeführt werden. Höhergelegene Bereiche lassen sich gegebenenfalls von einer Leiter aus näher untersuchen. Sofern Schäden festgestellt werden, müssen so früh wie möglich Instandsetzungsmaßnahmen ergriffen werden.

7 Vorschläge zur Instandsetzung einer Abdichtung bei Bauteilen gegen Erdreich

7.1 Abdichtungsprinzipien

Für die Abdichtung von Bauteilen, die an Erdreich grenzen, sind folgende Prinzipien wichtig (Abb. 7.1):

- horizontale Abdichtung des Fußbodens,
- horizontale Wandabdichtung,
- vertikale Wandabdichtung.

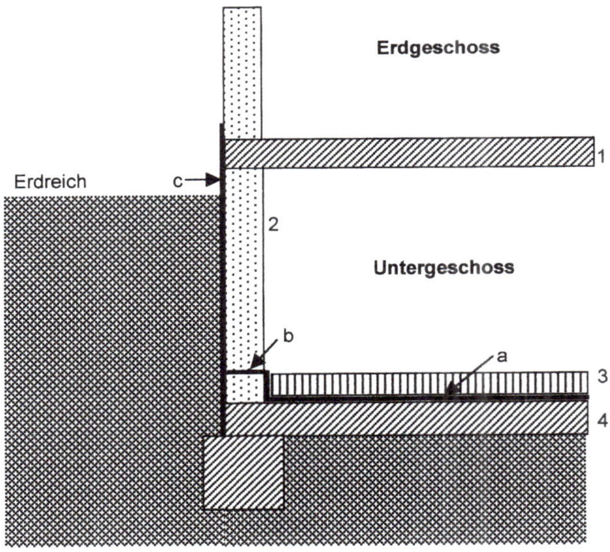

a Horizontale Fußbodenabdichtung
b Horizontale Wandabdichtung
c Vertikale Wandabdichtung

1 Trenndecke EG/UG
2 Außenwand an Erdreich
3 Fußbodenaufbau
4 Bodenplatte

Abb. 7.1: Darstellung der Abdichtungsprinzipien von Bauteilen, die an Erdreich grenzen (schematische Darstellung im Vertikalschnitt)

Die Abdichtung der an Erdreich grenzenden Flächen müssen lückenlos ausgeführt werden und die einzelnen Abdichtungsteile müssen untereinander dicht angeschlossen werden.

Durchdringungen sind ebenfalls fachgerecht auszuführen.

7.2 Nachträgliche horizontale Wandabdichtung

Die in Abschnitt 2.9 beschriebenen Schadensmechanismen in einem Mauerwerk aufgrund von außen eindringender Feuchte zeigen, dass zur Verhinderung von Schäden die Feuchtigkeit vom Mauerwerk abgehalten werden muss.

Der Einbau einer nachträglichen horizontalen Wandabdichtung ist eine Möglichkeit, aufsteigende Feuchtigkeit in einem Wandbaustoff zu verhindern. Horizontale Wandabdichtungen können in unterschiedlichen Arten eingebaut werden, die man in

- mechanische Verfahren,
- chemische Verfahren und
- sonstige Verfahren

unterteilen kann.

7.2.1 Mechanische Verfahren

Mauersägeverfahren

Bei diesem Verfahren wird das Mauerwerk abschnittsweise horizontal mit einer Mauersäge durchtrennt. Bevorzugt werden Lagerfugen als Sägebereich verwendet. Wenn diese jedoch nicht durchgehend in gleicher Höhe vorhanden sind, dann können auch die Steine des Mauerwerkes selbst durchsägt werden. Die Schnittbreite beträgt in der Regel ca. 5 bis10 mm. Die Schnitttiefe, die noch bei einseitigem Sägen erreicht werden kann, beträgt ca. 0,7 bis 0,9 m. Bestimmte Firmen können neuerdings jedoch auch einseitige Schnitttiefen bis zu ca. 1,5 m ausführen.

Als horizontale Abdichtung kann nun in die entstandene Fuge zum Beispiel eine Abdichtungsfolie aus PVC, eine bitumenkaschierte Aluminium- oder Bleifolie oder korrosionsbeständiger Edelstahl eingebracht werden. Die eingebrachte Abdichtung muss im Stoßbereich überlappt ausgeführt werden.

Unmittelbar nach dem Durchsägen des Mauerwerkes und nach dem Einbringen der Abdichtung werden in den Sägeschnitt Kunststoffkeile eingepresst, um die auftretenden Vertikalkräfte zu übertragen. Der jetzt noch vorhandene Hohlraum wird anschließend mit einem geeigneten Füllmörtel (z. B. Zementsuspension mit Quellmittelzugabe oder Kunstharzmörtel) verfüllt.

Damit die Standsicherheit des Gebäudes nicht gefährdet wird, darf das Aufsägen und Abdichten des Mauerwerkes nur in kurzen Abschnitten erfolgen und die Abstützung des Mauerwerkes mittels der oben beschriebenen Kunststoffkeile muss so schnell wie möglich vorgenommen werden. Gegebenenfalls ist hierzu ein Statiker einzuschalten.

Chromstahlblechverfahren

Bei diesem Verfahren werden mit einem Pressluftgerät Edelstahlwellbleche in eine durchgehende Lagerfuge des Mauerwerkes eingeschlagen. Die letzten zwei Wellen dieser Bleche müssen sich hierbei jeweils überlappen.

Sofern eine Chloridversalzung des Mauerwerkes vorliegt, muss der Chloridgehalt gemessen werden. Bei Werten von ca. > 1 Massen-% Chlorid sollte dieses Verfahren nicht angewendet werden, da dann eine Korrosion des Edelstahls bewirkt werden kann.

Zu beachten ist auch, dass sich dieses Verfahren nicht erschütterungsfrei durchführen lässt.

Maueraustauschverfahren

Das Maueraustauschverfahren wird dann angewendet, wenn eine erhebliche Beschädigung des Mauerwerks oder ein hoher Versalzungsgrad vorliegt. Vor Durchführung dieser Maßnahme muss ein Statiker zu Rate gezogen werden.

Das entsprechende Mauerwerk wird in kleinen Abschnitten entfernt und das Mauerwerk oberhalb davon durch Träger oder Stützen abgefangen. Anschließend wird die Oberseite des freigelegten Wandbereiches, die als Unterlage für die einzubauende horizontale Wandabdichtung dient, geglättet und eine horizontale Abdichtung aus Kunststoff- oder Bitumenbahnen aufgelegt. Der entfernte Mauerwerksabschnitt wird danach mit Mauerwerk oder gegebenenfalls auch Beton geschlossen. Jetzt kann der nächste Abschnitt des Maueraustausches durchgeführt werden.

7.2.2 Chemische Verfahren

Wirkungsweise

Die chemischen Verfahren haben zum Ziel, entweder den Durchmesser der Kapillaren in dem abzudichtenden Mauerwerk zu vermindern oder die Oberflächenspannung des Wassers in den Kapillaren so zu erhöhen, dass eine wasserabweisende Wirkung eintritt.

Bei Bohrlochinjektagen werden Chemikalien in die Bohrlöcher eingebracht. Diese Chemikalien sollen eine horizontale Feuchtigkeitssperre im Mauerwerk aufbauen. Voraussetzung für den Erfolg einer Horizontalsperre mit einer Bohrlochinjektage ist eine ausreichende Saugfähigkeit des Mauerwerks, damit sich das Injektagemittel im Mauerwerk verteilen kann.

Man unterscheidet *drucklose Injektagen* und *Druckinjektagen*. Bei drucklosen Injektagen verteilt sich das Injektagemittel aufgrund der Schwerkraft und der Saugfähigkeit der Steine im Porengefüge des Mauerwerks. Bei der Druckinjektage hingegen wird das Injektagemittel unter Druck eingebracht.

Bei chemischen Injektagen werden hauptsächlich Siloxane (Silikonharze) verwendet, die in organischen Lösemitteln gelöst sind.

Druckinjektagen

Druckinjektagen werden üblicherweise dann angewendet, wenn das zu behandelnde Mauerwerk bereits weitgehend mit Wasser durchtränkt ist. Der Injektagedruck beträgt ca. 2 bis 7 bar. Die Bohrlöcher werden in Abständen von ca. 10 bis 20 cm gesetzt und weisen Lochdurchmesser von ca. 12 bis 18 mm auf. Die Bohrlöcher können einreihig oder zweireihig übereinander versetzt eingebaut werden.

Bei der Anordnung der Bohrlöcher muss auf die Art und den Zustand des Mauerwerks eingegangen werden. In Mauerwerk, das im Inneren große Hohlräume aufweist, muss zuerst eine fließfähige Zementsuspension zum Schließen der Hohlräume injiziert werden, bevor die eigentliche Injektage vorgenommen wird. Der Materialverbrauch bei der Druckinjektage ist vom Porenvolumen des Mauerwerks abhängig.

Drucklose Injektagen

Bei den drucklosen Injektagen kann das Injektagemittel meist aus einzelnen Behältern, die über dem Bohrloch angebracht sind, in das Bohrloch einfließen. Als Injektagemittel eignen sich am besten hydrophobierte Silikate und Silane. Der Bohrlochabstand sollte 15 cm (gemessen von Mitte Bohrloch zu Mitte Bohrloch) nicht überschreiten. Die Tränkzeit (Injektagezeit) sollte mindestens 24 h betragen. Auch bei der drucklosen Injektage müssen zuvor Hohlräume, offene Fugen und Risse im Mauerwerk geschlossen werden.

7.2.3 Sonstige Verfahren

Weitere Verfahren für die Horizontalabdichtung von Mauerwerk sind die Paraffin-Injektage sowie die passive und die aktive Elektro-Osmose. Hierbei handelt es sich jedoch um selten eingesetzte Verfahren.

7.3 Nachträgliche vertikale Wandabdichtung

7.3.1 Konventionelle Verfahren

Eine Horizontalsperre in Wänden kann nur dann wirksam sein, wenn die notwendigen begleitenden Maßnahmen durchgeführt werden, die verhindern sollen, dass das Mauerwerk oberhalb der Horizontalsperre weiterhin durchfeuchtet wird. Aus diesem Grunde müssen die an Erdreich grenzenden Außenwände als Mindestmaßnahme eine vertikale Abdichtung gegen nicht stauendes Sickerwasser gemäß DIN 18533 „Abdichtung von erdberührten Bauteilen" aufweisen. Außerdem muss jede Art von Feuchtigkeitsbrücke, mit der die Horizontalsperre von Feuchtigkeit umgangen werden kann, verhindert werden.

Nachträgliche vertikale Abdichtungen führt man üblicherweise mit folgenden Werkstoffen aus:

- Bitumenbahnen,
- kunststoffmodifizierte Bitumendickbeschichtungen,
- mineralische Dichtungsschlämmen.

Für diese Verfahren ist jeweils die Herstellung eines ausreichenden Arbeitsraumes an der Außenseite der Wand erforderlich.

7.3.2 Nachträgliche vertikale Abdichtung mit der Schleierinjektion

Beschreibung des Verfahrens der Schleierinjektion

Nachträgliche Abdichtungen mit einer Schleierinjektion werden im Baugrund flächig an der Außenseite des Bauteils als durchgehende Abdichtungsebene ausgebildet. Hierbei wird der umgebende Baugrund als Stützgerüst benutzt. Je nach Art des anstehenden Baugrunds sind rastermäßige Bohrungen erforderlich, welche die Außenwand vollständig durchstoßen. Das Bohrlochraster muss individuell festgelegt werden. Die Einfüllstutzen (Packer) müssen gemäß dem Vorgaberaster von innen so eingebaut werden, dass die Austrittsöffnungen für den Injektionswerkstoff im Bereich vor der außenseitigen Wandoberfläche liegen. Es müssen spezielle Packersysteme eingesetzt werden.

Da die Injektionswerkstoffe mit Grundwasser, Hangschichtenwasser oder Sickerwasser in Kontakt treten können, dürfen nur solche Werkstoffe verwendet werden, für welche die physiologische Unbedenklichkeit nachgewiesen ist. Der Nachweis muss durch ein Prüfzeugnis erfolgen.

Der Injektionswerkstoff muss mit abgestimmtem Druck so eingebracht werden, dass ein zusammenhängender Dichtungsschleier entsteht. Die Aushärtezeit und die Fließeigenschaften des Werkstoffes sind entsprechend aufeinander abzustimmen.

Nach Abschluss des Injektionsvorganges müssen die Einfüllstutzen entfernt werden. Die verbleibenden Öffnungen sind zu schließen. Hierzu muss ein schwindarmer und quellfähiger Mörtel verwendet werden.

Vorarbeiten

Falls erforderlich, sind folgende Vorarbeiten durchzuführen:

- Reinigen der Flächen,
- Verdämmen offener Fugen, klüftiger Baustoffoberflächen etc.,
- Bestimmung des Verlaufs und der Lage von Bewehrungen, Sanitär- und Elektroleitungen (falls vorhanden) sowie Kennzeichnung derselben,
- allgemeine Schutzmaßnahmen gegen Beschädigungen und Verschmutzungen.

Geräte

Zur Herstellung der Bohrkanäle dürfen nur erschütterungsarme und auf den Baustoff abgestimmte Bohrgeräte verwendet werden. Wahlweise können hier elektrisch, pneumatisch oder hydraulisch angetriebene Bohrgeräte mit entsprechenden Bohrwerkzeugen zum Einsatz kommen.

Injektionen können mit Ein- oder Mehrkomponenten-Injektionsgeräten ausgeführt werden. Injektionsgeräte sollten mit mengen- und druckregulierenden sowie pulsationsarmen Pumpen ausgerüstet sein.

Hilfsmittel

Injektionsstoffe werden über Packer in den Baustoff bzw. in das Bauteil eingebracht. Hierbei können Schraub-, Schlag-, Klebe- oder Sonderpacker eingesetzt werden.

Verdämmungen können aus mineralischen oder kunstharzgebundenen Werkstoffen bestehen.

7.4 Flankierende Maßnahmen

Zusätzlich zu den in den vorangegangenen Abschnitten aufgeführten Abdichtungsmaßnahmen ist es empfehlenswert, vor den Kelleraußenwänden, sonstigen Wänden an Erdreich und im Fundamentbereich eine Drainage anzuordnen, die eine schnelle Ableitung des Oberflächenwassers ermöglicht. Der Einbau einer Dränage muss gemäß DIN 4095 „Dränung zum Schutz baulicher Anlagen" erfolgen.

Bei durchfeuchteten Wänden können die im Porenwasser gelösten Salze mit dem Wasser in Richtung der Luftseite eines Mauerwerkes transportiert werden und dort auskristallisieren. Hierbei können folgende Schäden entstehen:

- Putzabplatzungen,
- Anstrichabplatzungen,
- Abplatzungen am Mauerwerk oder am Fugenmörtel,
- Ausblühungen.

Die Salze können aber auch in porenreichen Zonen eines auf das Mauerwerk aufgebrachten Putzes kristallisieren. Üblicherweise verwendet man deshalb *Sanierputze* als weitere begleitende Maßnahme.

Sanierputze zeichnen sich durch eine hohe Porosität und Wasserdampfdurchlässigkeit bei gleichzeitig erheblicher Verminderung der kapillaren Leitfähigkeit aus. Die gelösten schädlichen Salze kristallisieren dann in den zahlreichen Poren des Sanierputzes und lagern sich dort ab. Aufgrund der hohen Porosität des Sanierputzes werden Abplatzungen und Ausblühungen vermieden, die bei Putzen mit einer geringeren Porosität durch den Kristallisationsdruck entstehen würden.

Tipps für die nachträgliche Abdichtung eines Gebäudes

- Herstellung einer horizontalen Abdichtung gegen vertikal aufsteigende Feuchte in die Außenwände. Die Innenwände auf der Bodenplatte müssen ebenfalls eine horizontale Abdichtung erhalten.
- Herstellung einer vertikalen Abdichtung der an Erdreich grenzenden Wände gegen horizontal eindringendes Wasser.
- Einbau eines Sanierputzes an solchen Wandbereichen, die durch Salze geschädigt sind.
- Einbau einer Dränage für die schnelle Ableitung von Wasser im Erdreich vor den Außenwänden.

8 Instandsetzung von Flachdächern

Ursachen von Flachdachschäden

Wassereintritte an Flachdächern sind vielfach Ursache von Feuchtigkeitsschäden in Gebäuden. Sie können durch

- Fehler bei der Planung,
- Fehler bei der Ausführung,
- Beschädigungen durch die Nutzung oder
- in Alterungsvorgängen der Abdichtung

begründet sein. Das eindringende Wasser kann die Baukonstruktion schädigen sowie Schimmelpilzbildungen hervorrufen.

Regelmäßige Wartung

Sehr wichtig ist bei Flachdächern, dass sie regelmäßig gewartet werden. Hierzu gehört, dass die Dächer in festgelegten zeitlichen Abständen begangen und augenscheinlich auf Veränderungen untersucht werden. Durch eine regelmäßige Wartung lassen sich Undichtheiten vorbeugen. Zur Wartung zählen unter anderem folgende Arbeiten:

- Sichtkontrolle der Abdichtungsbahnen, soweit sie zugänglich sind, auf Beschädigungen und Alterung. Wenn Beschädigungen erkannt werden, dann muss eine Instandsetzung erfolgen.
- Überprüfung der Abdichtungsanschlüsse an Dachränder, Türen, Aufkantungen und Durchdringungen.
- Entfernung von Verschmutzungen und Fremdköpern.
- Entfernung von Bewuchs auf nicht begrünten Flachdächern, da die Wurzeln der Pflanzen die Abdichtung schädigen können.
- Überprüfung und gegebenenfalls Reinigung der Dachabläufe und Notabläufe.

Instandsetzung der Abdichtung

Flachdächer werden überwiegend mit Abdichtungen aus Bitumen- oder Kunststoffbahnen hergestellt. Jede Abdichtungsart hat ihre spezifischen Besonderheiten und darf nur von einer Fachfirma aufgebracht werden. Im Einzelnen sind die Anforderungen für die Abdichtung eines Flachdachs in der „Fachregel für Dächer mit Abdichtungen – Flachdachrichtlinien" bzw. in DIN 18531 „Abdichtung von Dächern sowie von Balkonen, Loggien und Laubengängen" beschrieben.

Zur Instandsetzung von Flachdächern kann bei bituminösen Abdichtungen eine zusätzliche Lage Abdichtungsbahnen aufgeklebt oder aufgeschweißt werden.

Bei Kunststoffbahnen wird eine neue Lage Abdichtungsbahnen ohne Verklebung aufgebracht. Die Befestigung erfolgt entweder mechanisch am Untergrund durch entsprechende Dübel oder durch Aufbringen einer Beschwerung aus einer Kiesschüttung oder aus Gehwegplatten.

Eine weitere Möglichkeit, Flachdachabdichtungen zu sanieren, besteht darin, eine Abdichtung aus einem Flüssigkunststoff aufzubringen. Hierbei muss im Einzelfall immer geprüft werden, ob die bestehende Abdichtung und der jeweilige Flüssigkunststoff miteinander verträglich sind.

Bei der Dachsanierung muss auch überprüft werden, ob eine ausreichende Sicherung der Abdichtung gegen Abheben durch Windsog vorliegt. Gegebenenfalls müssen zusätzliche Maßnahmen ergriffen werden. Im Regelfall muss hierüber ein Nachweis erfolgen.

Verbesserung des Wärmeschutzes

Im Zuge der Sanierung einer Flachdachabdichtung sollte immer geprüft werden, ob sinnvollerweise auch der Wärmeschutz des Daches verbessert wird. Hierzu eignen sich spezielle Wärmedämmstoffe, die auf der Oberseite der Abdichtung aufgebracht und mit einer Beschwerung, zum Beispiel einer Kiesschicht, versehen werden. Die eingesetzten Wärmedämmstoffe müssen eine Zulassung für diesen speziellen Anwendungsfall haben. Diese Bauweise wird auch *Umkehrdach* genannt, da die Wärmedämmung nicht unter der Abdichtung verlegt wird, sondern umgekehrt auf der Oberseite der Abdichtung.

Es kann jedoch auch ein konventioneller neuer Dachaufbau mit Wärmedämmung und neuer Abdichtung auf der Oberseite des bestehenden Flachdachaufbaus aufgebracht werden.

Bei Einbau einer zusätzlichen Wärmedämmung muss beachtet werden, dass alle Anschlüsse, Dachabläufe und sonstigen Details ebenfalls um das Höhenmaß der Wärmedämmung höher gesetzt werden müssen.

Außerdem müssen beim Einbau einer neuen Wärmedämmung auch die Anforderungen des Gebäudeenergiegesetzes beachtet werden.

Gefälle

Sollte das Flachdach kein Gefälle aufweisen, dann kann auf der alten Abdichtung eine Gefälle-Wärmedämmung mit einem Gefälle von mindestens 2 % zu den Abläufen installiert werden. Auf diese Wärmedämmung muss dann eine komplette neue Abdichtung aufgebracht werden. Im Regelfall ist es dann jedoch auch erforderlich, alle Anschlüsse und Durchdringungen an diese neue Gefällesituation anzupassen.

Von besonderer Bedeutung bei der Instandsetzung eines Flachdachs ist die konstruktiv richtige Ausbildung der Details. Erfahrungsgemäß werden hierbei die meisten Fehler gemacht.

Dachränder

An Attiken oder Dachrändern muss die Abdichtung mindestens 10 cm über die Oberkante des Belags hochgeführt werden. Zum Belag zählen hierbei zum Beispiel Kiesschüttungen, Schutzbahnen, Gehwegplatten oder auch Begrünungen. Die Abdichtung muss über die Aufkantung des Dachrandes hinweg nach außen geführt und mechanisch befestigt werden.

Dachränder erhalten üblicherweise eine Abdeckung, die meist aus einer Blechverwahrung besteht. Die Abdeckung muss ein deutliches Gefälle nach innen aufweisen, damit das anfallende Niederschlagswasser zur Dachfläche abläuft und nicht die Fassade verschmutzt.

Hochgeführte Abdichtungsbahnen, die der Witterung ausgesetzt sind, müssen einen Witterungsschutz erhalten. Hierfür kommt bei Bitumenbahnen beispielsweise eine Abstreuung infrage.

Wandanschlüsse

Bei Anschlüssen der Abdichtung an Wände muss die Abdichtung mindestens 15 cm über die Oberfläche des Belags hochgeführt werden. Das obere Ende der Abdichtung muss mechanisch befestigt werden, zum Beispiel mit einer Klemmschiene, und gegen Hinterlaufen durch Regenwasser geschützt werden. Üblicherweise versieht man die Abdichtungen an den Hochführungen zusätzlich mit einer Blechverwahrung.

Dachdurchdringungen

Als Dachdurchdringungen werden unter anderem Dachabläufe, Entlüftungsrohre, Antennenmaste, Stützen oder Verankerungen bezeichnet. Anschlüsse von Dachabdichtungen an solche Durchdringungen lassen sich mit Klebe- oder Klemmflansch oder mit Dichtungsmanschetten ausführen.

Häufig werden für solche Anschlussbereiche auch Abdichtungen aus Flüssigkunststoff verwendet, da diese Werkstoffe sehr flexibel an schwierige Geometrien angepasst werden können.

Anschlüsse an Terrassentüren

Entsprechend den Flachdachrichtlinien müssen Abdichtungen an Terrassentüren mindestens 15 cm über die Oberkante des Belags hochgeführt werden. Dieses Maß darf auf 5 cm reduziert werden, wenn im Bereich der Tür eine Entwässerungsmöglichkeit besteht, die eine dauerhafte und zügige Entwässerung im Türbereich sicherstellt. Hierzu ist zum Beispiel eine Rinne geeignet.

Oberlichter

Im Bereich der Oberlichter muss ebenfalls eine Hochführung der Abdichtung von mindestens 15 cm über die Belagsoberfläche sichergestellt werden.

Anschlüsse an Dachabläufe und Notabläufe

Dachabläufe können einteilig oder zweiteilig mit Aufstockelement eingebaut und somit der Höhe des Dachaufbaus angepasst werden. Der Anschluss der Abdichtung an den Dachablauf erfolgt mit einem Klebe- oder Klemmflansch.

Anschlüsse von Abdichtungen an Notabläufe werden gleichartig ausgeführt.

Tipps für die Flachdacherhaltung

- Regelmäßige Wartung durchführen. Im Zuge der Wartung müssen alle frei zugänglichen Abdichtungsbereiche untersucht werden.
- Entfernung von unerwünschtem Bewuchs auf der Dachfläche.
- Flachdächer mit einem Gefälle der Abdichtung von mindestens 2 % zu den Entwässerungseinrichtungen herstellen.
- Abdichtung an Anschlüssen und Dachdurchdringungen ausreichend weit hochführen und regensicher verwahren.
- Ausreichende Sicherung der Abdichtung gegen Abheben durch Windsog.
- Einbau von Entwässerungsrinnen an Terrassentüren.

9 Beratung durch Fachleute

Schimmelpilzbildungen sind sehr häufig Anlass zu Streitigkeiten, bei denen oft unterschiedliche Ansichten über die Ursachen der Feuchtigkeitserscheinungen aufeinanderprallen. In diesem Fall ist es sinnvoll, sich von einem Fachmann beraten zu lassen. Hierfür sind folgende Fachleute geeignet:

Gutachter

Ein Gutachter ist eine Person, die aufgrund ihres Fachwissens oder durch erworbene Erfahrungen einen Sachverhalt oder eine Sache fachgerecht beurteilen kann.

Eine spezielle Ausbildung mit dem Abschluss oder der Bezeichnung Gutachter gibt es nicht. In der Regel wird es jedoch so sein, dass ein Gutachter aufgrund einer handwerklichen Ausbildung oder eines Studiums vertiefte Kenntnisse in seinen speziellen Fachgebieten aufweisen wird.

Die Berufsbezeichnung „Gutachter" ist kein geschützter Begriff, sodass sich prinzipiell jeder, der meint, sich auf bestimmten Gebieten besonders gut auszukennen, Gutachter nennen darf.

Im Regelfall werden Sachverständige, insbesondere öffentlich bestellte und vereidigte Sachverständige, für die Ausarbeitung von Gutachten herangezogen.

Schiedsgutachter

Für den Schiedsgutachter treffen alle für den Gutachter beschriebenen Sachverhalte ebenfalls zu.

Ein Schiedsgutachter wird dann eingeschaltet, wenn zwei oder mehr Parteien sich über einen Sachverhalt streiten, aber ein Gerichtsverfahren vermieden werden soll. In diesem Fall müssen sich die Parteien auf einen Schiedsgutachter einigen. Hierzu muss eine Schiedsgutachtervereinbarung zwischen allen Parteien und dem Schiedsgutachter in Form eines Vertrages geschlossen werden. In dem Vertrag muss der Schiedsgutachter benannt und die zu behandelnden strittigen Fragen müssen explizit aufgeführt werden.

Der Schiedsgutachter wird den Sachverhalt untersuchen, zu den Streitfragen ein Gutachten erstellen und die Fragen, soweit möglich, klären. In der Regel ist das Verfahren nach dem Schiedsspruch abgeschlossen und ein Einspruch dagegen auch bei einem Gericht nicht möglich.

Bausachverständiger

Die Bezeichnung Bausachverständiger oder auch kurz Sachverständiger ist kein geschützter Begriff. Bei einem Bausachverständigen handelt es sich meist um die gleiche Berufsgruppe, die sich auch als Gutachter betätigt. Ein Bausachverständiger kann ebenfalls Gutachten erstellen. Er kann jedoch einen Bauherrn auch mündlich oder schriftlich beraten und ihm bei Entscheidungen zu speziellen Sachverhalten helfen.

Öffentlich bestellter und vereidigter Sachverständiger

Ein öffentlich bestellter und vereidigter Sachverständiger wird durch eine öffentlich-rechtliche Institution, zum Beispiel eine Industrie- und Handelskammer, öffentlich bestellt und vereidigt.

Der öffentlich bestellte und vereidigte Sachverständige muss in einem längeren Prüfungs- und Bestellungsverfahren seine besondere Sachkunde, Objektivität und Vertrauenswürdigkeit nachweisen.

Die öffentliche Bestellung ist eine vom Gesetzgeber vorgesehene Bezeichnung besonders qualifizierter Sachverständiger. Aus diesem Grunde ist diese Berufsbezeichnung geschützt und darf nicht von jedem Sachverständigen benutzt werden.

Beauftragung und Kosten

Meist ist es sinnvoll, wenn vorab dem Sachverständigen telefonisch der Sachverhalt geschildert wird. Hierbei kann geklärt werden, ob das Problem in das Fachgebiet des Sachverständigen fällt.

Außerdem sollte geprüft werden, ob der Sachverhalt im Rahmen eines „Privatgutachtens" oder eines „Beweissicherungsgutachtens" im Gerichtsauftrag geklärt werden soll, da es häufig auch um die Durchsetzung oder die Abwehr von Ansprüchen geht. Hierbei sind meist auch rechtliche Aspekte zu beachten. Da ein Sachverständiger keine Rechtsberatung durchführen darf, ist es häufig sinnvoll, hierzu den Rat eines Rechtsanwaltes einzuholen.

Die Beauftragung eines Gutachters oder eines Sachverständigen kann entweder nach Aufwand oder auf der Basis eines Pauschalpreises erfolgen. Auf jeden Fall sollte vorab ein Angebot eingeholt werden. Aufgrund des Angebotes kann dann eine Beauftragung erfolgen.

Am besten ist es, wenn die Beauftragung schriftlich erfolgt und die Leistungen und Kosten genau beschrieben werden.

Je nach Art und Umfang der Tätigkeit und der erforderlichen Messungen und Untersuchungen vor Ort können die Kosten für die Ausarbeitung eines Gutachtens bis zu mehreren Tausend Euro betragen. Gegebenenfalls können auch Kosten für die Durchführung von Laboruntersuchungen anfallen.

Die Suche nach einem Fachmann

Die Suche nach einem Gutachter oder Sachverständigen kann sich für einen auf diesem Gebiet unerfahrenen Bauherrn schwierig gestalten. Folgende Institutionen oder Adressensammlungen können hierbei jedoch hilfreich sein:

- **Branchenfernsprechbücher, Internetrecherche**
  Unter den Rubriken „Sachverständige" oder „Sachverständige für ..." sind Adressen von Experten auf bestimmten Fachgebieten zusammengestellt.
- **Industrie- und Handelskammern (IHK)**
  Bei den Industrie- und Handelskammern werden Listen von Sachverständigen geführt. Insbesondere können Adressenlisten von öffentlich bestellten und vereidigten Sachverständigen angefordert werden.
- **Ingenieurkammern**
  Bei den Ingenieurkammern der jeweiligen Bundesländer sowie der Bundesingenieurkammer sind alle beratenden Ingenieure zusammengefasst mit Angabe der jeweiligen Fachgebiete.
- **Verein Deutscher Ingenieure (VDI), Verein Beratender Ingenieure (VBI)**
  Beim VDI oder VBI können ebenfalls Listen von Sachverständigen oder Gutachtern angefordert werden. Hierbei handelt es sich immer um Ingenieure mit entsprechender Ausbildung.

10 Praxisbeispiele für baulich bedingte Schimmelpilzbildungen

10.1 Wärmebrücken

10.1.1 Auskragende Balkondeckenplatte aus Beton

Situation

Auskragende Balkondeckenplatten aus Beton (Abb. 10.1) stellen eine Wärmebrücke dar, die zu Schimmelpilzbildungen an der Innenseite der Wohnung unterhalb des Balkons führen können (Abb. 10.2). In dem vorliegenden Fall war die auskragende Balkondeckenplatte weder thermisch getrennt noch lag eine Wärmedämmung im Inneren der Wohnung an der Deckenunterseite raumseitig des Balkons vor. Diese Wärmebrücke führte zu einer Temperaturabsenkung an der Deckenwandkante zum Balkon, sodass dort günstige Bedingungen für Schimmelpilzbildungen entstanden. Insbesondere in der oberen Außenecke waren intensive Schimmelpilzbildungen aufgetreten.

Abb. 10.1: Balkon mit von innen nach außen durchlaufender Balkonplatte aus Beton

Abb. 10.2: Schimmelpilzbildungen in der Ecke unterhalb einer nach außen durchlaufenden Balkonplatte aus Beton

Folgerungen für die Praxis

Auskragende Balkonplatten aus Beton stellen Wärmebrücken dar, wenn nicht zusätzliche Maßnahmen zur Verhinderung eines Wärmestroms nach außen getroffen werden. Solche Maßnahmen sind zum Beispiel das Anbringen einer Wärmedämmung an der Deckenwandkante zum Balkon (siehe Abschnitt 5.2 und Abb. 5.3). Bei Neubauten sollten auskragende Deckenplatten generell mit einer thermischen Trennung ausgeführt werden. Am günstigsten ist es, wenn die Balkonplatte vorgesetzt wird und keinen direkten Kontakt mit dem Gebäude aufweist.

10.1.2 Durchlaufender Betonpfeiler

Situation

In einem größeren Mehrfamilienhaus waren in der unteren Außenecke einer Küche Schimmelpilzbildungen aufgetreten (Abb. 10.3). Von den Bewohnern wurde angegeben, dass die Schimmelpilzbildungen in der betroffenen Ecke regelmäßig in jedem Winter auftreten und nach der Heizperiode wieder entfernt werden. Alle anderen Bereiche der Wohnung waren schimmelfrei. Die Küche befand sich oberhalb eines Laubengangs (Abb. 10.4).

Bei der Untersuchung zeigte sich, dass die Außenwand aus Beton erstellt worden war und an der Außenseite ein Wärmedämm-Verbundsystem aufwies (Abb. 10.5). Die Unterseite der Decke unterhalb der Küche wies ebenfalls eine Wärmedämmung auf. Direkt unterhalb der betroffenen Außenecke war jedoch ein Betonpfeiler vorhanden (Abb. 10.4). Über diesen Betonpfeiler lag eine Wärmebrücke von der Küche nach unten zum Außenbereich vor. Diese Wärmebrücke war die Ursache der Schimmelpilzbildungen.

Abb. 10.3: Schimmelpilzbildungen in der Außenecke einer Küche oberhalb eines Betonpfeilers

Abb. 10.4: Der Betonpfeiler weist eine Verbindung zur Außenwand aus Beton auf und stellt somit eine Wärmebrücke dar

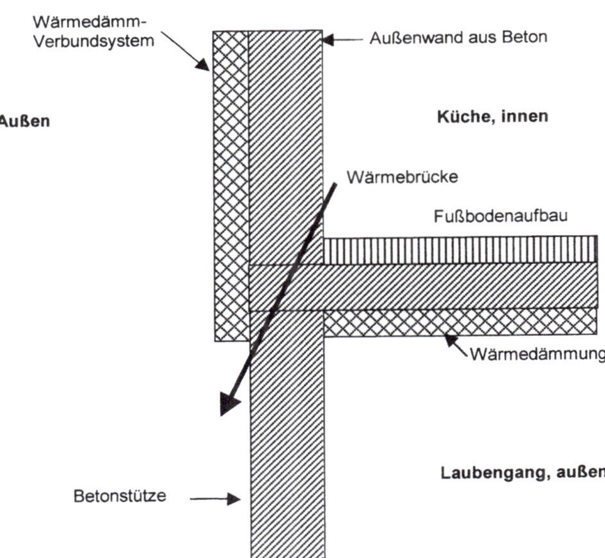

Abb. 10.5: Wärmebrücke über einer Betonstütze

Folgerungen für die Praxis

Durchlaufende Betonpfeiler müssen vermieden werden, wenn die Außenwand aus Beton mit außenseitigem Wärmedämm-Verbundsystem besteht. Falls sie statisch zwingend erforderlich sind, dann muss an der Innenseite der Außenwand eine Wärmedämmung mit Dampfsperre und Abdeckung eingebaut werden, um die Wärmebrücke zu minimieren.

10.1.3 Ungedämmte Deckenstirnseite

Situation

Im Badezimmer eines Anfang des 20. Jahrhunderts erstellten Zweifamilienhauses waren an der Deckenunterseite Schimmelpilzbildungen (Abb. 10.6) aufgetreten.

Abb. 10.6: Schimmelpilzbildungen an der Deckenunterseite einer Badezimmerdecke

Bei der Untersuchung des Gebäudes wurde festgestellt, dass die Badezimmerdecke aus Beton bestand. An der Außenseite war zu erkennen, dass an der Deckenstirnseite keine Wärmedämmung angebracht war. Hier lag eine Wärmebrücke über die Badezimmerdecke nach außen zur Deckenstirnseite vor (siehe auch Abschnitt 5.3 und Abb. 5.4). Diese Wärmebrücke hat die Schimmelpilzbildungen an der Deckenunterseite verursacht.

Folgerungen für die Praxis

Stirnseiten von Betondecken, die an Außenluft grenzen, müssen zwingend eine Wärmedämmung erhalten, damit die Wärmebrückenwirkung über das Deckenauflager verhindert wird. Wenn bei älteren Gebäuden diese Wärmedämmung fehlt, dann muss durch eine bauliche Maßnahme die Wärmebrücke beseitigt werden, um vor späteren unliebsamen Überraschungen geschützt zu sein. In solchen Fällen ist insbesondere das Anbringen eines Wärmedämm-Verbundsystems an der Fassade eine geeignete Maßnahme. Hierdurch wird der Wärmeschutz des Gebäudes verbessert und Wärmebrücken über die Fassade werden beseitigt.

10.1.4 Wärmebrücke über eine Fensterleibung

Situation

In einem Reihenhaus in Niedrigenergiebauweise lagen an den inneren Fensterleibungen im Übergang zu den Fensterrahmen an mehreren Fenstern Schimmelpilzbildungen vor. Die Außenwand bestand aus einem massiven Mauerwerk aus Kalksandsteinen mit einem an der Außenseite angebrachten Wärmedämm-Verbundsystem. Solche Konstruktionen weisen üblicherweise einen sehr guten Wärmeschutz auf, sodass sich die Gebäudebesitzer die Schimmelpilzbildungen nicht erklären konnten.

Zur Untersuchung wurde in dem vorliegenden Fall die äußere Leibung der Konstruktion geöffnet (Abb. 10.7). Die Untersuchung der Wandkonstruktion ergab, dass das Mauerwerk aus Kalksandsteinen gegenüber dem Fensterrahmen um etwa 3 cm nach außen vorstand (Abb. 10.8). Die Wärmedämmung des Wärmedämm-Verbundsystems endete bündig mit der vertikalen äußeren Kante des Mauerwerks und war nicht über die Mauerwerkskante hinweg in die Leibung hineingeführt worden. Das heißt, das gegenüber dem Fensterrahmen außen vorstehende Kalksandstein-Mauerwerk war in den äußeren Leibungen nicht gedämmt. Hier lag eine Wärmebrücke vor.

Abb. 10.7: Das Kalksandstein-Mauerwerk stand um etwa 3 cm nach außen gegenüber den Fenstern hervor

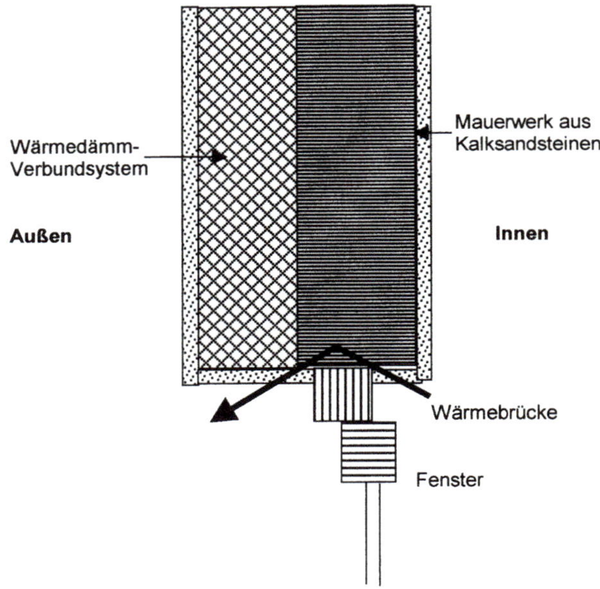

Abb. 10.8: Wärmebrücke über die Fensterleibung bei einer Außenwand mit Wärmedämm-Verbundsystem (schematischer Horizontalschnitt)

Folgerungen für die Praxis

Bei Wärmedämm-Verbundsystemen muss darauf geachtet werden, dass die Wärmedämmung auch in die Fensterleibungen hineingeführt und an den Fensterrahmen angeschlossen wird. Im Bereich der Fensterleibungen sollte mindestens eine 4 bis 6 cm dicke Wärmedämmung angebracht werden. Günstig ist es, wenn die Fensterrahmen von der Wärmedämmung überlappt werden.

10.1.5 Wärmebrücke über einen Türanschlag

Situation

Bei einem Einfamilienhaus traten im Winter am Anschlag der Hauseingangstür häufig Tauwasserbildung, Eisbildung sowie beginnende Schimmelpilzbildungen auf. Die Haustür befand sich in einem Wohnflur, der zum eigentlichen Wohnbereich offen ausgeführt war. Die Besichtigung der Situation während eines Ortstermins ergab, dass die Haustür an eine außenseitige, thermisch nicht getrennte Metallschiene angeschlagen war (Abb. 10.9). Zwischen der Unterseite des Türblatts und dem Fußboden war ein etwa 2 cm hoher Spalt vorhanden, sodass die Innenluft an die Metallschiene gelangen konnte (Abb. 10.10). In der Heizperiode weist die Metallschiene aufgrund der fehlenden thermischen Trennung in Abhängigkeit vom Außenklima sehr niedrige Temperaturen auf. Dies führt dazu, dass an der Metallschiene die Taupunkttemperatur unterschritten werden kann und es zu Ausfall von Tauwasser kommt. Hierdurch können Schimmelpilzbildungen hervorgerufen werden. Die thermisch nicht getrennte Metallschiene stellt eine Wärmebrücke dar (Abb. 10.11).

Abb. 10.9: Die Anschlagschiene der Hauseingangstür war thermisch nicht getrennt

Abb. 10.10: Zwischen Unterkante Türblatt und dem Fußboden konnte Innenraumluft an die Anschlagschiene gelangen

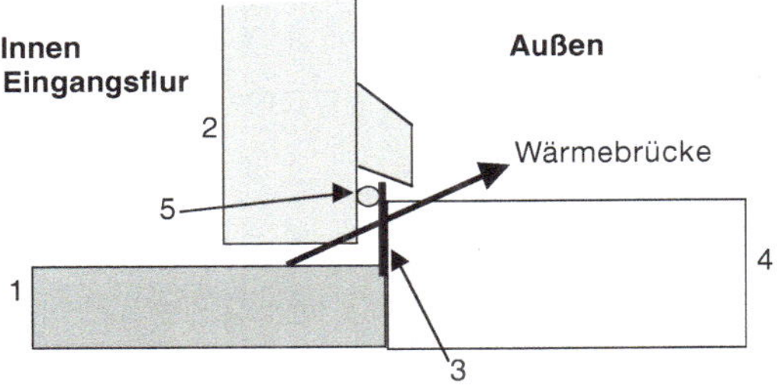

1 Fußboden des Eingangsflurs
2 Hauseingangstür
3 Metallprofil, thermisch nicht getrennt
4 Eingangspodest
5 Lippendichtung

Abb. 10.11: Wärmebrücke über den Anschluss einer Hauseingangstür an eine thermisch nicht getrennte Metallschiene (schematischer Vertikalschnitt)

Folgerungen für die Praxis

Haustüren von Wohnfluren, die zum eigentlichen Wohnbereich offen ausgebildet sind, müssen einen thermisch getrennten Anschlag aufweisen. Das Anschlagprofil darf keine Wärmebrücke darstellen.

10.1.6 Wärmebrücke über eine Deckenaufkantung

Situation

In der obersten Mietwohnung eines älteren Wohngebäudes mit 12 Wohnungen waren an der Kante zwischen der Deckenunterseite und der Außenwand Schimmelpilzbildungen aufgetreten (Abb. 10.12). In diesem Fall wurde zwischen dem Mieter und dem Vermieter ein Streit ausgetragen, der in ein Beweissicherungsverfahren mündete. Vom zuständigen Amtsgericht wurde der Autor mit der Untersuchung des Falls beauftragt.

Abb. 10.12: An der Decken-/Wandkante unterhalb eines unbeheizten Dachgeschosses lagen Schimmelpilzbildungen vor

Bei der Untersuchung der Wohnung stellte sich heraus, dass an der äußeren Deckenstirnseite der oberen Wohnungsdecke eine Wärmedämmung vorhanden war. Somit schied eine Wärmebrücke über die Deckenstirnseite aus. Anschließend wurde das darüber liegende unbeheizte Dachgeschoss untersucht. Dabei zeigte sich, dass die Decke eine Randaufkantung aus Beton aufwies, auf welcher die Dachsparren über eine Dachpfette aufgelagert waren (Abb. 10.13 und Abb. 10.14). Diese Randaufkantung war dachseitig nicht wärmegedämmt. Somit liegt über den Deckenrand zum Dach eine Wärmebrücke vor. Diese Wärmebrücke war die Ursache der Schimmelpilzbildungen an der Decken-/Wandkante in der Wohnung.

Abb. 10.13: Die Deckenrandaufkantung aus Beton war dachseitig nicht gedämmt

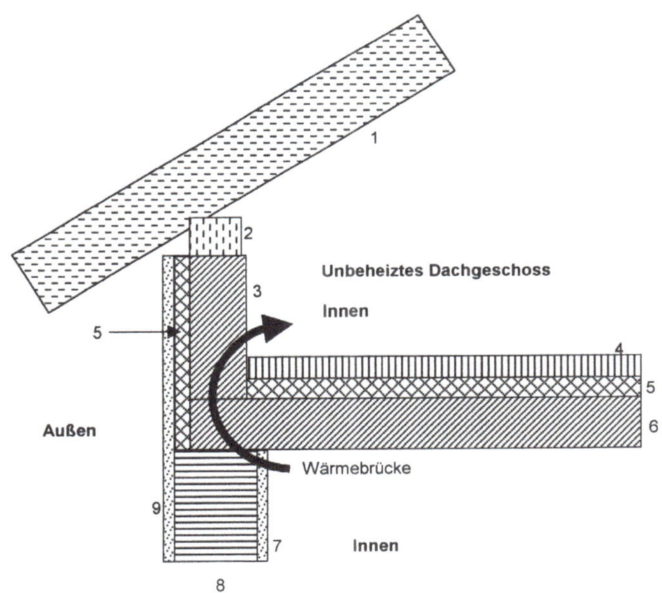

1	Dach
2	Dachpfette
3	Betonaufkantung
4	Zementestrich
5	Wärmedämmung
6	Betondecke
7	Innenputz
8	Außenwand
9	Außenputz

Abb. 10.14: Wärmebrücke über die Deckenrandaufkantung einer Decke zum Dachgeschoss (schematischer Vertikalschnitt)

Folgerungen für die Praxis

Bei Deckenrandaufkantungen in Dachgeschossen muss darauf geachtet werden, dass die Aufkantung rundum eine Wärmedämmung aufweist und nicht nur die Deckenstirnseite gedämmt wird.

10.1.7 Wärmebrücke über ein Terrassentürprofil

Situation

An der Terrassentür eines Wohnzimmers waren im Übergang zum Fußbodenbelag aus Parkett Schimmelpilzbildungen aufgetreten. Im Anschlussbereich des Parketts an die Terrassentür hatte sich die Oberfläche des Parketts schwarz verfärbt (Abb. 10.15). Die Terrassentür war als Schiebetür ausgeführt.

Abb. 10.15: Im Anschlussbereich des Holzparketts an ein thermisch nicht getrenntes Metallprofil der Terrassentür hatte sich das Parkett an der Oberseite schwarz verfärbt

Bei der Untersuchung der Terrassentür stellte sich heraus, dass der untere Holm des Türrahmens mit einem Metallprofil abgedeckt war, welches gleichzeitig als Schiene der Schiebetür diente. Das Metallprofil lief von innen nach außen durch und war thermisch nicht getrennt. Hier liegt eine Wärmebrücke über das Metallprofil vor.

Folgerungen für die Praxis

Generell muss beachtet werden, dass Metallprofile von Terrassentüren, Fenstern oder sonstigen Bauteilen, welche von der Innenseite einer Wohnung nach außen durchlaufen, thermisch getrennt werden. Hierdurch wird verhindert, dass an der Innenseite des Metallprofils die Taupunkttemperatur unterschritten wird und es dort zu Tauwasserbildungen kommt.

10.2 Undichtheiten der Luftdichtheitsschicht

10.2.1 Undichte Luftdichtheitsschicht im Dach

Situation

In Dachgeschossen muss eine Luftdichtheitsschicht eingebaut werden, deren Funktion meistens von einer Dampfsperre übernommen wird. Der Einbau der Luftdichtheitsschicht ist in der Fläche meistens problemlos. An Anschlüssen liegen jedoch häufig Undichtheiten vor. Kritische Stellen sind beispielsweise der Anschluss einer Luftdichtheitsschicht am Dachfenster und hier insbesondere an den Ecken (Abb. 10.16). Eine weitere Problemstelle ist der Anschluss an Wände.

Abb. 10.16: Die Luftdichtheitsschicht war nicht dicht an das Fenster angeschlossen worden

Vielfach werden Folien, welche die Luftdichtheit sicherstellen sollen, stumpf an Wände herangeführt oder höchstens noch wenige Zentimeter überlappt (Abb. 10.17 und Abb. 10.20), aber nicht dicht angeschlossen. In solchen Fällen kann warmfeuchte Luft aus dem Wohnbereich in den Dachraum eindringen, wodurch dort Tauwasserbildungen ausgelöst werden können. Als Folge muss damit gerechnet werden, dass an den Sparren oder an der Wärmedämmung Schimmelpilzbildungen entstehen.

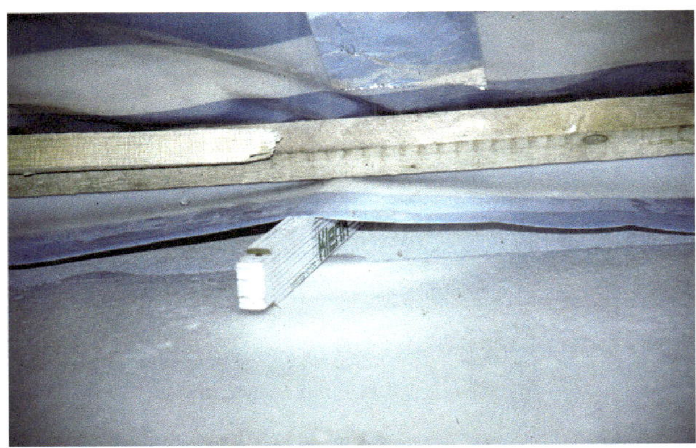

Abb. 10.17: Die Luftdichtheitsschicht des Daches war nicht dicht an die Fußbodenkonstruktion angeschlossen worden

Auch Überlappungen der Luftdichtheitsfolie werden häufig nicht fachgerecht oder überhaupt nicht abgeklebt (Abb. 10.19). Ebenfalls werden Durchdringungen durch Elektrokabel häufig vernachlässigt und nicht abgedichtet (Abb. 10.18). Das Gleiche trifft auch auf Wandabschlüsse zu (Abb. 10.20).

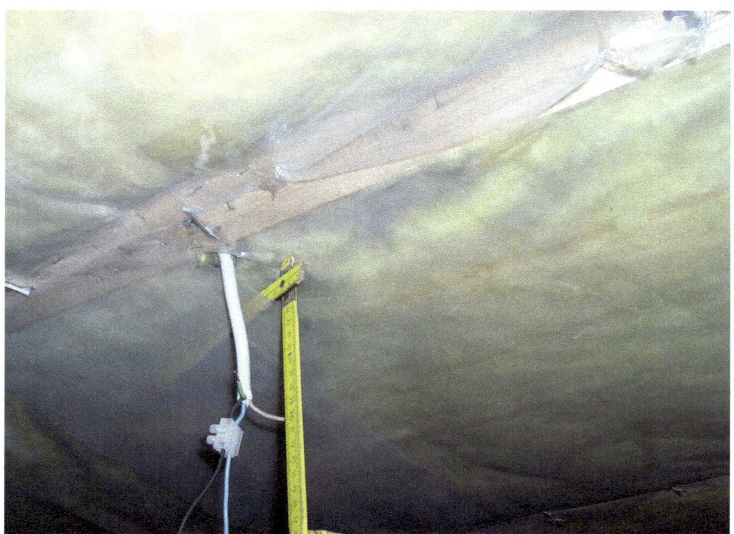

Abb. 10.18: Die Luftdichtheitsschicht war nicht dicht angeschlossen worden

Abb. 10.19: Die Überlappung der Luftdichtheitsschicht war nicht dicht abgeklebt worden

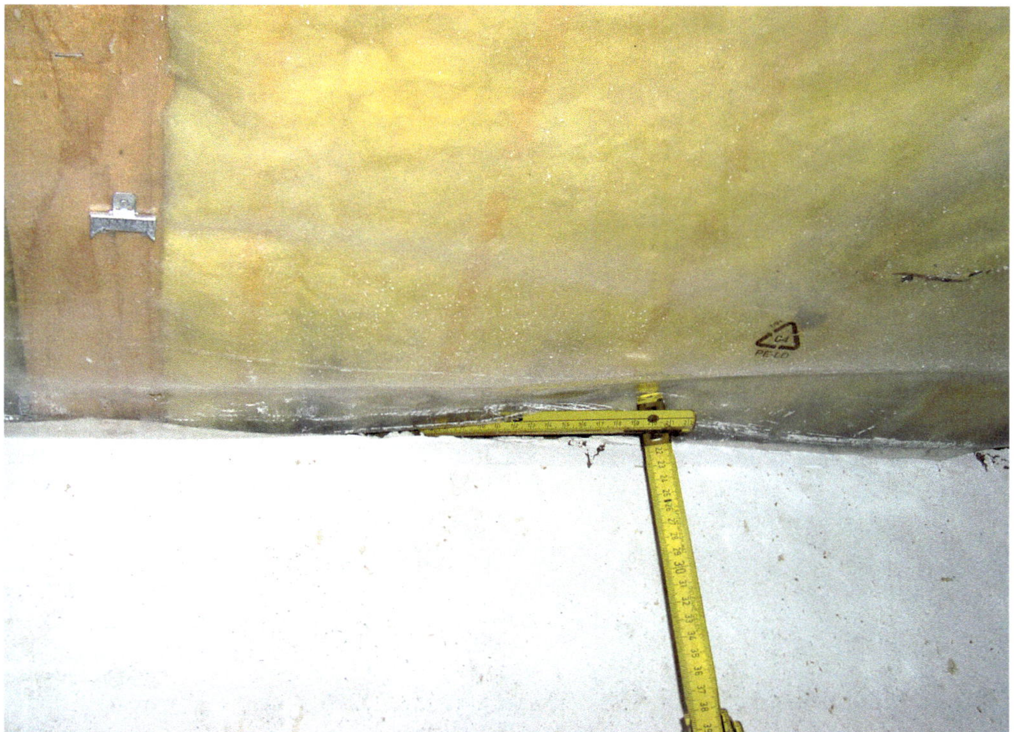

Abb. 10.20: Der Wandanschluss der Luftdichtheitsschicht war nicht dicht ausgeführt worden

Folgerungen für die Praxis

Die Luftdichtheitsschicht muss sowohl an Überlappungsstellen als auch an Durchdringungen oder Anschlüssen an Wände, Fenster oder andere Bauteile luftdicht ausgebildet werden. Hierfür sind entweder mechanische Hilfsmittel (Latten und Dichtungsprofile) oder Klebebänder oder spezielle Kleber erforderlich. Die Herstellung dieser Anschlüsse muss geprüft oder überwacht werden. Diese Überprüfung muss vor Fertigstellung der Wand- bzw. Deckenbekleidung erfolgen, da ansonsten die Luftdichtheitsschicht nicht mehr einsehbar ist. Zur Unterstützung der Prüfung kann eine Blower-Door-Messung durchgeführt werden, durch die sich Undichtheiten einfach feststellen lassen.

10.2.2 Undichte Luftdichtheitsschicht bei der Sanierung eines Fertighauses

Situation

Im Rahmen einer energetischen Sanierung eines Fertighauses aus den 1970er Jahren wurde an der Außenseite der Außenwände ein Wärmedämm-Verbundsystem angebracht.

Nach Fertigstellung der Umbaumaßnahmen stellte man fest, dass in der Heizperiode an der Außenseite der Rollladenkästen an der Unterseite Tropfenbildungen auftraten und zu Verfärbungen an den Fenstern führten.

Das Gebäude wurde augenscheinlich untersucht. Außerdem wurden eine Luftdichtheitsmessung mit einem Blower-Door-Messgerät sowie zerstörende Öffnungen an der Innenseite der Außenwände durchgeführt. Aufgrund der Untersuchungen zeigten sich folgende Sachverhalte (Abb. 10.21 bis Abb. 10.23):

- An der Innenseite der Außenwände lag eine Papplage vor, welche prinzipiell als luftdichte Schicht geeignet war.
- An den Anschlüssen zur Balkontür endete die schwarzgraue Pappe neben der vertikalen Kante in der Leibung. Ein luftdichter Anschluss an die Balkontür war nicht vorhanden.
- An der Unterkante der Wand war die schwarzgraue Pappe bis zur Oberkante des Fußbodens herunter geführt worden und endete dort. Eine luftdichte Ausbildung des Fußbodenanschlusses an die Außenwand lag nicht vor.

Abb. 10.21: Die Luftdichtheitsschicht war am Fußbodenanschluss nicht luftdicht ausgeführt

- An der Oberkante der Wand endete die schwarzgraue Pappe unterhalb des Rollladenkastens. Eine luftdichte Ausbildung des Anschlusses an die Rollladenkästen und die Decke lag nicht vor.
- Am Anschluss der schwarzgrauen Pappe zu den Innenwänden zeigte sich, dass die Pappe neben dem Innenwandanschluss endete. Die Pappe lief am Innenwandanschluss nicht durch. Eine luftdichte Ausbildung des Innenwandanschlusses an die Außenwand lag nicht vor.

Abb. 10.22: Die Luftdichtheitsschicht war am Innenwandanschluss nicht luftdicht weitergeführt worden

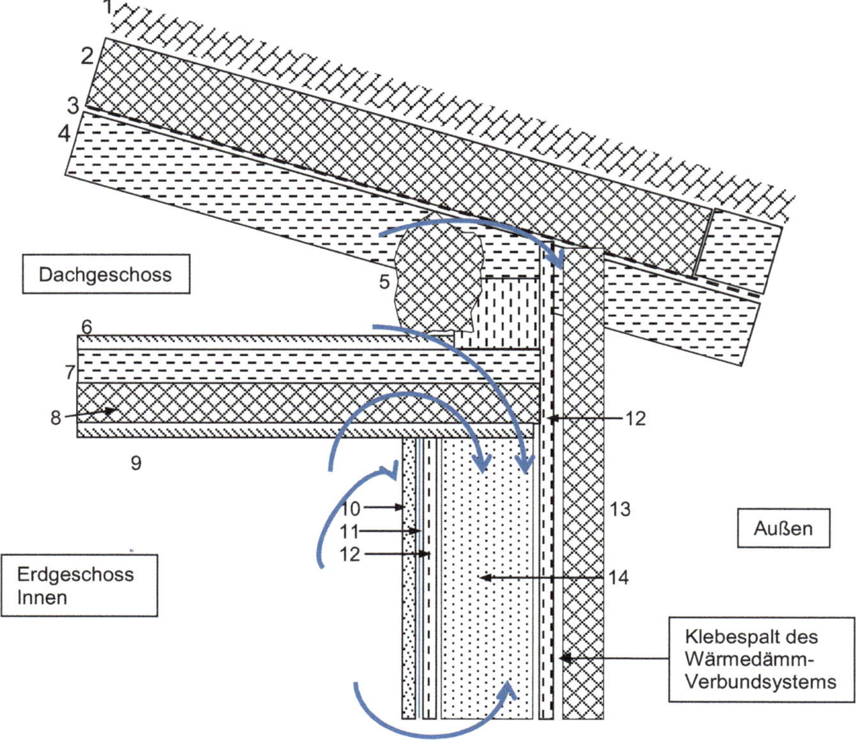

1 Dachplatten und Dachlattung
2 Wärmedämmung
3 Dampfsperre / Luftdichtheitsfolie
4 Sparren
5 Mineralfaser-Wärmedämmung
6 Holzbrettschalung
7 Holzbalken
8 Wärmedämmung im Deckenhohlraum
9 Holzbrettschalung
10 Gipskartonplatte
11 Papplage
12 Spanplatte
13 Wärmedämm-Verbundsystem
14 Innerer Wandaufbau

Abb. 10.23: Lufteintrittswege in die Holzständer-Außenwand (schematische Skizze, ohne Maßstab)

Zusammenfassend zeigte sich, dass die schwarzgraue Pappe in der Fläche durchgehend ausgeführt worden war. Ringsum an allen Anschlüssen endete die schwarzgraue Pappe jedoch an den Anschlussbereichen vor bzw. neben den angrenzenden Bauteilen und war nicht luftdicht weitergeführt bzw. angeschlossen worden. Somit lag folgender Zustand vor:

- Deckenanschluss: keine luftdichte Ausbildung.
- Balkontüranschluss: keine luftdichte Ausbildung.
- Bodenanschluss: keine luftdichte Ausbildung.
- Innenwandanschluss: Die Folie läuft nicht durch, somit liegt keine luftdichte Ausbildung vor.

Dies bedeutet in der Summe, dass die schwarzgraue Pappe in der vorliegenden Ausführung nicht zur Herstellung einer fachgerechten Luftdichtheitsschicht geeignet ist.

Aufgrund der Luftundichtigkeiten der Außenwände muss damit gerechnet werden, dass Innenluft in die Wandkonstruktion hinein gelangt und nach außen strömt. Bei diesem Vorgang kühlt sich die Luft ab. Kalte Luft kann weniger Feuchtigkeit aufnehmen als warme Luft, sodass mit Tauwasserbildungen innerhalb der Wandkonstruktion gerechnet werden muss. Insbesondere an den Anschlussbereichen zu den Rollladenkästen kann es durch diesen Vorgang zu Tauwasserbildungen und Abtropferscheinungen kommen.

Folgerungen für die Praxis

Bei älteren Gebäuden in Holzständerbauweise muss damit gerechnet werden, dass keine vollständige Luftdichtheitsschicht vorliegt und somit die aktuellen Anforderungen an ein luftdichtes Gebäude nicht erfüllt werden. Dies bedeutet, dass bei Sanierungsmaßnahmen und insbesondere beim Anbringen einer außenseitigen Wärmedämmung zuerst die Konstruktion hinsichtlich der Art der Luftdichtheitsschicht untersucht werden muss. Üblicherweise ist hierzu das Öffnen der Außenwand von der Innenseite her erforderlich.

Danach muss ein Konzept entwickelt werden, das aufzeigt, wie eine fachgerechte und vollständige Luftdichtheitsschicht hergestellt werden kann. Hierbei müssen alle Anschlüsse und auch alle Durchdringungen der Luftdichtheitsschicht einbezogen werden.

10.3 Undichtheiten an Rohrleitungen

Situation

In einer Wohnung einer größeren Wohnanlage waren an den Wänden im Sockelbereich Ränder- und Fleckenbildungen, Putz- und Anstrichabplatzungen sowie Schimmelpilzbildungen aufgetreten (Abb. 10.24). Bei den Erscheinungen handelte es sich um typische Feuchtigkeitsschäden, wie sie von austretendem flüssigen Wasser verursacht werden (Ränder- und Fleckenbildungen sowie Schimmelpilzbildungen). Eine Untersuchung des Heizungssystems und der Kalt- und Warmwasserleitungen ergab, dass diese Leitungssysteme dicht waren. Im Kellergeschoss wurde schließlich festgestellt, dass an einer Abwasserleitung Läuferbildungen und Korrosionserscheinungen vorlagen (Abb. 10.25). Die Befunde zeigten, dass eine Undichtigkeit am Abwassersystem bestand und hierdurch die Feuchtigkeitsschäden in der Wohnung entstanden waren.

Abb. 10.24: Feuchtigkeitsschäden im Sockelbereich aufgrund einer undichten Abwasserleitung

Abb. 10.25: Läuferbildungen und Korrosionserscheinungen an einem Abwasserrohr

Folgerungen für die Praxis

Undichtigkeiten an Abwasserrohren können die Baukonstruktion durchfeuchten und zu Schimmelpilzbildungen in einer Wohnung führen. Gleichzeitig treten jedoch meist noch zusätzliche Befunde auf, an denen Undichtigkeiten an Rohrleitungen erkannt werden können. Solche Erscheinungen sind zum Beispiel

- Ränderbildungen,
- Fleckenbildungen,
- Putzabplatzungen,
- Anstrichabplatzungen,
- Ausblühungen.

Bei Undichtigkeiten an Rohrleitungen müssen im Regelfall umfangreiche Instandsetzungsarbeiten durchgeführt werden, um die betroffenen Stellen freizulegen und abzudichten.

10.4 Undichtheiten an Dächern, Terrassen und Balkonen

10.4.1 Nicht wurzelfeste Terrassenabdichtung

Situation

Im Dachgeschoss einer Wohnung lagen an der Außenwand, die an eine begrünte Dachterrasse grenzte, Schimmelpilzbildungen, Putz- und Anstrichabplatzungen sowie Ausblühungen vor (Abb. 10.26). Die Befunde deuteten auf das Eindringen von flüssigem Wasser von der Außenseite her hin. Aus diesem Grunde wurde der Terrassenbelag abgeräumt, um die Abdichtung zu untersuchen. Hierbei zeigte sich, dass die Abdichtung der Terrasse von Wurzeln durchwachsen war und dadurch Löcher in der Abdichtung entstanden waren (Abb. 10.27). Im vorliegenden Fall war eine nicht ausreichend wurzelfeste Abdichtung eingesetzt worden.

Folgerungen für die Praxis

Bei Abdichtungen unter Begrünungen muss entweder eine wurzelfeste Abdichtung oder eine separate Wurzelschutzschicht eingebaut werden. Die Wurzelschutzschicht muss bis zur Oberkante der Abdichtung hochgeführt werden.

Abb. 10.26: Feuchtigkeitsschäden an einer Außenwand im Übergang zu einer Dachterrasse

Abb. 10.27: Die Abdichtung der begrünten Terrasse war nicht wurzelfest, sodass sie von Wurzeln durchwachsen werden konnte

10.4.2 Undichte bituminöse Balkonabdichtung

Situation

Der Wohnbereich einer Erdgeschosswohnung wies an der Deckenunterseite entlang der Außenwand Schimmelpilzbildungen auf (Abb. 10.28). Nach Angaben der Wohnungsbesitzer trat bei stärkeren Regenfällen immer wieder abtropfendes Wasser an der Decke auf.

Abb. 10.28: Feuchtigkeitsschäden an einer Deckenunterseite, die durch Undichtigkeiten an einer Balkonabdichtung entstanden

Die darüber liegende Wohnung hatte an der Außenseite einen Balkon, sodass der Verdacht nahe lag, dass dort eine Undichtigkeit der Abdichtung vorlag. Daraufhin wurde der Balkon untersucht und festgestellt, dass die Abdichtung im Anschluss an die Außenwand lediglich bis zur Oberkante des Balkonbelags hochgeführt worden war und dort endete. Bei Regenfällen konnte die Abdichtung deshalb von Wasser hinterlaufen werden.

Folgerungen für die Praxis

Balkonabdichtungen müssen fachgerecht entsprechend den Flachdachrichtlinien ausgeführt werden. Insbesondere muss darauf geachtet werden, dass die Abdichtung an den Außenwänden ausreichend weit über die Oberkante des Balkonbelags hochgeführt wird. An Wandanschlüssen muss die Abdichtungshochführung mindestens 15 cm über Oberkante Belag betragen. Außerdem muss die hochgeführte Abdichtung an der Oberkante mechanisch befestigt werden und eine Blechverwahrung als mechanischen Schutz erhalten.

10.4.3 Undichte Balkonabdichtung mit einer Dichtungsschlämme

Situation

In einer Wohnanlage waren an mehreren Außenwänden, die an Balkone grenzten, Feuchtigkeitserscheinungen aufgetreten (Abb. 10.29). Hierbei zeigten sich Schimmelpilzbildungen, Verfärbungen und Ränderbildungen. Außerdem waren Ausblühungen aufgetreten.

Abb. 10.29: Feuchtigkeitsschäden an einer Außenwand im Übergang zu einem Balkon

Bei der Untersuchung der betroffenen Wohnungen war zu erkennen, dass die Feuchtigkeitserscheinungen ausschließlich an solchen Wänden vorlagen, die an Balkone grenzten. Insbesondere die typischen Verfärbungen und Ränderbildungen deuteten darauf hin, dass hier Wasser von der Außenseite eintrat. Aus diesem Grunde ist die Abdichtung der angrenzenden Balkone freigelegt worden. Die Balkone wiesen folgende Schichtenfolge auf:

- Betongehwegplatten,
- Splittschicht,
- Polyethylenfolie,
- Abdichtung aus einer Dichtungsschlämme,
- Balkonplatte aus Beton.

Nach Entfernung der Balkonaufbauten zeigte sich, dass die Abdichtung aus einer Dichtungsschlämme großflächige Schäden aufwies (Abbildungen 10.30 und 10.31). Es lagen insbesondere folgende Schäden vor:

- zu geringe Trockenschichtdicke der Dichtungsschlämme (kleiner als 2 mm),
- zu geringe Haftzugfestigkeit der Dichtungsschlämme,
- zu geringe Hochführung der Abdichtung an den Wandanschlüssen (kleiner als 15 cm über Oberkante Belag),
- Ablösungen und Abplatzungen der Dichtungsschlämme.

Abb. 10.30: Die Dichtungsschlämme konnte nach dem Einschneiden mit der Hand abgelöst werden; sie wies eine unzureichende Haftung am Untergrund auf

Abb. 10.31: Die Abdichtung aus einer Dichtungsschlämme hatte sich großflächig abgelöst

Folgerungen für die Praxis

Bei Balkonabdichtungen aus Dichtungsschlämmen muss insbesondere darauf geachtet werden, dass die Abdichtung eine ausreichende Trockenschichtdicke und eine ausreichende Haftzugfestigkeit aufweist. Hierfür muss eine Untergrundvorbereitung erfolgen, bei der alle haftungsmindernden Bestandteile und Schichten entfernt werden. Außerdem muss während der Verarbeitung stichprobenweise die Schichtdicke überprüft werden.

Außerdem ist darauf zu achten, dass die Abdichtung an den Außenwänden ausreichend weit über die Oberkante des Balkonbelags hochgeführt wird. An Wandanschlüssen muss die Abdichtungshochführung mindestens 15 cm über Oberkante Belag betragen. Außerdem muss die hochgeführte Abdichtung einen Schutz gegen mechanische Beschädigung erhalten. Die Erfahrung zeigt, dass Dichtungsschlämmen nur durch Fachfirmen verarbeitet werden sollten.

10.4.4 Undichtigkeit am Anschluss einer Terrassenabdichtung an einen Dachablauf

Situation

In einem größeren Mehrfamilienhaus waren in einer Mietwohnung im Schlafzimmer Feuchtigkeitserscheinungen aufgetreten (Abb. 10.32), deren Ursachen unbekannt waren. Da nach Abschluss einer Sanierungsmaßnahme die Feuchtigkeitserscheinungen wiederum auftraten, wurden eine Begutachtung und Beurteilung des Schadens durchgeführt.

Abb. 10.32: Feuchtigkeitsschäden an einer Außenwand des Schlafzimmers

Bei der Untersuchung der betroffenen Wohnung konnten Schimmelpilzbildungen, Verfärbungen und Ränderbildungen an einer Außenwand des Schlafzimmers festgestellt werden. Außerdem hatte sich teilweise die Tapete abgelöst. Entsprechend der Art der Feuchtigkeitserscheinungen lag der Schluss nahe, dass diese durch von außen eintretendes Wasser verursacht wurden.

Deshalb wurde auch die über dem Schlafzimmer gelegene Terrasse untersucht. Es stellte sich heraus, dass die Terrassenabdichtung im Anschluss an den Dachablauf eine Undichtigkeit aufwies (Abb. 10.33 und Abb. 10.34). Dies zeigte sich auch offensichtlich am Wasser, welches außen an der Wand unterhalb vom Entwässerungsanschluss des Dachablaufes herunterlief und dort insbesondere Läuferbildungen und Verfärbungen an der Außenseite hervorgerufen hatte.

Folgerungen für die Praxis

Generell ist es bei Terrassen- und Dachabdichtungen wichtig, Anschlüsse und Aufkantungen äußerst sorgfältig abzudichten. Hierzu gehören insbesondere auch Anschlüsse an Dachabläufe. Bereits eine kleine undichte Stelle kann an Dachabläufen, an denen meist aufgrund ihrer Funktion eine intensive Wasserbelastung vorliegt, zu großen Feuchtigkeitsschäden führen. Solche Anschlüsse müssen deshalb handwerklich fachgerecht ausgeführt werden und es muss eine sorgfältige Überwachung bzw. Überprüfung dieser Arbeiten erfolgen.

Abb. 10.33: Läuferbildungen unterhalb des Entwässerungsanschlusses der Dachterrasse

Abb. 10.34: Undichtigkeit am Entwässerungsanschluss der Dachterrasse

10.4.5 Undichte Dacheindeckung mit Faserzement-Wellplatten

Situation

Das Dach eines etwa 30 Jahre alten Gebäudes war im Rahmen einer Instandsetzung mit Faserzement-Wellplatten eingedeckt worden (Abb. 10.35). Innerhalb eines Zeitraums von mehreren Jahren traten jeweils nach Regenperioden immer wieder Verfärbungen an der Deckenunterseite und Schimmelpilzbildungen auf. Vom Hausbesitzer wurden daraufhin mehrere Instandsetzungsversuche durch Überarbeiten der Stöße der Faserzement-Wellplatten mit einer Flüssigfolie versucht. Nachdem die Nachbesserungsversuche alle erfolglos blieben, wurde eine Untersuchung der Feuchtigkeitserscheinungen durchgeführt.

Bei der Untersuchung des Gebäudes zeigte es sich, dass die Dacheindeckung nicht die Fachregeln für Dachdeckungen mit Faserzement-Wellplatten des Dachdeckerhandwerks erfüllte. Es lagen insbesondere folgende Fehler vor:

- **Gefälle der Faserzement-Wellplatten**
  Das Gefälle des Daches betrug zwischen 0,4 und 2,1 %. Entsprechend den Regeln für Dachdeckungen mit Faserzement-Wellplatten ist ein Gefälle von mindestens 5° (entsprechend 8,8 %) erforderlich, sofern ein Unterdach vorhanden ist. Die auf der Oberseite der Holzschalung im vorliegenden Dach aufgebrachte Folie erfüllte nicht die Kriterien eines Unterdaches. Somit beträgt das erforderliche Mindestgefälle nach den Regeln für Dachdeckungen mit Faserzement-Wellplatten mindestens 12,3 %. Dieses Gefälle wurde von der vorhandenen Dachkonstruktion bei Weitem nicht erreicht. Hier liegt ein baulicher Fehler vor.

Abb. 10.35: Eindeckung der Dachflächen mit Faserzement-Wellplatten

  Das geringe Gefälle des vorliegenden Daches erfordert besondere Maßnahmen. Hierzu wären zum Beispiel Abdichtungsmaßnahmen entsprechend den Flachdachrichtlinien mit Bitumenbahnen oder Kunststoffbahnen möglich gewesen.

- **Querstöße der Faserzement-Wellplatten**
  Die Querstöße der Dachdeckung waren mit einer Flüssigabdichtung sowie einem Vlies überarbeitet worden (Abb. 10.36). Eine solche Ausbildung der Querstöße entspricht nicht den anerkannten Regeln der Technik bei Faserzement-Wellplatten. Zudem wiesen die Vliesstücke Risse, Ablösungen und Löcher auf, sodass diese Stoßausbildung nicht wasserdicht war. An den Stößen kann Wasser in die Dachkonstruktion eindringen.

Abb. 10.36: Überarbeitung der Stöße der Faserzement-Wellplatten mit einer Flüssigfolie

- **Risse in den Faserzement-Wellplatten**
  Die Faserzement-Wellplatten wiesen teilweise Risse auf (Abb. 10.37). An diesen Rissen konnte Wasser in die Dachkonstruktion eindringen.

Abb. 10.37: Risse in den Faserzement-Wellplatten

- **Ortgang des Daches**
  Am nördlichen Ortgang des Daches war ein Bleiblech am Anschluss der Faserzement-Wellplatten an die Randaufkantung angebracht worden. Teilweise überlappte das Bleiblech nur die erste Tiefsicke. Hier kann Wasser im Bereich der Tiefsicke unter das Bleiblech und somit auch unter die Faserzement-Wellplatten gelangen. Der Dachanschluss war nicht fachgerecht ausgebildet.

- **Dachlattung**
  Die Faserzement-Wellplatten waren auf einer querverlaufenden Dachlattung ohne Konterlattung aufgebracht worden. Dies ist entsprechend den Regeln für Dachdeckungen mit Faserzement-Wellplatten nicht zulässig. Wasser, welches an der Unterseite der Faserzement-Wellplatten abtropft, kann aufgrund der querverlaufenden Dachlatten nicht nach außen abgeführt werden. Es muss mit Schäden an den Dachlatten und der darunter liegenden Dachkonstruktion gerechnet werden.

- **Traufe**
  Im Bereich der Traufe endeten die Faserzement-Wellplatten oberhalb der Dachrinne. Eine Winkelplatte als Randabschluss oder eine Füllung der Sicken war nicht vorhanden (Abb. 10.38). Diese Ausbildung entspricht nicht den Regeln für Dachdeckungen mit Faserzement-Wellplatten. Hier kann unter Windeinwirkung Wasser oder Schnee unter die Dachdeckung eingetrieben werden und die Dachkonstruktion durchfeuchten.

Abb. 10.38: Eine Winkelplatte als Randabschluss oder eine Füllung der Sicken war nicht vorhanden

Folgerungen für die Praxis

Die vorliegende Dachkonstruktion wies eine Vielzahl an Fehlern sowie Abweichungen von den Regeln für Dachdeckungen mit Faserzement-Wellplatten auf. Bei Dachdeckungen muss allgemein beachtet werden, dass die jeweiligen Fachregeln und hier insbesondere die Regeln des Dachdeckerhandwerks eingehalten werden. Diese Regeln beruhen auf langjährigen Erfahrungen aus der Praxis. Bei Einhaltung dieser Fachregeln wird mit hoher Sicherheit ein dichtes Dach hergestellt.

10.4.6 Undichte Flachdachabdichtung mit Flüssigkunststoff

Situation

Auf dem Flachdach eines Penthauses waren Anschlüsse der bituminösen Dachbahnen an Dachdurchdringungen aus einer Abdichtung aus Flüssigkunststoff hergestellt worden (Abb. 10.39). Einige Zeit nach Fertigstellung der Baumaßnahme traten an der Unterseite des Daches Schimmelpilzbildungen auf. Von der Hausgemeinschaft wurde daraufhin eine Untersuchung des Daches veranlasst.

Abb. 10.39: Die Anschlüsse der Abdichtung in der Fläche an die Rohrdurchdringungen waren mit Flüssigkunststoff ausgeführt worden

Im Zuge der Untersuchungen wurde festgestellt, dass der Anschluss des Flüssigkunststoffes an die Rohrdurchdringungen undicht war. Die Abdichtung konnte durch Ziehen mit der Hand vom Metallflansch der Rohre rückstandsfrei abgelöst werden (Abb. 10.40). Teilweise hatte sich die Abdichtung auch schollenförmig von den Bitumenbahnen in der Dachebene abgelöst. Die Rückseite des Flüssigkunststoffes war klebrig. Dies bedeutet, dass der Flüssigkunststoff nicht vollständig ausgehärtet war. Hier liegt ein Verarbeitungsfehler vor.

Abb. 10.40: Die Abdichtung mit Flüssigkunststoff konnte an den Rohranschlüssen mit der Hand abgezogen werden

Folgerungen für die Praxis

Bei der Herstellung von Abdichtungen aus Flüssigkunststoff handelt es sich um eine handwerkliche Tätigkeit, für die zwingend Erfahrungen mit dem Werkstoff und seiner Verarbeitung notwendig sind. Hiermit sollte ausschließlich eine Fachfirma beauftragt werden, die Erfahrungen auf diesem speziellen Fachgebiet aufweist.

10.4.7 Versprödete Flachdachabdichtung aus Bitumenbahnen

Situation

An einer aus Terrassenhäusern bestehenden Wohnanlage waren Feuchtigkeitserscheinungen und Schimmelpilzbildungen innerhalb der Wohnungen unter den Flachdächern festgestellt worden. Die ebenfalls aufgetretenen Ränder- und Fleckenbildungen deuteten auf eine Undichtigkeit der Flachdächer hin. Aufgrund dessen war es erforderlich, das Dach zu untersuchen und die Ursache des Wassereintrittes festzustellen.

Bei seinen Untersuchungen während des Ortstermins stellte der Autor fest, dass der Flachdachaufbau vollständig durchfeuchtet war. Dies bedeutet, dass die Wärmedämmung auf der gesamten Fläche des Flachdaches nass war.

Die Ursache der Durchfeuchtung des Dachaufbaus lag in einer nicht mehr funktionsfähigen Abdichtung des Flachdaches. Die Abdichtung war im gesamten Querschnitt versprödet. Das Gewebe der Dachbahnen konnte mit der Hand ohne großen Kraftaufwand aus den Abdichtungsbahnen herausgezogen werden. Hierbei lösten sich die Abdichtungsbahnen in ihre Bestandteile auf (Abb. 10.41 und 10.42).

Abb. 10.41: Die aus Bitumenbahnen bestehende Abdichtung war versprödet und undicht

Abb. 10.42: Die aus Bitumenbahnen bestehende Abdichtung war versprödet und konnte mit einem Schraubendreher in ihre Bestandteile zerlegt werden

Außerdem war der Dachablauf des Flachdaches mit Wurzeln zugewachsen, was ein schnelles Abführen des anfallenden Niederschlagswassers behinderte (Abb. 10.43). Darüber hinaus wies der Anschluss der Abdichtung an den Dachablauf ebenfalls Undichtigkeiten auf.

Abb. 10.43: Der Dachablauf war durch Wurzeln zugewachsen, sodass die Entwässerung behindert war

Aufgrund der nassen Wärmedämmung ist die Wärmedämmwirkung des Daches deutlich vermindert. Dies führt dazu, dass ein erhöhter Heizenergieaufwand entsteht bzw. dass möglicherweise bei extrem niedrigen Temperaturen in der Heizperiode eine Lufttemperatur von 20 °C nicht zu jedem Zeitpunkt erreicht werden kann.

Außerdem entsteht am Randanschluss des Daches an die Außenwände aufgrund der verminderten Dämmwirkung der Wärmedämmung im Flachdach eine unzulässige Wärmebrücke, welche an den oberen Deckenanschlüssen innerhalb der Wohnung zu Schimmelpilzbildungen führen kann.

Als weitere Auswirkung der Undichtigkeit am Dach kann das Wasser durch die Dachkonstruktion nach innen gelangen und dort Feuchtigkeitsschäden hervorrufen.

Folgerungen für die Praxis

Das Alter der Abdichtung aus Bitumenbahnen betrug beim Ortstermin 41 Jahre. Dies bedeutet, dass die zu erwartende Lebensdauer der Flachdachabdichtung von etwa 20 bis 30 Jahren bereits deutlich überschritten war. Aus diesem Grunde ist es erforderlich, dass Flachdachabdichtungen in regelmäßigen Abständen untersucht und gewartet werden. Nur dann lassen sich frühzeitig Schäden an der Abdichtung erkennen und beseitigen. Außerdem können bei der Wartung zugewachsene Abläufe festgestellt und wieder funktionsfähig gemacht werden.

10.4.8 Bauschaden an einer Dacheindeckung aus Bitumenschindeln

Situation

An dem Flachdach einer Aussegnungshalle, welches an ein mit Bitumenschindeln gedecktes Schrägdach angrenzte, war ein Wasserschaden aufgetreten (Abb. 10.44 bis Abb. 10.46).

Das Flachdach hatte man etwa drei Jahre zuvor mit Bitumenbahnen saniert. Das angrenzende Schrägdach mit Bitumenschindeln wies ein Alter von etwa 30 Jahren auf.

Da die Ursachen des Wassereintritts und der Feuchtigkeitserscheinungen nicht bekannt waren, musste eine Untersuchung des Flachdachs und des Schrägdachs durchgeführt werden.

Abb. 10.44: Anschluss des Flachdachs an ein mit Bitumenschindeln gedecktes Schrägdach

Abb. 10.45: Hinter der Flachdachabdichtung befand sich Wasser in der Grenzfläche zu den Bitumenschindeln

Abb. 10.46: Die Bitumenschindeln waren versprödet

Befund

Versprödete Bitumenschindeln

Bei der Untersuchung des Schrägdachs zeigte sich, dass die Bitumenschindeln teilweise abrissen und ohne großen Kraftaufwand auseinandergebrochen werden konnten. Die Bitumenschindeln waren versprödet und wiesen keine feste und belastbare Materialstruktur mehr auf.

Weiter zeigte sich, dass die Bitumenschindeln mit Klammern aus Metalldraht befestigt worden waren. Eine Nagelung der Schindeln mit Nägeln, die breite Köpfe aufwiesen, lag nicht vor.

Unterhalb der neuen Flachdachabdichtung war ein etwa 4 cm hoher Bereich vorhanden, welcher vollständig mit Wasser gefüllt war.

Fehlerhafter Anschluss des Flachdachs an das Schrägdach

Das Flachdach wies einen Anschluss an das Schrägdach der Aussegnungshalle auf. Hier hatte man die bituminöse Dachabdichtung schräg auf die Oberseite der Bitumenschindeln hochgeführt und dort aufgeschweißt. Der obere Anschluss war zusätzlich mit einer Flüssigabdichtung aus Kunststoff überarbeitet worden.

Die Untersuchungen ergaben weiter, dass an dem Flachdach folgende Feuchtigkeitserscheinungen vorlagen:

- Die Flachdachfläche am Anschluss zum Schrägdach wies unterhalb der neuen bituminösen Abdichtung Wasser auf. Dieses Wasser befand sich in der Grenzschicht zwischen der neuen und der ursprünglichen Abdichtung.
- Beim Öffnen der Flachdachabdichtung im Bereich der Hochführung am Schrägdach der Aussegnungshalle lief nach außen Wasser heraus.
- An den unter der Flachdachabdichtung vorliegenden Holzwerkstoffplatten waren Feuchtigkeitserscheinungen aufgetreten.

Ursachen des Wasserschadens

Wasser lief vom Schrägdach aus in das Flachdach hinein

Bei den Untersuchungen stellte sich heraus, dass das Wasser ausschließlich von der Oberseite her, das heißt vom Schrägdach aus, in die Dachkonstruktion und hinter die Abdichtung des Flachdachs eingedrungen war.

Die Bitumenschindeln waren am Ende ihrer Lebensdauer

Die Eindeckung des Schrägdachs der Aussegnungshalle mit Bitumenschindeln war etwa 30 Jahre alt. Die Bitumenschindeln waren versprödet und wiesen keine feste und belastbare Materialstruktur mehr auf. Diese Befunde zeigten, dass die Dichtheit des Schrägdaches nicht mehr sichergestellt war. Somit konnte im Bereich der Bitumenschindeln Wasser hinter die Dacheindeckung gelangen und von dort nach unten hinter die Flachdachabdichtung fließen.

Als Lebensdauer von Bitumenschindeln wird von verschiedenen Herstellern eine Spanne zwischen 20 und 35 Jahren angegeben. Dies bedeutet, dass die vorliegende Dacheindeckung aus Bitumenschindeln inzwischen das Ende ihrer üblichen Lebensdauer erreicht bzw. sogar schon überschritten hatte.

Kritischer Anschluss des Flachdachs

Die Flachdachabdichtung war an der Schräge hochgeführt und auf der Oberseite der Bitumenschindeln verklebt worden. Hierbei handelt es sich um eine kritische Bauweise, da Wasser, welches an Undichtigkeiten des Schrägdachs unter die Bitumenschindeln gelangte, zwangsweise auch unter die Flachdachabdichtung geführt wurde und hier Feuchtigkeitsschäden hervorrufen konnte.

Fehlende Unterlüftung des Schrägdachs

Entsprechend den Fachregeln für Dachdeckungen muss zur Vermeidung von thermischen Überlastungen der Dachdeckung aus Bitumenschindeln bei wärmegedämmten Dachkonstruktionen eine Belüftung zwischen Dachschalung und Wärmedämmung angeordnet werden. Im vorliegenden Fall war eine solche Unterlüftung nicht vorhanden und am bestehenden Anschluss des Flachdachs an das Schrägdach war es konstruktionsbedingt auch nicht möglich, Zuluftöffnungen herzustellen. Dies bedeutet, dass an den Bitumenschindeln mit einer höheren thermischen Belastung gerechnet werden musste. Die fehlende Hinterlüftung hat zu der vorliegenden Versprödung der Bitumenschindeln beigetragen.

Befestigung der Bitumenschindeln nicht nach den Fachregeln ausgeführt

Nach den Fachregeln des Dachdeckerhandwerks müssen Bitumenschindeln mit Flachkopfstiften befestigt werden, welche einen Kopfdurchmesser von mindestens 9 mm aufweisen. Im vorliegenden Fall wurden Klammern aus Metalldraht verwendet, welche diese Anforderungen nicht erfüllen. Hierdurch kann es zu einem Ausreißen der Befestigungsstellen kommen.

Folgerungen für die Praxis

Bitumenschindeln sollten regelmäßig gewartet werden und am Ende ihrer Lebensdauer rechtzeitig durch eine Neueindeckung ersetzt werden. Außerdem müssen die in den Fachregeln des Dachdeckerhandwerks beschriebenen technischen Regeln beachtet werden.

Anschlüsse von Flachdächern an Schrägdächer müssen geplant werden. Sie müssen so hergestellt werden, dass Undichtigkeiten am Schrägdach nicht zu einem Wasserschaden im Bereich des Flachdaches führen können.

10.4.9 Nicht fachgerechte Frostbeheizung einer Terrassenentwässerung

Situation

An einer Dachterrasse war eine Beheizung der Entwässerungsrinnen vorhanden, welche vor den raumhohen Fensterelementen einer Wohnung angebracht waren. Die Rinnenheizung hatte man weiter zum Terrassenablauf geführt. Sie ragte jedoch nur in den Ablauftopf hinein und endete dort. Das Heizelement war nicht weiter in das Regenfallrohr hineingeführt worden.

Befund

In der Heizperiode war Wasser in die Wohnung eingedrungen, welche mit den raumhohen Fensterelementen an die Terrasse angrenzte (Abb. 10.47).

Laut Angabe waren weder in der Sommerperiode bei heftigen Gewitterregen noch während längerer Regenperioden im Herbst Wassereintritte aufgetreten. Hieraus ist zu schließen, dass der durch den Frost hervorgerufene Wasseranstau in der Regenfallleitung und im Dachablauf die Wassereintritte in die Wohnung verursacht hat.

Abb. 10.47: Am Übergang des Fußbodens zum Fensterelement zur Terrasse lagen Feuchtigkeitsschäden vor

Hinweise auf Undichtigkeiten an der Dachabdichtung der Terrasse lagen nicht vor. Ansonsten wäre zu erwarten gewesen, dass auch während längerer Regenperioden oder bei heftigen Gewitterregen Wasser in die Baukonstruktion eindringt und Feuchtigkeitsschäden hervorruft. Solche Erscheinungen lagen jedoch laut Angabe nicht vor.

Bei der Untersuchung im Winter zeigte sich, dass die Beheizung der Entwässerungsrinnen funktionsfähig war, aber das Regenfallrohr, welches an die Außenluft grenzte, vereist war. Somit konnte das Wasser nicht von der Terrasse abgeführt werden (Abb. 10.48 und Abb. 10.49). Das bei intensivem Schneefall durch die Rinnenheizung erzeugte Schmelzwasser führte dann zu einem Wassereintritt in die Wohnung.

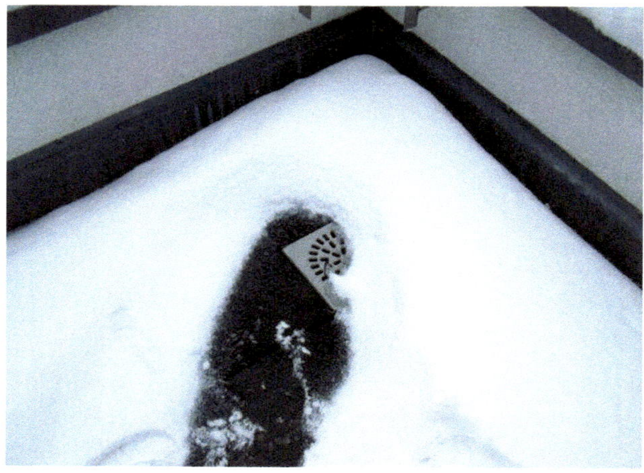

Abb. 10.48: Die Beheizung der Entwässerungsrinne zum Terrassenablauf hatte zur Bildung von Schmelzwasser geführt

Abb. 10.49: Der Terrassenablauf war zugefroren, sodass sich das Schmelzwasser anstaute

Folgerungen für die Praxis

Der Schadensfall zeigt, dass es bei Rinnenheizungen auf Flachdächern notwendig ist, den gesamten Entwässerungsweg des Wassers eisfrei zu halten. Eine teilflächige Beheizung ist nicht ausreichend und kann zu Wasserschäden im Winter führen.

Hinweise zur Beheizung von Entwässerungsanlagen

Hinsichtlich der Beheizung von Entwässerungsanlagen wird in den einschlägigen Normen und Fachregeln Folgendes aufgeführt:

DIN EN 12056-1:2000 Schwerkraftentwässerungsanlagen innerhalb von Gebäuden, Teil 1: Allgemeines und Ausführungsanforderungen:

> 5.8 Schutz gegen Frost:
>
> „Entwässerungsanlagen müssen so geplant und installiert sein, dass sie das Risiko von Zerstörung oder Funktionsverlust infolge Frosteinwirkung vermeiden."

DIN EN 12056-1:2000 Schwerkraftentwässerungsanlagen innerhalb von Gebäuden, Teil 3: Dachentwässerung, Planung und Bemessung:

> 7.7 Rinnenheizung/Begleitheizung:
>
> „In Gebieten mit häufigem Frost sollte eine Begleitheizung in innenliegenden Dachrinnen oder Rohren in Betracht gezogen werden, wo Eis die Abläufe blockieren und Eindringen von Wasser in das Gebäude die Folge sein kann."

DIN 1986-100:2016-12 Entwässerungsanlagen für Gebäude und Grundstücke – Teil 100: Bestimmungen in Verbindung mit DIN EN 752 und DIN EN 12056:

> 6.3.4 Begleitheizung:
>
> „Wenn Eis und Schnee Abläufe, innenliegende Dachrinnen und Leitungen blockieren können und dadurch das Eindringen von Wasser in das Gebäude möglich oder die Standsicherheit der Dachkonstruktion gefährdet sein kann, sollte eine Begleitheizung installiert werden."

Fachregeln für Metallarbeiten im Dachdeckerhandwerk:

> 10.1.3 Innenliegende Dachrinnen:
>
> „Dem Auftraggeber sollte der Einbau einer thermostatgesteuerten Rinnenheizung empfohlen werden."

Prinzipiell müssen Entwässerungsanlagen so geplant und installiert sein, dass sie das Risiko von Zerstörung oder Funktionsverlust infolge Frosteinwirkung vermeiden. Hierbei wird nicht eine bestimmte Maßnahme beschrieben, sondern das Ziel definiert, nämlich der Schutz der Entwässerungsanlagen und des Gebäudes vor Frostschäden.

Dies bedeutet, dass vom Planer jeweils im Einzelfall entschieden werden muss, ob eine Begleitheizung erforderlich ist oder ob eine andere Maßnahme zum Schutz des Gebäudes und der Entwässerungsanlagen vor Frostschäden eingesetzt wird.

Im vorliegenden Fall liegt das betroffene Gebäude in einem Gebiet, in dem mit häufigem Frost zu rechnen ist. Dies bedeutet, dass der betroffene Terrassenablauf sowie die Entwässerungsleitung frostgefährdet sind. Aus diesem Grunde war der Einbau einer Begleitheizung zum Schutz des Gebäudes vor Frostschäden notwendig.

10.5 Wassereintritt an Wänden gegen Erdreich

10.5.1 Zu hohe Erdreichanfüllung an einer Fensterbrüstung

Situation

Eine Einliegerwohnung im Gartengeschoss wies an der Außenwand der Küche Feuchtigkeitserscheinungen auf, deren Ursachen unbekannt waren. Aus diesem Grunde wurde der Autor als Sachverständiger mit der Untersuchung der Schäden beauftragt.

Die Untersuchungen ergaben, dass an einer Außenwand der Küche unterhalb des Fensters sowohl Schimmelpilzbildungen als auch Putz- und Anstrichabplatzungen sowie Ränderbildungen vorlagen (Abb. 10.50). Die typischen Befunde zeigten, dass im Schadensbereich Wasser an der Außenseite eingedrungen war. An der Außenseite der Wand war das Erdreich bis über die Höhe der Fensterbank angefüllt (Abb. 10.51). Die Abdichtung der Außenwand war bis an die Unterkante der Fensterbank herangeführt worden und endete dort. Bei heftigen Niederschlägen kann Wasser unter die Fensterbank gelangen und von dort aus die Außenwand unter dem Fenster durchfeuchten.

Folgerungen für die Praxis

Das Erdreich an Außenwänden muss im Bereich der Fenster mindestens 30 cm unterhalb der Unterkante der Fensterbank enden. Hierdurch wird verhindert, dass Wasser unter die Fensterbank gelangen und von dort die Abdichtung hinterlaufen und die Außenwand von oben nach unten durchfeuchten kann.

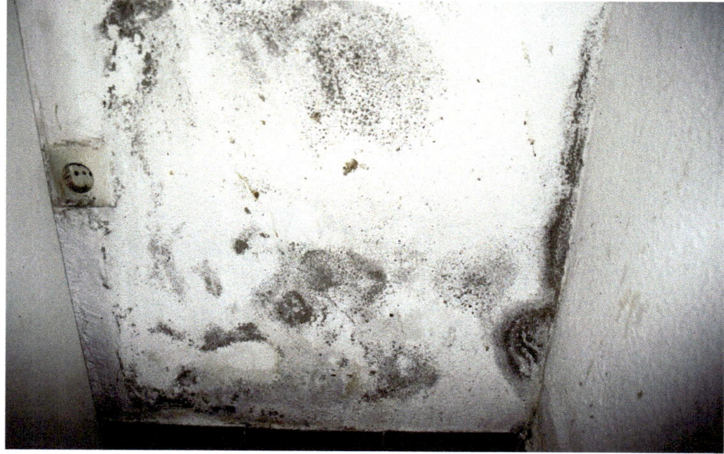

Abb. 10.50: Feuchtigkeitsschäden an einer Außenwand durch von außen eintretendes Wasser

Abb. 10.51: Die Oberkante des Geländes befand sich über der Oberkante der Fensterbank, sodass Regenwasser die Fensterbank unterlaufen und die Außenwand durchfeuchten konnte

Fehlende Abdichtung einer Außenwand an Erdreich

Situation

Abb. 10.52: Feuchtigkeitsschäden an einer Außenwand durch von außen eintretendes Wasser

Im Kellerbereich eines Mehrfamilienhauses waren unterhalb eines Fensters Feuchtigkeitserscheinungen aufgetreten. In dem betroffenen Bereich war laut Angabe der Wohnungseigentümergemeinschaft ehemals eine Tür vorhanden gewesen, die nachträglich zugemauert worden war. Die Untersuchungen von der Innenseite ergaben, dass an der Wand unterhalb des Fensters sowohl Schimmelpilzbildungen als auch Putz- und Anstrichabplatzungen sowie Ränderbildungen vorlagen (Abb. 10.52). Die typischen Befunde zeigten wie im vorangegangenen Fall, dass im Schadensbereich Wasser an der Außenseite eingedrungen war.

Bei der Untersuchung von außen war zu erkennen, dass die Wand unterhalb des Fensterbereichs mit einem Ziegelmauerwerk ausgeführt war. Die Ziegelwand war weder verputzt noch lag eine

Abdichtung im Brüstungsbereich des Fensters vor (Abb. 10.53). Durch Regen und Schnee kann vom Erdreich an der Außenseite her die Wand durchfeuchtet werden.

Abb. 10.53: Die gemauerte Brüstung unter dem Fenster wies keine Abdichtung auf

Folgerungen für die Praxis

Außenwände an Erdreich müssen immer eine vertikale Abdichtung erhalten. Die Abdichtung muss auf die vorliegende Wasserbelastung abgestimmt und mindestens bis 30 cm über die Oberkante des Geländes hochgeführt werden. Ab Oberkante des Geländes darf die Abdichtungsfunktion auch durch einen entsprechenden Putz ausgeführt werden. Die vertikale Abdichtung muss dicht an die horizontale Abdichtung in den Wänden oder auf dem Fußboden angeschlossen werden.

10.5.2 Fehlerhafte Abdichtung einer Terrassentür

Situation

Im Wohnbereich eines Einfamilienhauses lagen an einer Außenwand neben einer Terrassentür Schimmelpilzbildungen vor, die an der Terrassentür begannen und sich dann nach innen zogen (Abb. 10.54).

Zur Untersuchung wurde der Terrassenbelag an der Außenseite entfernt. Hierbei zeigte sich, dass die Tür auf einer Holzschwelle aufgesetzt war (Abb. 10.55). Die Holzschwelle lag auf der Betonbodenplatte auf. Zwischen der Holzschwelle und der Betonbodenplatte war ein etwa 1 cm hoher offener

Spalt vorhanden. Eine Abdichtung im Übergang der Bodenplatte an die Terrassentür lag nicht vor. Aufgrund der fehlenden Abdichtung kann Wasser auf der Betonbodenplatte nach innen ins Gebäude gelangen und sowohl den Estrich als auch die angrenzenden Außenwände durchfeuchten.

Abb. 10.54: Feuchtigkeitsschäden an einer Außenwand durch von außen eintretendes Wasser

Folgerungen für die Praxis

Terrassentüren müssen eine Abdichtung entsprechend den Flachdachrichtlinien erhalten. Die Abdichtung muss im Türbereich mindestens 15 cm über die Oberkante des Terrassenbelags hochgeführt und verwahrt werden. Alternativ ist auch eine Hochführung von nur 5 cm über Oberkante Terrassenbelag zulässig, wenn im Bereich der Tür ein schnelles Abführen des anfallenden Wassers sichergestellt ist. Dies kann zum Beispiel über eine vor der Terrassentür angebrachte Rinne erfolgen.

Abb. 10.55: Die Schwelle der Terrassentür war nicht abgedichtet

10.5.3 Fehlerhafte Sockelausbildung

Situation

In einer vermieteten Erdgeschosswohnung traten im Schlafzimmer im Sockelbereich der Außenwände Schimmelpilzbildungen auf (Abb. 10.57). Wie in solchen Fällen häufig, entwickelte sich ein Streit darüber, ob die Feuchteschäden baulich oder nutzungsbedingt sind.

Bei der Untersuchung des Gebäudes wurde der Sockelanschluss der Außenwand im Schlafzimmerbereich freigelegt und untersucht. Hierbei konnten folgende Fehler festgestellt werden:

Der Außenputz der Außenwände war etwa 0,2 m unter die Oberkante des Geländes bzw. des Grobkieses heruntergeführt worden (Abb. 10.56 und Abb. 10.58). Der Putz wies keine Abdichtung gegen das Erdreich auf. Er war somit wasserbelastet und konnte auf kapillarem Wege Wasser aufnehmen und an das Mauerwerk weiterleiten. Hierdurch erhöhte sich der Feuchtegehalt des Mauerwerks im Sockelbereich.

In Teilbereichen der Außenwände wies der Außenputz Ränderbildungen auf. Diese Erscheinungen zeigen, dass der Außenputz auf kapillarem Wege Wasser aufgenommen und nach oben weitergeleitet hatte.

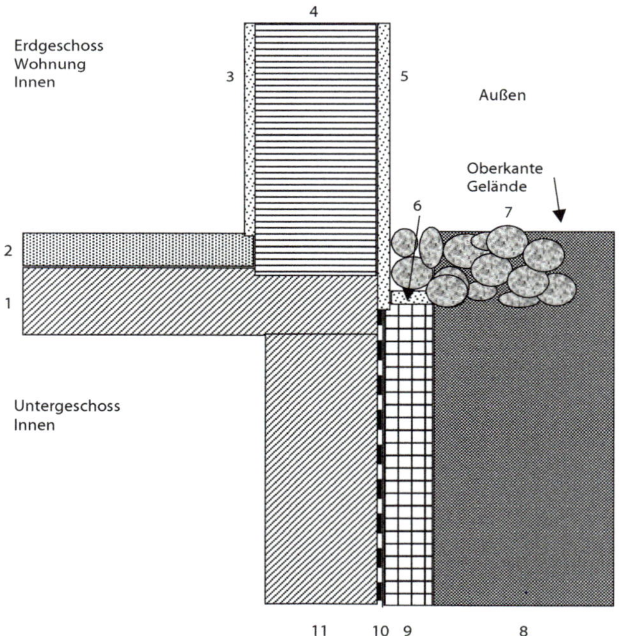

1 Betondecke
2 Schwimmender Estrich
3 Innenputz
4 Mauerwerk
5 Außenputz
6 Mörtelreste des Außenputzes auf der Oberkante der Dränsteine
7 Grobkies
8 Bindiges Erdreich
9 Dränsteine
10 Abdichtung
11 Betonwand

Abb. 10.56: Sockelausbildung der Außenwand (schematische Skizze, ohne Maßstab)

Abb. 10.57: Feuchtigkeitsschäden an der Außenwand des Schlafzimmers

Abb. 10.58: Detailfoto des Sockelanschlusses; der Außenputz verlief in das Erdreich hinein

Gemäß DIN 18195 „Bauwerksabdichtung" wäre es erforderlich gewesen, dass die vertikale Abdichtung des Untergeschosses bis zur Oberkante des Geländes hochgeführt wird. In diesem Fall wäre der unter die Oberkante des Geländes heruntergeführte Putz dadurch vor Wasserbelastung geschützt gewesen. Erst ab Oberkante des Geländes darf die Abdichtungsfunktion im Sockelbereich durch einen wasserabweisenden Sockelputz übernommen werden. Im vorliegenden Fall fehlte eine ausreichend weit hochgeführte Abdichtung des Untergeschosses.

Zusätzlich lag auf der Oberseite der Dränsteine, die an der Außenseite des Untergeschosses vorgestellt waren, eine geschlossene Schicht mit Mörtelresten des Außenputzes vor. Dies führte dazu, dass das im Sockelbereich anfallende Regenwasser nicht schnell und dauerhaft abgeführt wurde und somit das Wasser auf den Putz längerfristig einwirken und ihn durchfeuchten konnte.

Dieser Vorgang trug zu einer Erhöhung des Feuchtegehaltes des Außenputzes sowie des dahinter liegenden Mauerwerks im Sockelbereich bei und konnte schließlich Schimmelpilzbildungen an der Wandinnenseite auslösen.

Folgerungen für die Praxis

Die Sockelkante muss bei der Ausführung der Abdichtung und des Außenputzes beachtet werden. Hierbei ist in der Planung festzulegen, auf welcher Höhe sich die spätere Oberkante des Geländes befindet. Diese Kante muss sowohl vom Gewerk Abdichtung als auch vom Stuckateur berücksichtigt werden. Hierbei muss für ein fachgerechtes Ineinandergreifen von Planung und Ausführung gesorgt werden.

10.5.4 Wohnung im Untergeschoss ohne Abdichtung

Situation

In ein Gebäude aus den 1960er Jahren war im Gartengeschoss nachträglich eine Wohnung eingebaut worden. Das Gebäude befand sich in Hanglage, wobei der Wohnbereich ebenerdig zum Gelände orientiert war. Das Gartengeschoss war nicht unterkellert.

Von den Bewohnern wurden immer wieder Feuchtigkeitserscheinungen, Putz- und Anstrichabplatzungen, sowohl innen als auch außen, sowie Schimmelpilzbildungen im Sockelbereich der Wände festgestellt (Abb. 10.59 und Abb. 10.60). Vor der Durchführung von Instandsetzungsmaßnahmen war es deshalb erforderlich, die Ursachen dieser Erscheinungen festzustellen.

Abb. 10.59: Feuchtigkeitsschäden und Putzabplatzungen am Sockelbereich der Außenwände

Abb. 10.60: Schimmelpilzbildungen an der Innenseite der Außenwände

Im Zuge eines Ortstermins wurde Folgendes festgestellt:

Der Sockelbereich der Außenwände war an der Innenseite nass.

Beim Aufgraben des Sockels an der Außenseite zeigte sich, dass die Stirnseite der Bodenplatte im Bereich der Außenwand keine Abdichtung aufwies. An dem vom Autor freigelegten Anschlussbereich der Gehwegplatten war die Betonstruktur der Deckenstirnseite der Bodenplatte sichtbar. Eine Abdichtung lag hier nicht vor (Abb. 10.61).

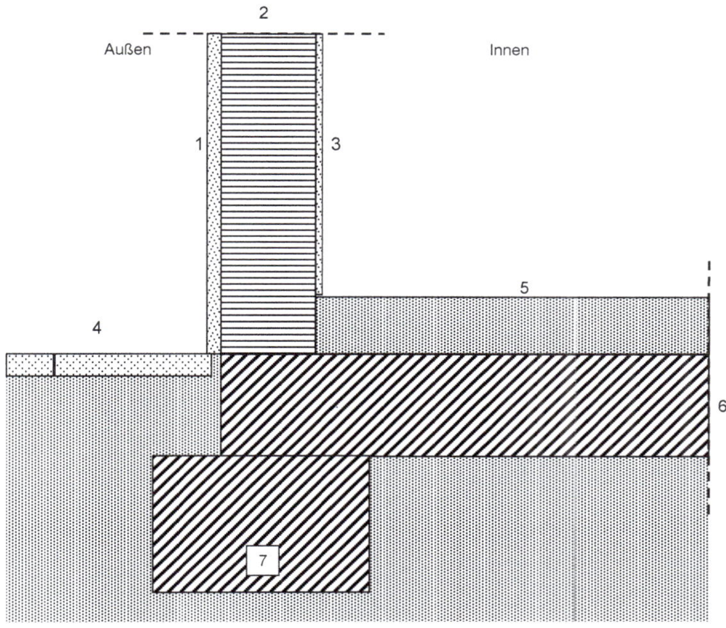

1 Außenputz
2 Außenwandmauerwerk
3 Innenputz
4 Betongehwegplatten
5 Fußbodenaufbau als schwimmender Estrich
6 Bodenplatte aus Beton
7 Fundament aus Beton

Abb. 10.61: Die Außenwand wies am Geländeanschluss weder eine horizontale noch eine vertikale Abdichtung auf

Die Feuchtigkeitsmessungen beim Ortstermin ergaben, dass der Sockelbereich der Außenwände durchfeuchtet war, hier also Wasser von unten her aufgestiegen oder von außen her eingedrungen war. Dieser Befund zeigte ebenfalls, dass keine fachgerechten Abdichtungsmaßnahmen im Sockelbereich vorlagen. Die unterhalb des Heizkörpers im Wohnzimmer ebenfalls aufgetretenen Putzabplatzungen sind typische Anzeichen für von außen her eindringende oder von unten her aufsteigende Feuchtigkeit.

Zusammenfassend ergab sich im vorliegenden Fall, dass die Außenwände der betroffenen Wohnung im Untergeschoss im Sockelbereich keine funktionsfähige vertikale und horizontale Abdichtung gegen aufsteigende Feuchtigkeit aufwiesen. Aufgrund der fehlenden Abdichtung kann Wasser von unten nach oben in die untersuchten Außenwände eindringen und dort zu Feuchtigkeitserscheinungen und Schimmelpilzbildungen führen. Die fehlenden Abdichtungsmaßnahmen stellen einen baulichen Fehler dar.

Folgerungen für die Praxis

Bei nicht unterkellerten Gartengeschosswohnungen müssen die Außenwände eine vertikale und horizontale Abdichtung erhalten (Abb. 10.62). Hierauf muss insbesondere auch dann geachtet werden, wenn nachträglich eine Wohnung eingebaut wird. Bei Wohnungen sind hinsichtlich der Abdichtung höhere Anforderungen zu stellen als bei Untergeschossräumen, die als Keller genutzt werden.

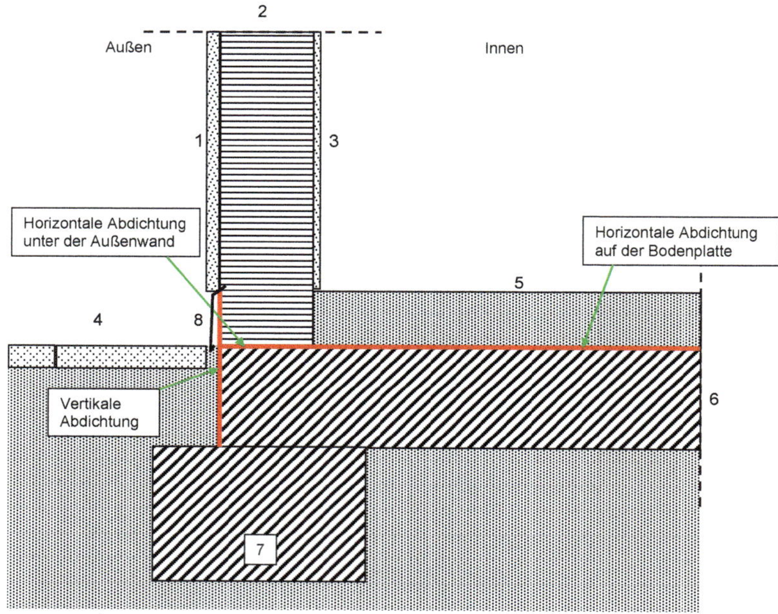

1 Außenputz
2 Außenwandmauerwerk
3 Innenputz
4 Betongehwegplatten
5 Fußbodenaufbau als schwimmender Estrich
6 Bodenplatte aus Beton
7 Fundament aus Beton
8 Blechverwahrung

Abb. 10.62: Prinzipielle Darstellung einer horizontalen und einer vertikalen Abdichtung bei einer Gartengeschosswohnung

10.5.5 Fehlerhafte Abdichtung bei einem Keller im Grundwasser

Situation

Im Bereich einer Flussaue waren mehrere Doppelhaushälften mit Keller erstellt worden. Es war bekannt, dass im Bereich der Grundstücke zumindest zeitweise mit Grundwasser und teilweise sogar mit Hochwasser zu rechnen ist. Auf die Herstellung eines Kellers als weiße Wanne mit wasserundurchlässigem Beton wurde jedoch verzichtet. Stattdessen wurden die Kelleraußenwände in Mauerwerk erstellt und als Abdichtung der Außenwände war eine kunststoffmodifizierte Bitumendickbeschichtung in Kombination mit einer wasserundurchlässigen Bodenplatte verwendet worden.

Einige Monate nach Bezug der Gebäude traten in nahezu allen Räumen der Kellergeschosse Feuchtigkeitsschäden in den Wandsockelbereichen auf (Abb. 10.63 und Abb. 10.64).

Befunde

Bei der Untersuchung der Gebäude zeigte sich, dass an den Wandsockeln der Kelleraußenwände sowie teilweise auch an den Innenwänden folgende Feuchtigkeitserscheinungen vorlagen:

- Verfärbungen,
- Schimmelpilzbildungen,
- Fleckenbildungen,
- Ränderbildungen,
- Ausblühungen,
- Putz- und Anstrichabplatzungen.

Weiter zeigte sich, dass die verwendete kunststoffmodifizierte Dickbeschichtung für den Lastfall drückendes Wasser keine Zulassung besaß und somit nicht geeignet war.

Da es sich bei einer Abdichtung mit kunststoffmodifizierter Bitumendickbeschichtung beim Lastfall drückendes Wasser um eine Abdichtung außerhalb der DIN 18195 handelt, hätte hier zwingend die Eignung der Abdichtung, zum Beispiel durch ein allgemeines bauaufsichtliches Prüfzeugnis, nachgewiesen werden müssen.

Abb. 10.63: Feuchtigkeitsschäden im Sockelbereich der Wände

Abb. 10.64: Feuchtigkeitsschäden im Sockelbereich der Wände

Abb. 10.65: Die Abdichtungslagen hatten sich voneinander gelöst

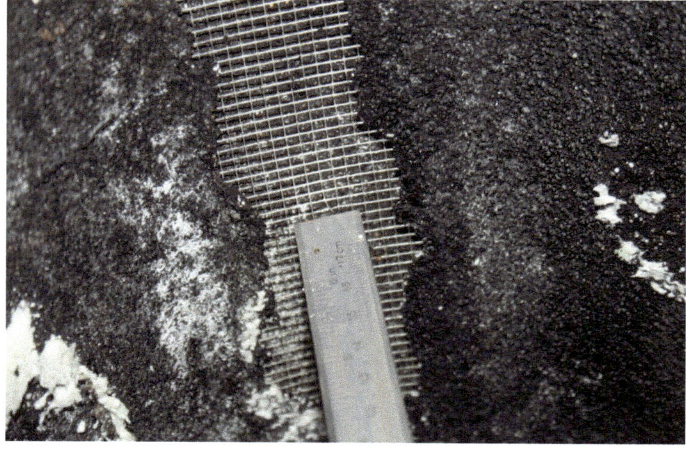

Abb. 10.66: Die Verstärkungslage der Abdichtungsschicht war nicht ausreichend eingebettet

Zur weiteren Untersuchung hat der Autor an einer Stelle die Außenwand bis zur Bodenplatte freilegen lassen. Anschließend ergaben seine Untersuchungen, dass folgende Verarbeitungsfehler an der Abdichtung vorlagen (Abb. 10.65 und Abb. 10.66):

Die kunststoffmodifizierte Bitumendickbeschichtung erfüllte weder die Anforderung an die erforderliche Mindestschichtdicke noch an den zulässigen Maximalwert der Schichtdicke.

Die Verstärkungslage war fehlerhaft eingebaut worden.

Im Bereich der Innenkante konnte die Abdichtung auf der gesamten Höhe mit der Hand ca. 1 cm bis ca. 2 cm eingedrückt werden. Dieser Befund zeigte, dass die Abdichtung an der Innenkante nicht am Untergrund haftete.

Die Abdichtungsschichten hatten sich voneinander gelöst. Zwischen der unteren Lage der Abdichtung und der Verstärkungseinlage sowie zwischen der Verstärkungseinlage und der oberen Abdichtungsschicht waren jeweils Ablösungen vorhanden.

Folgerungen für die Praxis

Abdichtungen von Gebäuden in Grundwasserbereichen stellen sehr sensible Bauweisen dar, welche im Schadensfall umfangreiche und teure Instandsetzungen notwendig machen. Aus diesem Grunde müssen solche Abdichtungen zwingend detailliert geplant und durch eine Fachfirma ausgeführt werden. Außerdem ist es notwendig, dass diese Arbeiten während der Ausführungsphase überwacht werden.

Sofern eine Abdichtungsmaßnahme außerhalb der DIN 18195 gewählt wird, muss für die geplante Bauweise ein Prüfzeugnis vorgelegt werden, welches die Eignung nachweist.

10.6 Schlagregenschutz eines Sichtmauerwerks aus Ziegel

Situation

Bei einem umgebauten und sanierten älteren Bauernhaus waren nach der Sanierung an der Innenseite der Außenwände Feuchtigkeitsschäden aufgetreten, die sich in Form von Schimmelpilzbildungen und Verfärbungen zeigten (Abb. 10.67). Die Außenwände bestanden aus einem Sichtmauerwerk aus Ziegelsteinen (Abb. 10.68 und Abb. 10.69) und einem aus Sandsteinen bestehenden Sockel (Abb. 10.70).

Abb. 10.67: Schimmelpilzbildungen an der Innenseite der Außenwände

Abb. 10.68: Die Fugen des Ziegelsichtmauerwerks wiesen Löcher auf (I)

Abb. 10.69: Die Fugen des Ziegelsichtmauerwerks wiesen Löcher auf (II)

Abb. 10.70: Auch die Fugen des aus Sandsteinen bestehenden Sockels wiesen Ausbrüche auf

Bei der Untersuchung der Fassade zeigte es sich, dass sich mehrere Schadensmechanismen überlagerten:

- **Fehlende Horizontalabdichtung**
  Aufgrund des typischen Aussehens der Feuchtigkeitserscheinungen war zu erkennen, dass Wasser vom Fundamentbereich in den Innen- und Außenwänden hochgestiegen war. Insbesondere die intensiven Ausblühungen an den Innen- und Außenwänden bewiesen diesen Vorgang.

Bei den Untersuchungen von der Außenseite her konnte keine horizontale Abdichtung gegen aufsteigende Feuchte festgestellt werden. Eine solche Abdichtung war zum Zeitpunkt der Erstellung des Gebäudes im Jahr 1930 auch noch nicht verfügbar.

Von den Architekten wurde beim Ortstermin mitgeteilt, dass keine zusätzlichen Abdichtungsmaßnahmen an den Außenwänden im Zuge des Umbaus vorgenommen worden waren. Dies bedeutet, dass die vorliegenden Feuchtigkeitsschäden durch eine fehlende Horizontalabdichtung der Außen- und Innenwände mitverursacht wurden.

- **Wärmeschutz der Außenwände**
  Die Außenwände des untersuchten Gebäudes wiesen folgende Aufbauten auf:

  Sockel:
  - Innenputz, Dicke: 2 cm
  - Sandstein, Dicke: 33 cm

  Außenwand:
  - Innenputz, Dicke: 2 cm
  - Vollziegel als Sichtmauerwerk, Dicke laut Plan: 25 cm

  Aus den oben genannten Schichtenfolgen der Wandaufbauten wurden folgende Wärmedurchlasswiderstände ermittelt:

  Wärmedurchlasswiderstand im Sockelbereich:
  Aus DIN 4108 geht hervor, dass Sandsteine üblicherweise eine Rohdichte von 2600 kg/m^3 und einen Rechenwert der Wärmeleitfähigkeit von 2,3 W/(m^{2}K) aufweisen. Legt man diesen Wert zugrunde, dann ergibt sich ein Wärmedurchlasswiderstand der Außenwand im Sockelbereich von 0,172 (m^{2}K)/W.

  Wenn man zur Beurteilung des Wärmeschutzes des Außenwandsockels die zum Zeitpunkt des Umbaus im Jahr 1999 geltenden Mindestanforderungen nach DIN 4108 Teil 2, Ausgabe 1981, zugrunde legt, dann muss der Wärmedurchlasswiderstand der Außenwände mindestens 0,55 W/(m^{2}K) betragen.

  Gemäß den oben aufgeführten bauphysikalischen Berechnungen wird der mindestens erforderliche Wärmedurchlasswiderstand von 0,55 W/(m^{2}K) im Sockelbereich bei Weitem nicht erreicht. Aufgrund des unzureichenden Wärmeschutzes können Feuchtigkeitserscheinungen und Schimmelpilzbildungen im Sockelbereich entstehen.

  Wärmedurchlasswiderstand im Bereich der Außenwand:
  Entsprechend den Plänen wiesen die Außenwände eine Dicke von 25 cm auf. Nach dem vom Institut für Bauforschung e.V. herausgegebenen Buch „U-Werte alter Bauteile", Ausgabe 2005, handelt es sich hierbei um Vollziegel im sogenannten „Reichsformat" mit einer Rohdichte von 1800 kg/m^3. Der Rechenwert der Wärmeleitfähigkeit dieser Vollziegelsteine beträgt 0,81 W/(m^{2}K).

  Legt man die oben genannten Rechenwerte der Wärmeleitfähigkeit des Mauerwerks sowie einen Gipsputz als Innenputz zugrunde, dann ergibt sich ein Wärmedurchlasswiderstand der Außenwand von 0,34 W/(m^{2}K).

  Gemäß diesen Berechnungen wird der mindestens erforderliche Wärmedurchlasswiderstand von 0,55 W/(m^{2}K) nicht erreicht. Der nach DIN 4108 Teil 2, Ausgabe 1981, erforderliche Mindestwärmeschutz der Außenwände wird somit nicht erfüllt.

Aufgrund des unzureichenden Wärmeschutzes können Feuchtigkeitserscheinungen und Schimmelpilzbildungen an der Außenwand ausgelöst werden.

- **Schlagregenschutz der Fassade**
  Die Außenwände des Gebäudes bestanden aus einem Ziegelsichtmauerwerk. Das Mauerwerk wies teilweise Schäden an den Mörtelfugen auf, sodass dort der Schlagregenschutz nicht mehr sichergestellt war (Abb. 10.68 und Abb. 10.69). In diesen Bereichen kann Wasser in das Mauerwerk der Außenwände eindringen und Feuchtigkeitserscheinungen hervorrufen.

  Auch im Sockelbereich waren die Fugen im dort vorliegenden unverputzten Sandsteinmauerwerk teilweise zerstört (Abb. 10.70), sodass hier Wasser in die Baukonstruktion eindringen konnte.

  Aufgrund des gegenüber den Außenwänden hervorstehenden Sandsteinsockels kann an der Oberkante der Sandsteine Wasser in die Wandkonstruktion eindringen und Feuchtigkeitserscheinungen hervorrufen.

  Zusammenfassend zeigte es sich, dass die Außenwände aus Sichtmauerwerk keinen ausreichenden Schlagregenschutz aufwiesen.

Folgerungen für die Praxis

Bei der Sanierung von bestehenden Gebäuden müssen Außenwände in Sichtmauerwerk hinsichtlich folgender Aspekte untersucht und saniert werden:

- Abdichtung gegen aufsteigende Feuchte,
- Witterungsschutz des Sichtmauerwerks,
- ausreichende Wärmedämmung der Außenwände.

Es sind die Aspekte Witterungsschutz, Wärmeschutz und Abdichtung gemeinsam zu berücksichtigen.

10.7 Nassräume

10.7.1 Fliesenablösungen in einem Nassraum

Situation

In einem stark frequentierten öffentlichen Duschraum waren Ablösungen des Mosaikfliesenbelags aufgetreten. Die dahinter liegende Abdichtung war noch nicht in Mitleidenschaft gezogen worden. Zum Schutz der Abdichtung mussten jedoch die Ursache der Ablösungen der Mosaikfliesen festgestellt und ein Instandsetzungskonzept entwickelt werden.

Bei seinen Untersuchungen im Bereich des Duschraums stellte der Autor Folgendes fest:

Weiße Flecken in den grauen Fliesenfugen

Diese Erscheinungen waren in unregelmäßigen Abständen und Größen an allen Wandflächen der Herrendusche aufgetreten (Abb. 10.71).

Abb. 10.71: Weiße Flecken im Bereich der Verfugung der Mosaikfliesen

Solche Flecken entstehen dann, wenn vor der Verfugung des Fliesenbelags der Fugenraum nicht vollständig vom Fliesenkleber freigeräumt wird. In diesem Fall füllt der weiße Fliesenkleber in Teilbereichen noch den Fugenraum. Das graue Verfugungsmaterial kann den Fliesenkleber nicht verdrängen und überdeckt somit lokal nur mit einer geringen Schichtdicke den weißen Fliesenkleber. Wenn nun durch Reinigungsvorgänge oder durch sonstige mechanische oder chemische Belastungen der Fliesenoberfläche das Verfugungsmaterial lokal an der Oberfläche abgetragen wird, dann kann der weiße Fliesenkleber in der Fuge sichtbar werden. Hierdurch entstehen weiße Flecken in den Fugen zwischen den Mosaikfliesen. Somit liegt die Ursache der weißen Flecken in einer nicht fachgerechten Verfugung der Mosaikfliesen.

Lokale Ablösungen des Verfugungsmaterials

An einigen Stellen hatte sich der Fugenwerkstoff lokal aus den Fugen des Mosaikfliesenbelags herausgelöst, sodass an diesen Stellen Löcher in der Fuge vorlagen (Abb. 10.72). Hier war der Fugenwerkstoff lokal nicht fachgerecht in die Fuge eingebracht worden.

Risse in den Fugen

Im Bereich der Fugen lagen teilweise Risse vor (Abb. 10.73). Augenscheinlich handelte es sich hierbei um eine nicht fachgerechte Verarbeitung des Fugenmaterials.

Abb. 10.72: Lokal hatte sich der Fugenwerkstoff aus der Fuge herausgelöst

Abb. 10.73: Stellenweise waren Risse in der Fuge aufgetreten

Offene Stellen und Löcher im Fugenwerkstoff

An den offenen Stellen und Löchern im Fugenwerkstoff der Mosaikfliesen können Wasser und auch Reinigungsmittel an die Rückseite der Fliesen gelangen und dort längere Zeit auf den Fliesenkleber einwirken. Dieser Vorgang kann zu einer lokalen Beeinträchtigung der Haftung der Mosaikfliesen führen.

Abtrag des Fugenwerkstoffes

Darüber hinaus hat der Autor den unterschiedlichen Abtrag des Fugenmaterials in den Fliesenfugen untersucht. Die Untersuchungen ergaben, dass in den Wandbereichen unterhalb der Duscharmaturen auf den unteren zwei Dritteln der Wandhöhe folgende Abtragungsraten vorlagen (gerundet auf eine Nachkommastelle):

- maximal: 1,5 mm bis 2,2 mm
- im Mittel: 0,9 mm bis 1,2 mm

Im Vergleich hierzu lagen im Bereich des oberen Wanddrittels folgende Werte vor (gerundet auf eine Nachkommastelle):

- maximal: 0,5 mm bis 0,6 mm
- im Mittel: 0,4 mm bis 0,5 mm

Auch im Bereich des Zugangs zum Duschraum lagen niedrige Abtragungswerte vor. Hier wurden folgende Werte festgestellt (gerundet auf eine Nachkommastelle):

- maximal: 0,5 mm
- im Mittel: 0,4 mm

Die Untersuchungen zeigen somit, dass diejenigen Bereiche, die durch die Nutzung intensiv beansprucht wurden und deshalb auch intensiv gereinigt werden mussten, eine etwa drei- bis vierfach höhere Abtragungsrate des Fugenmaterials aufwiesen als die oberen Wandbereiche oder die Wandbereiche im Zugang zum Duschraum.

Solche Abtragungsraten entstehen typischerweise durch säurehaltige Reinigungsmittel, welche zur Beseitigung von Kalkablagerungen verwendet werden. Solche Reinigungsmittel entfernen jedoch nicht nur die Kalkablagerungen, sondern greifen bei längerer Einwirkzeit auch zementhaltige Werkstoffe an. Da es sich bei dem eingesetzten Verfugungswerkstoff um einen zementhaltigen Werkstoff handelte, konnte dann im Zuge der Reinigung auch der Fugenmörtel angegriffen werden, sodass hier im Laufe der Zeit eine Reduzierung der Dicke des Fugenmörtels im Querschnitt entstand.

Da die oberen Wandbereiche sowie die Wandbereiche im Zugangsbereich keine oder nur eine geringe Wasserbelastung erfahren, treten hier auch nur geringe oder keine Kalkablagerungen auf. Aufgrund dessen müssen diese Fliesenbereiche wesentlich weniger gereinigt werden, und säurehaltige Reinigungsmittel sind in diesen Bereichen nicht notwendig oder werden nur in größeren Zeitabständen eingesetzt. Dies führte dazu, dass diese Wandbereiche nur geringe Abtragungsraten des Verfugungsmaterials aufwiesen.

Verunreinigung des Fugenwerkstoffs durch Fasern

Aus dem Verfugungswerkstoff der Mosaikfliesen wurden vom Autor Proben entnommen und im Labor mithilfe eines Mikroskops untersucht. Hierbei wurde festgestellt, dass im Fugenwerkstoff Fasern enthalten waren (Abb. 10.74). Diese Fasern lagen unregelmäßig verteilt im Querschnitt vor.

Abb. 10.74: Der Fugenwerkstoff wies Verunreinigungen durch Fasern auf

Da der Fugenwerkstoff selber keine Fasern aufwies, können diese Fasern beispielsweise durch eine Verschmutzung des Fugenwerkstoffes mit Fremdmaterial entstanden sein.

Weiterhin ist es auch möglich, dass das als Verarbeitungshilfe auf den Mosaikfliesen angebrachte Papier vor der Verfugung nicht vollständig entfernt worden ist. In diesem Fall können Reste des Papiers als Papierfasern sowie Kleberreste bei der Verfugung der Mosaikfliesen mit in die Fugen eingearbeitet worden sein. Hierdurch können lokale Bereiche entstehen, an denen Papierfasern in den Fugen vorliegen. Diese Fasern führen dann bereichsweise zu einer Schwächung des Fugenverbunds, wodurch Ablösungen der Mosaikfliesen begünstigt werden.

Die Untersuchungen des Autors ergaben zusammengefasst, dass mehrere unterschiedliche Ursachen zu den Schäden am Mosaikfliesenbelag geführt hatten:

Verarbeitungsbedingt:

- Offene Spalte an schmalen Fliesenfugen.
- Lokale Bereiche mit Löchern in den Fliesenfugen.
- Risse im Bereich der Fliesenfugen.
- Fasern im Fugenwerkstoff durch Fremdmaterial.

Nutzungsbedingt durch die Reinigung:

- Abtrag des Verfugungswerkstoffes der Mosaikfliesen durch Reinigungsvorgänge.

Folgerungen für die Praxis

Bei der Verarbeitung eines Mosaikfliesenbelages muss sorgfältig und nach den einschlägigen Fachregeln vorgegangen werden. Hierbei ist es erforderlich, eine Fachfirma mit diesen Arbeiten zu betrauen und entsprechend zu überwachen.

Weiterhin müssen die Art der Reinigung des Mosaikfliesenbelags sowie die verwendeten Reinigungsmittel auf den Werkstoff der Fliesenfugen abgestimmt werden.

10.7.2 Schimmelerscheinungen an einer Badezimmerwand

Situation

In einer Wohnung waren an der Badezimmerwand Schimmelpilzbildungen am Innenputz oberhalb des Fliesenbelages aufgetreten (Abb. 10.75). Die Wand war nicht raumhoch gefliest und es befand sich dort eine Duschstange mit Brausekopf.

Abb. 10.75: Im Bereich der Duschstange waren oberhalb des Fliesenbelags am Innenputz Schimmelpilzbildungen aufgetreten

Befunde

Bei dem vom Autor in der betroffenen Wohnung durchgeführten Ortstermin wurden in folgenden Bereichen Feuchtigkeitserscheinungen festgestellt:

- Schimmelpilzbildungen im verputzten Wandbereich oberhalb des gefliesten Bereichs. Dieser Wandbereich grenzte seitlich an die Badewanne an. Die Schimmelpilzbildungen waren im Bereich der Duschstange am Innenputz oberhalb des gefliesten Wandbereichs aufgetreten.

Die Untersuchungen zeigten, dass die Schimmelpilzbildungen im Bereich des Brausekopfes durch einen fehlenden Spritzwasserschutz der Wandkonstruktion, zum Beispiel durch einen Fliesenbelag, entstanden waren. Entsprechend den Angaben beim Ortstermin waren die Duschstange und der dadurch geschaffene Duschbereich in der vorliegenden Ausführung bereits beim Einzug des Mieters vorhanden und wurden auch nicht verändert. Dies bedeutet, dass die Schimmelpilzbildungen im Bereich des Brausekopfes durch den fehlenden Spritzschutz baulich bedingt und nicht nutzungsbedingt waren.

Folgerungen für die Praxis

In Duschbereichen muss durch bauliche Maßnahmen dafür gesorgt werden, dass kein Spritzwasser während des Duschvorgangs in die Wandbereiche eindringen kann. Hierfür ist üblicherweise ein raumhoher Fliesenbelag in Kombination mit einer Abdichtung im Verbund geeignet.

10.8 Feuchteschaden an einem Holzbalkon

Situation

An einem Wohngebäude war nachträglich ein Balkon angebaut worden (Abb. 10.76). Der Balkon bestand aus einer Tragkonstruktion aus Holzbalken und wies einen zweilagigen, kreuzweise aufgebrachten Gehbelag aus Holzbrettern auf. Der Bau war durch einen „Heimwerker" und nicht von einer Fachfirma erfolgt. Einige Jahre nach Herstellung des Balkons traten an der Holzkonstruktion folgende Schäden auf:

- An den Holzbrettern und an den tragenden Holzbalken traten Fruchtkörper eines Holzpilzes auf (Abb. 10.77).
- Einzelne Bretter des Balkonbelags waren morsch und brachen beim Betreten durch, sodass der Balkon gesperrt werden musste (Abb. 10.78).
- Verschiedene Holzbauteile wiesen an der Oberseite Schimmelpilzbildungen auf.
- Der Holzschutzanstrich wies Risse und Abplatzungen auf.

Abb. 10.76: Übersichtsbild des Holzbalkons

Abb. 10.77: Bildung eines Fruchtkörpers eines Holzpilzes an den Holzbalken

Abb. 10.78: Die Bretter des Balkonbelages waren morsch

Bei der Untersuchung des Balkons zeigte sich folgende Situation:

Der Balkon wies keine planmäßige Entwässerung des Balkonbelags auf. Es waren weder Bodenabläufe noch Entwässerungsrinnen vorhanden.

Aufgrund der umlaufenden Bretter am Geländerfuß, die wie eine Randaufkantung wirkten, konnte das Wasser nicht nach außen abfließen. Es versickerte langsam durch die Spalte zwischen den Brettern nach unten und tropfte an der Unterseite ab. Diese unkontrollierte Entwässerung ist nicht fachgerecht und entspricht nicht den anerkannten Regeln der Technik. Somit wurde der Grundsatz des baulichen Holzschutzes, nämlich dass Holzbauteile im Freien vor Beregnung geschützt werden müssen bzw. auftreffendes Wasser schnell abgeführt werden muss, nicht erfüllt.

Aufgrund der dunklen Farbe des Balkonanstriches waren die Bretter intensiven temperaturbedingten Längenänderungen ausgesetzt. Dies führte zu Rissen im Anstrich und in den Holzbrettern. An diesen Rissen konnte Wasser in die Holzbretter eindringen und Feuchtigkeitsschäden auslösen.

Das zwischen den Brettern durchsickernde Wasser führte dazu, dass die Bretter des Balkonbelages intensiv und langanhaltend mit Feuchtigkeit belastet wurden. Für diese Belastung waren die aus Fichten- oder Tannenholz hergestellten Bretter auch mit einem Anstrich nicht dauerhaft geeignet. Insbesondere der sich in den Fugen zwischen den Brettern sammelnde Schmutz hatte verhindert, dass die Bretter an den Seitenkanten luftumspült waren und schnell austrocknen konnten. Auch an den aufeinanderliegenden Seiten der Holzbretter der unteren und der oberen Brettlage war keine schnelle Austrocknung von eingedrungenem Wasser möglich.

Selbst das laut Angabe des Besitzers während der Nutzung vorgenommene jährliche Streichen des Balkons war für den vorliegenden Fall als Schutzmaßnahme nicht geeignet. Insbesondere war es ohne Demontage des kompletten Balkonbelages nicht möglich, die Spalte zwischen den Bretterlagen sowie die aufeinanderliegenden Brettseiten der unteren und oberen Bretterlage zu streichen.

Folgerungen für die Praxis

Bei der Erstellung eines Balkons muss für eine fachgerechte Entwässerung des gesamten Balkonbelags gesorgt werden.

Außerdem müssen bei Holzbalkonen insbesondere die Prinzipien des baulichen und des chemischen Holzschutzes beachtet werden. Bei Holzbauteilen ist es von enormer Wichtigkeit, dass Wasser, welches an die Holzbauteile gelangen kann, in trockenen Perioden wieder vollständig abtrocknet.

10.9 Fassaden

10.9.1 Mikrobiologische Besiedelung an Fassaden

Situation

An der Außenseite eines Einfamilienhauses waren einige Zeit nach dem Aufbringen des Außenputzes Schimmelpilzbildungen sowie Grünalgen an der Fassade aufgetreten (Abb. 10.79 und Abb. 10.80). Die Ursachen dieser kurzfristigen mikrobiologischen Besiedelung waren unbekannt und sollten untersucht werden.

Beim Ortstermin konnte festgestellt werden, dass die Fassaden großflächige Schimmelpilzbildungen sowie vor allem im Sockelbereich auch Grünalgenbildungen aufwiesen.

Als mikrobiologische Besiedlung von Fassaden bezeichnet man vor allem folgende Spezies:

- Algen,
- Schimmelpilze,
- Bakterien,
- Flechten,
- Moose und Farne.

Sehr häufig findet eine gemeinsame Besiedelung von Fassaden durch Schimmelpilze und Grünalgen statt. Da die Sporen von Schimmelpilzbildungen durch die Luft verbreitet werden, können sie auch auf Fassaden treffen und dort anhaften. Sobald die Lebensbedingungen für die Sporen günstig sind, das heißt, vor allem wenn eine hohe Feuchtigkeit vorliegt, können die Sporen auskeimen. Nach einer gewissen Wachstumszeit werden die Schimmelpilzbildungen durch eine graue Verfärbung des Putzes sichtbar. Grünalgen sind typischerweise an ihrem grünlichen Aussehen zu erkennen.

Bakterien, Flechten, Moose und Farne sind an Fassaden selten anzutreffen.

Bei der Überprüfung der baulichen Unterlagen und Rechnungen zeigte sich, dass der Außenputz nur den „normalen" Schutz gegen Algen- und Pilzbefall aufwies. Ein erhöhter Schutz, wie er nach dem technischen Merkblatt des verwendeten Außenputzes möglich gewesen wäre, lag nicht vor.

Abb. 10.79: Der Außenputz wies eine Vergrauung durch Schimmelpilzbildungen auf

Abb. 10.80: Der Außenputz wies im Sockelbereich eine Grünalgenbildung auf

Folgerungen für die Praxis

Bei der Auswahl eines Außenputzes muss darauf geachtet werden, dass ein möglichst guter Schutz gegen Algen- und Pilzbefall vorliegt. Außerdem ist es günstig, wenn der Putz durch einen Dachüberstand vor intensiver Beregnung geschützt wird.

10.9.2 Rosterscheinungen am Außenputz

Situation

Die Fassade eines Gebäudes wies an der Außenseite des Außenputzes vielfach lokale, eng begrenzte Stellen mit rostartigen Erscheinungen auf (Abb. 10.81 und Abb. 10.82). Insgesamt waren 26 Stellen rings um das Gebäude betroffen. Teilweise waren von den Roststellen ausgehend auch mehrere Zentimeter lange braune Läuferbildungen aufgetreten.

Abb. 10.81: Lokale Rosterscheinung am Außenputz

Abb. 10.82: Lokale Rosterscheinung mit Läuferbildung am Außenputz

Befunde

An mehreren Stellen hat der Autor Proben aus dem Außenputz entnommen und in einer Materialprüfungsanstalt untersuchen lassen.

Die Einzelproben wurden mithilfe des Röntgenfluoreszenz-Verfahrens auf ihre Bestandteile untersucht. Hierbei wurden die Elemente Eisen und Schwefel vergleichend gemessen. Bei den Laboruntersuchungen zeigten sich folgende Befunde:

Probe mit Rosterscheinung:

- Eisen: ca. 6500 bis ca. 41 000 counts pro Sekunde
- Schwefel: ca. 2100 counts pro Sekunde

Probe ohne Rosterscheinung:

- Eisen: ca. 300 counts pro Sekunde
- Schwefel: ca. 60 counts pro Sekunde

Aus den Ergebnissen geht hervor, dass in den Putzproben mit Rosterscheinungen ein signifikant erhöhter Wert der Elemente Eisen und Schwefel vorlag. Dies bedeutet, dass die Putzproben mit Rosterscheinungen einen deutlich höheren Wert an Eisensulfidverbindungen (Pyrit) aufweisen als die nicht verfärbten Putzproben. Eisensulfidverbindungen können mit den Zuschlagsstoffen in den Putzmörtel gelangt sein. Hierbei handelte es sich somit um eine Verunreinigung des Putzmörtels.

Diese Eisensulfidverbindungen oxydieren unter Witterungseinflüssen, wobei Eisenoxydprodukte entstehen, welche zu braunen Verfärbungen in Form von Rosterscheinungen führen.

Folgerungen für die Praxis

Die lokalen Rosterscheinungen am Außenputz der Fassade sind durch Verunreinigungen des Außenputzmörtels mit Eisensulfidverbindungen (Pyrit) entstanden. Da es sich im vorliegenden Fall um einen Fertigputz handelte, sind diese Erscheinungen auf einen Materialfehler zurückzuführen.

10.10 Holzzerstörende Pilzbildungen in einem flachgeneigten Schrägdach

Situation

An einem Einfamilienhaus mit flachgeneigtem Schrägdach waren an den Sparren holzzerstörende Pilzbildungen aufgetreten. Es handelte sich um ein vollgedämmtes Dach ohne Hinterlüftung.

Vom Gebäudebesitzer wurde dem Autor mitgeteilt, dass ehemals eine lokale Undichtigkeit an der Abdichtung vorlag, welche aber in der Zwischenzeit behoben worden war. Trocknungsmaßnahmen waren nicht erfolgt.

Das Dach wies eine Abdichtung mit Bitumenbahnen sowie eine Begrünung auf (Abb. 10.83).

Abb. 10.83: Die Dachfläche mit Bitumenbahnen und Begrünung

Befunde

Beim Ortstermin wurde das Dach von der Ober- und der Unterseite her untersucht. Außerdem wurde der Dachaufbau von der Unterseite her geöffnet. Hierbei zeigten sich folgende Feuchtigkeitserscheinungen bzw. Pilzbildungen (Abb. 10.84 und Abb. 10.85):

- Die Oberseite der Wärmedämmung war nass.
- An den Holzsparren lagen schwarze Verfärbungen vor.
- Außerdem waren an den Oberkanten der Sparren Schimmelpilzbildungen vorhanden.
- Seitlich an den Sparren hatten sich Fruchtkörper von Holzpilzen gebildet.
- Die Unterseite der Holzbrettschalung war feucht und wies schwarze Verfärbungen auf.
- Außerdem waren an der Unterseite der Holzbrettschalung auch Schimmelpilzbildungen aufgetreten.
- Zusätzlich lagen an der Holzbrettschalung auch Fruchtkörper von Holzpilzen vor.

Abb. 10.84: Die Dachkonstruktion war intensiv durchfeuchtet

Abb. 10.85: An den Holzbauteilen waren Fruchtkörper von holzzerstörenden Pilzbildungen vorhanden

Es zeigte sich, dass die Holzkonstruktion des Daches großflächig und intensiv von holzzerstörenden Pilzbildungen befallen war. Aus den Laboruntersuchungen ging hervor, dass es sich bei den Pilzbildungen nicht um den Echten Hausschwamm handelte.

Weiter zeigte sich beim Ortstermin, dass die Dampfsperre nicht fachgerecht und nicht luftdicht hergestellt worden war (Abb. 10.86).

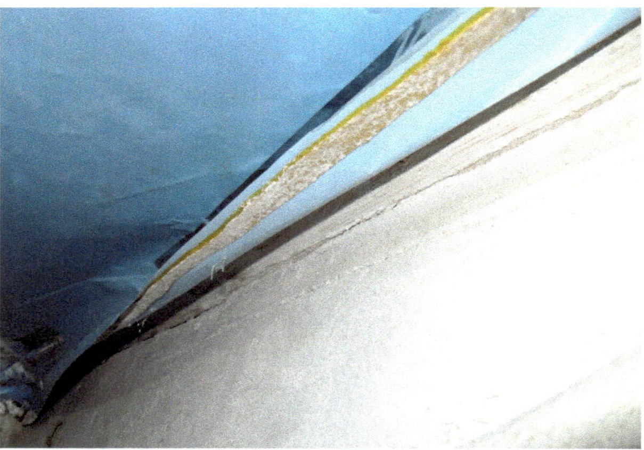

Abb. 10.86: Die Dampfsperre wies Leckagen auf

Folgerungen für die Praxis

Im vorliegenden Fall können die Feuchtigkeitserscheinungen in der Dachkonstruktion bereits durch die Wassereintritte an der ehemaligen Undichtigkeit der Dachabdichtung entstanden sein und sich im gesamten Dachbereich verteilt haben. Als zweite Ursache ist es möglich, dass die Leckagen an der Dampfsperre die Feuchtigkeitserscheinungen im Dach mitverursacht haben.

Holzdächer müssen zwingend von oben und unten dicht sein.

Sie erfordern außerdem hinsichtlich ihrer feuchtetechnischen Funktion einen rechnerischen Nachweis.

Prinzipielle Eignung von Flachdächern in Holzbauweise

Hinsichtlich des Schutzes vor Tauwasser in einer Baukonstruktion nehmen unbelüftete Flachdächer und unbelüftete flachgeneigte Dächer – das heißt, Dächer mit Dachabdichtungen, die in Holzbauweise mit Zwischensparrendämmung aus Mineralwolle hergestellt werden – eine Sonderstellung ein. Aufgrund einer Vielzahl von Bauschäden sowie von neuen Forschungsergebnissen haben sich hinsichtlich dieser Konstruktionen wesentliche Änderungen in den Anforderungen ergeben.

Seit kurzem (2011) gibt es für unbelüftete Flachdächer in Holzbauweise ein sogenanntes „Konsenspapier", welches für diese Bauweise Regeln aufstellt, nach denen sie ohne rechnerischen Nachweis hinsichtlich des Feuchteschutzes bewertet werden können. Die Gebrauchstauglichkeit solcher Dächer ist demnach nur dann gegeben, wenn

1. das Dach ein Gefälle größer oder gleich 3 % vor bzw. größer oder gleich 2 % nach Verformung hat und
2. es dunkel (Strahlungsabsorption größer oder gleich 80 %) und unverschattet ist und
3. es keine Deckschichten (Bekiesung, Gründach, Terrassenbeläge) hat, aber
4. eine feuchtevariable Dampfbremse besitzt und
5. keine unkontrollierbaren Hohlräume auf der kalten Seite der Dämmschicht vorliegen und
6. es eine geprüfte Luftdichtheit hat und
7. wenn vor dem Schließen des Aufbaus die Holzfeuchten von Tragwerk und Schalung (Feuchtegehalt *u* zwischen 12 und 18 Massenprozent) bzw. von Holzwerkstoffbeplankungen (Feuchtegehalt *u* zwischen 9 und 15 Massenprozent) dokumentiert wurden.

Bei solchen Dächern handelt es sich auch heute noch um eine Sonderbauweise, die hinsichtlich Planung und Ausführung besonderer Sorgfalt bedarf. Bauherren müssen über die Besonderheiten solcher Dächer aufgeklärt werden, da diese bis zum heutigen Zeitpunkt noch nicht den anerkannten Regeln der Technik entsprechen.

10.11 Undichte Terrassenbrüstung in einem Haus in Holzständerbauweise

Situation

An einem in Holzständerbauweise erstellten Wohngebäude waren in der Außenwand und in der Terrassendecke holzzerstörende Pilzbildungen aufgetreten. Die Feuchtigkeitserscheinungen gingen von der ebenfalls in Holzkonstruktion erstellten Terrassenbrüstung aus (Abb. 10.87 und Abb. 10.88).

Abb. 10.87: Die Terrassenbrüstung war in Holzkonstruktion erstellt und nicht fachgerecht abgedichtet

Abb. 10.88: An der Terrassenbrüstung waren Fruchtkörper von holzzerstörenden Pilzbildungen aufgetreten

Befunde

Bei einem Ortstermin am Gebäude stellte der Autor fest, dass die Terrassenbrüstung mit horizontalen Natursteinplatten abgedeckt war. Es lag folgender Aufbau vor:

- Die Oberseite der Brüstung war mit einer Gipsfaserplatte abgedeckt. Hierauf hatte man zusätzlich Natursteinplatten aufgebracht. Eine Abdichtung war an der Oberseite der Terrassenbrüstung nicht vorhanden.
- Die Stöße der Natursteinplatten waren mit einem starren Fugenmörtel verfugt worden. Teilweise hatte sich der Fugenmörtel bereits herausgelöst, sodass ein offener Spalt vorlag.
- Außerdem waren in den Natursteinplatten offene Bohrlöcher vorhanden, die ehemals als Befestigungsstelle für Gegenstände dienten.

Bei der Terrassenbrüstung handelt es sich um ein Bauteil, das analog einer Attika nach den Flachdachrichtlinien ausgeführt und abgedichtet werden muss, da es den Dachrand eines Flachdaches darstellt.

Die vorliegende Brüstungsabdeckung wies sowohl an den mit einem starren Mörtel ausgeführten Stoßstellen der Natursteinplatten untereinander als auch an den Kanten zwischen den vertikalen Brüstungsseiten und den Unterseiten der Brüstungsabdeckung Undichtigkeiten auf, an denen Wasser unter die Natursteinplatten gelangt und in die Konstruktion eingedrungen war. Hier lag keine Abdichtung gegen Wassereintritte bei Witterungsbelastung vor.

Von diesen Undichtigkeiten aus wurden die Terrassendecke sowie die darunterliegenden Außenwände durchfeuchtet. Aufgrund der über mehrere Jahre einwirkenden Feuchtigkeit hatten sich an der Holzkonstruktion holzzerstörende Pilzbildungen sowie in Teilbereichen auch der Echte Hausschwamm gebildet.

Folgerungen für die Praxis

Auch dieser Bauschadensfall zeigt, wie wichtig eine fachgerechte Abdichtung an Gebäuden und hier insbesondere an Häusern in Holzkonstruktion ist.

Bei Feuchtigkeitsschäden in Holzhäusern muss immer damit gerechnet werden, dass sich der Echte Hausschwamm bildet, welcher nur sehr schwer zu bekämpfen ist. Dies kann soweit führen, dass ein Gebäude insgesamt aus technischen oder wirtschaftlichen Erwägungen heraus nicht mehr saniert werden kann und deshalb ein Abriss notwendig wird. Als Grundlage für eine solche Entscheidung muss aber immer ein sicherer Nachweis erfolgen, ob ein solcher Hausschwammbefall vorliegt oder nicht. Hierfür müssen im Regelfall Proben aus den befallenen Stellen entnommen werden, die dann in einem Fachlabor mit speziellen Verfahren auf den Echten Hausschwamm untersucht werden.

10.12 Undichter Anschluss am Wärmedämm-Verbundsystem

Situation

Bei der Untersuchung eines Neubaus in Massivbauweise mit außenliegender Wärmedämmung wurden im Rahmen der Qualitätssicherung Undichtigkeiten am Anschluss der Dachrinne an das Wärmedämm-Verbundsystem festgestellt (Abb. 10.89).

Abb. 10.89: Am Anschluss des Wärmedämm-Verbundsystems an die Dachrinne bzw. das Vordach waren offene Spalte aufgetreten

Befunde

Im Rahmen der Qualitätssicherung hat der Autor ein neues Wohnhaus im Verlauf der Bauausführung untersucht. Dabei ließ sich feststellen, dass am Anschluss des Wärmedämm-Verbundsystems an eine Vordachkonstruktion bzw. an die Dachrinne offene Spalte vorlagen. Es handelte sich um Undichtigkeiten, an denen Wasser in die Baukonstruktion eindringen kann.

Ein Bauschaden war hier noch nicht aufgetreten, wäre aber im Laufe der Zeit durch eindringendes Wasser mit hoher Sicherheit bereits kurzfristig entstanden.

Folgerungen für die Praxis

Insbesondere im Bereich von Anschlüssen muss bei Wärmedämm-Verbundsystemen darauf geachtet werden, dass die Details fachgerecht ausgebildet werden. Ansonsten kann an Fehlstellen, Lücken oder offenen Spalten Wasser in die Konstruktion eindringen und zu Feuchtigkeitsschäden führen.

Die Erfahrung zeigt außerdem, dass bei Neubauvorhaben durch baubegleitende Untersuchungen bereits während der Bauphase Mängel rechtzeitig erkannt und beseitigt werden können. Hierdurch werden spätere aufwändige Sanierungsmaßnahmen mit hohen Kosten vermieden.

10.13 Schimmelpilzbildungen an Oberlichtern

Situation

In einem Neubauvorhaben waren nach dem Einzug an Oberlichtern im Flachdach Schimmelpilzbildungen und Läuferbildungen aufgetreten. Zur Untersuchung der Schäden hat der Autor einen Ortstermin am Gebäude durchgeführt (Abb. 10.90 bis Abb. 10.92).

Abb. 10.90: Übersichtsbild des Flachdaches mit den Oberlichtern

Abb. 10.91: Schimmelpilzbildungen an den Rahmenprofilen des Oberlichts

Abb. 10.92: Schimmelpilzbildungen am oberen Rahmenprofil des Oberlichts

Befunde

Die oberste Wohnung in dem Gebäude wies sowohl öffenbare als auch nicht öffenbare Oberlichter auf.

An den zu öffnenden Oberlichtern hat der Autor beim Ortstermin folgende Feuchtigkeitserscheinungen festgestellt:

- Läuferbildungen und Schimmelpilzbildungen an den Innenseiten der Oberlichtkränze.
- Dunkle Verfärbungen und Schimmelpilzbildungen an den Unterseiten der Ränder der Oberlichtschalen.
- Schimmelpilzbildungen an den Oberseiten der umlaufenden Stege an den Oberkanten der Oberlichtkränze.

- Braune Verfärbungen an den Oberseiten der umlaufenden Stege an den Oberkanten der Oberlichtkränze.
- Schimmelpilzbildungen und braune Verfärbungen an den Unterseiten der Kunststoffprofile, welche an den Unterkanten der Oberlichtschalen angebracht waren.

Am Oberlichtkranz des nicht öffenbaren Oberlichtes in der gleichen Wohnung lagen keine Feuchtigkeitserscheinungen vor. Laut Angabe waren an diesem Oberlicht seit der Baufertigstellung noch keine Feuchtigkeitserscheinungen aufgetreten.

Folgerungen für die Praxis

Bei der Untersuchung der Oberlichter zeigte sich, dass die öffenbaren Oberlichter an der Oberkante des Aufsatzkranzes einen ungedämmten ringsum laufenden Steg aus Kunststoff aufwiesen. An der Außenseite des Stegs war eine Gummidichtung vorhanden, auf welcher die Oberlichtschale in geschlossenem Zustand auflag (Abb. 10.93).

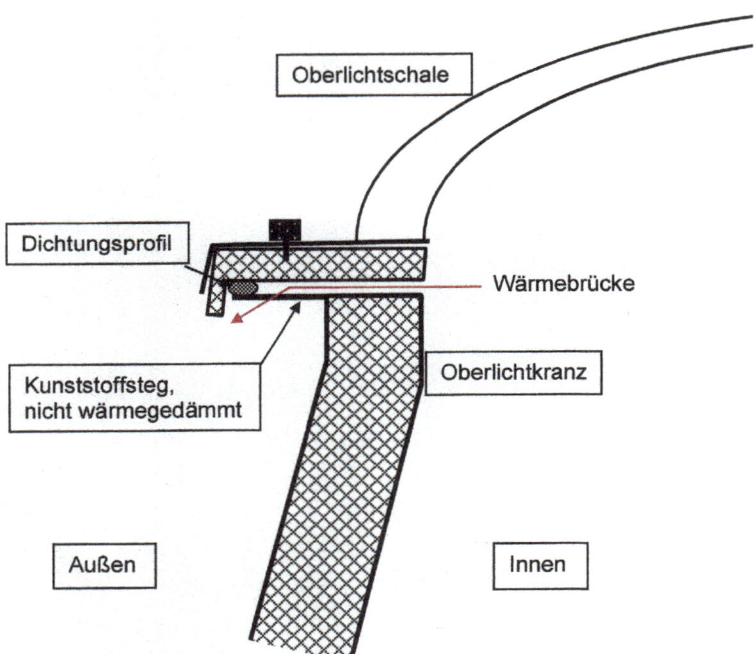

Abb. 10.93: Das äußere Rahmenprofil des Oberlichts war nicht wärmegedämmt und stellte eine unzulässige Wärmebrücke dar

Zwischen der Gummidichtung und den Innenseiten der Oberlichtkränze war ein etwa 4 cm bis 5 cm breiter Bereich des umlaufenden Stegs über den mit dem Innenraum verbundenen Spalt der Raumluft ausgesetzt. Da der Steg aus etwa 4 mm dickem Kunststoff bestand und keine Wärmedämmung aufwies, lag hier eine Wärmebrücke vor. An diesen Stegbereich konnte warme Innenluft gelangen. Da der Steg in der Heizperiode eine niedrige Temperatur aufwies, war es in diesem Bereich zu Tauwasserbildungen gekommen. Dieses Tauwasser konnte dann an die Innenseiten der Oberlichtkränze gelangen und dort zu Läuferbildungen führen. Außerdem konnte dieses Tauwasser auch Schimmelpilzbildungen im Bereich der Oberkanten der Oberlichtkränze hervorrufen.

Meine Untersuchungen zeigten, dass die Schimmelpilzbildungen vor allem in der äußeren Hälfte des Stegs, also in dem ungedämmten Bereich vorlagen. Der innere Bereich des Stegs, welcher über dem wärmegedämmten Oberlichtkranz liegt, wies deutlich geringere Feuchtigkeitserscheinungen auf.

In der Abb. 10.94 ist zum Vergleich ein Querschnitt durch einen Oberlichtkranz dargestellt, bei dem der Übergang zwischen dem Oberlichtkranz und der Oberlichtschale ohne unzulässige Wärmebrücke hergestellt worden ist.

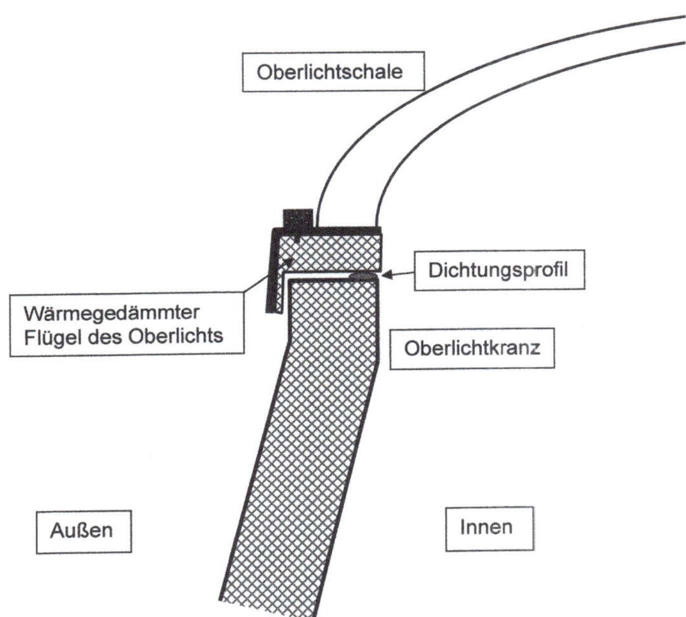

Abb. 10.94: Oberlicht ohne unzulässige Wärmebrücke am Oberlichtkranz

Neben den Wärmebrücken waren an den Kunststoffstegen Luftundichtigkeiten in Form eines offenen Bohrlochs sowie mehrere Schraubendurchdringungen vorhanden.

An den nicht zu öffnenden Oberlichtern befand sich direkt auf den Oberseiten der wärmegedämmten Oberlichtkränze, nahe den Innenkanten, eine Dichtung. Diese Dichtung verhinderte bei der vorliegenden Konstruktion, dass warme Innenluft durch den Spalt zwischen Kranz und Oberlichtschale an den ringsum laufenden Steg gelangen konnte. Somit lag hier keine unzulässige Wärmebrücke vor und es trat keine Tauwasserbildung auf. Aufgrund der im Vergleich zu den öffenbaren Oberlichtern andersartig ausgeführten Konstruktion sind die nicht zu öffnenden Oberlichter hinsichtlich Tauwasserbildung an den Oberlichtkränzen unkritisch.

Bei Oberlichtern muss darauf geachtet werden, dass die Dichtungsebene im Bereich der wärmegedämmten Rahmenbereiche angeordnet wird. Durch diese einfache Maßnahme kann verhindert werden, dass warmfeuchte Luft aus dem Innenbereich an kalte Rahmenbereiche des Oberlichts gelangt und dort zu Tauwassererscheinungen und Schimmelpilzbildungen führt.

10.14 Schimmel innerhalb eines Fensterrahmens

Situation

In der Außenwand einer Toilette befand sich ein kleines Fenster. Am Rahmenprofil sowie am Flügelrahmen dieses Fensters lagen innenseitig Schimmelpilzbildungen vor (Abb. 10.95 und Abb. 10.96).

Abb. 10.95: Zwischen Fensterrahmen und Fensterflügel lagen Schimmelpilzbildungen vor

Abb. 10.96: Am Rahmenprofil des Fenster lagen Schimmelpilzbildungen vor

Bei der Untersuchung des Fensters war zu erkennen, dass die innenliegende Dichtung am Fensterflügel aus einem umlaufenden weißen Kunststoffprofil bestand. Das Kunststoffprofil war in den Flügelrahmen eingearbeitet und stand nicht gegenüber dem Rahmen hervor.

Befunde

Die oben beschriebenen Kunststoffprofile waren in die Flügelrahmen eingearbeitet und standen nicht bzw. nur gering gegenüber dem Rahmen hervor. Dies bedeutet, dass in geschlossenem Zustand die umlaufende Dichtung keinen ausreichenden Anpressdruck auf den Fensterrahmen aufbringen konnte (Abb. 10.97).

Abb. 10.97: Das Dichtungsprofil konnte keinen ausreichenden Anpressdruck aufbauen

Aufgrund dessen war es je nach Windanströmung und Druckverhältnissen möglich, dass warme Luft aus dem Wohnbereich in den Hohlraum zwischen Fensterrahmen und Fensterflügel gelangte. Innerhalb dieses Hohlraums liegen jedoch in der Heizperiode deutlich niedrigere Oberflächentemperaturen vor als an der Innenseite der Fensterrahmen. Infolgedessen kann die Luftfeuchte der von innen her einströmenden Raumluft an den kalten Oberflächenbereichen kondensieren. Und aufgrund dieser Feuchtigkeit bilden sich dann Schimmelpilzbildungen innerhalb des Hohlraums.

Weiterhin kann dieses Tauwasser dann, je nach Menge, auch die innere Kante des Fensterrahmens überlaufen und dadurch auf die Oberseite der inneren Fensterbank gelangen.

Somit liegt die Ursache des aus dem Hohlraum zwischen Fensterflügel und Fensterrahmen nach innen ablaufenden Tauwassers in einer nicht mehr funktionstüchtigen inneren Dichtung am Flügelrahmen der kleinen Fenster. Hier liegt ein technischer Mangel vor.

Folgerungen für die Praxis

Die Dichtungsprofile eines Fensterrahmens oder Fensterflügels müssen so eingebaut sein, dass ein ausreichender Druck auf die gegenüberliegende Fugenseite aufgebracht wird. Nur in diesem Fall kann verhindert werden, dass Wasserdampf zwischen Rahmen und Flügel eintritt und dort zu Schimmelwachstum führt.

10.15 Schimmel im Fußboden nach einem Wasserschaden durch undichten Heizkörperanschluss

Situation

Nach einem Wasserschaden durch einen undichten Heizkörperanschluss waren im Arbeitszimmer einer Wohnung hinter den Sockelleisten Schimmelpilzbildungen aufgetreten (Abb. 10.98).

Abb. 10.98: Aufgrund eines Wasserschadens hatten sich hinter den Sockelleisten Schimmelpilzbildungen ergeben

Befunde

Bei der Messung des Feuchtegehalts der Wände war zu erkennen, dass die Wände bis in eine Höhe von etwa einem halben Meter nass waren.

Am Fußboden lagen beim Ortstermin keine Öffnungen vor, sodass der Fußbodenaufbau nicht auf Schimmelpilzbildungen untersucht werden konnte.

Der Wasserschaden war etwa 6 Wochen vor dem Ortstermin aufgetreten, er war aber aufgrund des Schadensbildes vermutlich schon vor viel längerer Zeit entstanden. Aus diesem Grunde musste damit gerechnet werden, dass sich auch im Fußbodenaufbau bereits Schimmelpilze gebildet hatten. Solche Schimmelpilze können dazu führen, dass über die Estrichrandfugen beim Begehen des Belags durch „Pumpbewegungen" Sporen oder sonstige Pilzbestandteile in die Innenraumluft gelangen.

Folgerungen für die Praxis

Die Schimmelpilzbildungen im Fußbodenaufbau stellen ein hygienisches Problem dar und können die Gesundheit beeinträchtigen.

Das Umweltbundesamt hat im Dezember 2017 den neuen „Leitfaden zur Vorbeugung, Erfassung und Sanierung von Schimmelbefall in Gebäuden" veröffentlicht. Aus diesem Leitfaden gehen hinsichtlich der Beurteilung des Schimmelpilzrisikos in Fußböden nach Wasserschäden folgende zwei Szenarien hervor:

Szenario 1: Rückbau nicht erforderlich aufgrund schneller Trocknung und schwer besiedelbarer Materialien

Fußbodenkonstruktionen müssen nach einem Wasserschaden dann nicht ausgetauscht werden, wenn nicht mit einem mikrobiellen Wachstum im Fußboden zu rechnen ist. Kriterien hierfür sind:

- Es handelt sich um ein einmaliges und kurzzeitiges Ereignis.
- Es liegt kein Vorschaden vor.
- Es liegt kein fäkalhaltiges Wasser vor.
- Die betroffenen Bauteile sind schwer durch Schimmelpilze zu besiedeln.
- Innerhalb eines Monats nach Schadenseintritt erfolgt eine Trocknung.

Zusätzlich muss aber geprüft werden, ob juristische Gründe für einen Fußbodenaustausch sprechen.

Szenario 2: Rückbau aufgrund mikrobiellen Wachstums empfohlen

Kriterien, die für einen Austausch der Fußbodenkonstruktion sprechen, sind demnach:

- Die Trocknung würde sich über einen Zeitraum von mehr als drei Monaten nach dem Schadenseintritt hinziehen.
- Es liegen mehrere Feuchteschäden über längere Zeiträume vor.
- Die betroffenen Bauteile sind leicht durch Schimmelpilze zu besiedeln.

In jedem Fall muss aber aus juristischen Gründen in Betracht gezogen werden, zum Zwecke des Nachweises eine Untersuchung des Fußbodens auf Schimmelpilzbildungen durchzuführen.

Im vorliegenden Fall wies der Wasserschaden im Arbeitszimmer gemäß den Angaben sowie dem Schadensbild eine deutlich längere Einwirkungszeit als 4 Wochen auf. Außerdem war laut Angabe ein Vorschaden durch einen bereits früher aufgetretenen und beseitigten Wasserschaden vorhanden.

Somit wird die in Szenario 1 angegebene Grenze für einen nicht erforderlichen Rückbau von 4 Wochen deutlich überschritten. Zusätzlich wird auch das Kriterium, dass kein Vorschaden vorliegen darf, nicht erfüllt. Dies bedeutet, dass das im Schimmelpilzleitfaden angegebene Szenario 1 (Rückbau nicht erforderlich) für den vorliegenden Fall nicht zutrifft.

Es muss von einer bereits längerfristigen Durchfeuchtung ausgegangen werden, sodass der vom Umweltbundesamt angegebene Grenzwert des Durchfeuchtungszeitraums von drei Monaten vermutlich deutlich überschritten wird. Da der genaue Zeitpunkt des Schadenseintritts aber nicht bekannt ist, kann auch kein genauer Wert für den Zeitraum der vorliegenden Durchfeuchtung des Fußbodens im Arbeitszimmer angegeben werden.

Weiterhin handelte es sich bei dem aktuellen Wasserschaden im Arbeitszimmer der Wohnung laut erhaltener Angabe beim Ortstermin bereits um den zweiten massiven Wassereintritt in die Fußbodenkonstruktion. Dies bedeutet, dass ein mehrmaliges Durchfeuchtungsszenarium vorliegt.

Im vorliegenden Fall sind beide Kriterien, die gemäß Schimmelpilzleitfaden für die Bewertung eines notwendigen Rückbaus der Fußbodenkonstruktion herangezogen werden sollen, erfüllt. Aus diesem Grunde liegt im Arbeitszimmer das oben beschriebene

„Szenario 2: Rückbau aufgrund mikrobiellen Wachstums empfohlen"

vor. Es ist deshalb aus hygienischen und aus gesundheitlichen Gründen empfehlenswert, den Fußbodenaufbau im Arbeitszimmer komplett zu erneuern. Für diese Arbeiten muss eine Fachfirma beauftragt werden.

Zur Beurteilung der Notwendigkeit eines Rückbaus der Fußbodenkonstruktion wäre es prinzipiell auch möglich, mehrere Bohrkerne aus der Fußbodenkonstruktion zu entnehmen und im Labor hinsichtlich der Schimmelpilzbelastung untersuchen zu lassen. Über die Notwendigkeit dieser Untersuchung muss eine Entscheidung von der für den Schaden zuständigen Gebäudeversicherung getroffen werden.

Auf der Basis der oben beschriebenen Beurteilung ist der Austausch der vorliegenden Fußbodenkonstruktion sinnvoll.

10.16 Schimmel in einem nicht ausgebauten Dachgeschoss

Situation

An einem Gebäude mit insgesamt zwei Dachgeschossen wurden im Zuge einer Altbausanierung Umbaumaßnahmen durchgeführt. Das obere zweite Dachgeschoss war nicht wärmegedämmt und wurde auch nicht genutzt. Hierbei handelte es sich um einen unbeheizten und ungedämmten Spitzboden.

Das erste Dachgeschoss war zu Wohnraum umgebaut worden.

Einige Zeit nach der Sanierung hat man an dem Gebäude im 2. Dachgeschoss Feuchtigkeitserscheinungen in Form von Schimmelpilzbildungen festgestellt.

Da die Ursachen der Feuchtigkeitserscheinungen nicht bekannt waren, wurde der Autor vom Bauherrn mit der Untersuchung des Gebäudes beauftragt.

Befunde

Im Zuge eines Ortstermins hat der Autor folgende Befunde festgestellt (Abb. 10.99 bis 10.101):

- Die Holzkonstruktion des Daches war großflächig von Schimmelpilzbildungen befallen. Insbesondere waren die Schimmelpilzbildungen im mittleren Dachraum, im Bereich des dort vorhandenen Schornsteins, aufgetreten.

- Der gesamte Dachraum wies an den Oberseiten der Dachsparren eine Unterspannbahn auf. An den Überlappungen war die Unterspannbahn dicht verklebt.
- Die Unterspannbahn hatte man am Dachfirst über die Dachspitze hinweg geführt. Eine Entlüftungsöffnung war am Dachfirst nicht hergestellt worden.
- Jeweils an beiden Giebelwänden waren Fenster eingebaut worden. Diese Fenster konnten von Hand geöffnet werden. Fensterfalzlüfter oder sonstige Lüftungsöffnungen am Fenster oder in der Außenwand, mit denen eine permanente Lüftung des Dachgeschosses erzeugt werden könnte, lagen nicht vor.
- Laut Angabe beim Ortstermin war außerdem ein Schornstein, welcher unter anderem auch für Installationszwecke verwendet worden war, an der Oberseite nicht verschlossen gewesen. Dies bedeutet, dass eine direkte Verbindung zwischen den beheizten Geschossen nach oben zum unbeheizten zweiten Dachgeschoss vorlag. Hier muss damit gerechnet werden, dass an Undichtheiten der Luftdichtheitsschicht auch warme und feuchte Luft nach oben in das unbeheizte zweite Dachgeschoss geleitet wird.
- Das Dachgeschoss war durch eine Tür und einen Treppenaufgang zugänglich. Auch hier muss damit gerechnet werden, dass an Leckagen der Tür warmfeuchte Luft in das unbeheizte Dachgeschoss hinein transportiert wird.
- Der Anschluss der Dampfsperre der Trenndecke zwischen dem zweiten und dem ersten Dachgeschoss an die Dampfsperre des Daches war nicht einsehbar. Daraufhin hat der Autor mit der Hand etwa 1 m zwischen den Sparren und der Wärmedämmung nach unten gefasst. Bis zu dieser Tiefe lag keine Dampfsperre im Bereich der hochgeführten Wärmedämmung vor.

Abb. 10.99: Schimmelpilzbildungen an der Dachkonstruktion

Abb. 10.100: An der Wärmedämmung lagen Schimmelpilzbildungen vor

Abb. 10.101: Nahezu alle Holzbalken waren verschimmelt

Laboruntersuchungen der Schimmelpilzbildungen

Bei den Untersuchungen des Ortstermins war zu erkennen, dass die Holzkonstruktion des Daches von Pilzbildungen befallen war. Es war aber rein augenscheinlich nicht zu erkennen, um welche Art von Pilzbildungen es sich handelte. Insbesondere kann ohne Laboruntersuchungen nicht beurteilt werden, ob die Schimmelpilzbildungen gesundheitsschädliche Stoffe absondern und ob holzzerstörende Pilzbildungen, insbesondere der sogenannte „Echte Hausschwamm", vorliegen.

Aus diesem Grunde hat der Autor während des Ortstermins eine Probe aus einem Holzsparren entnommen, der von intensiven Pilzbildungen befallenen war. Diese Probe wurde beim Ortstermin unmittelbar nach der Entnahme verpackt und noch am gleichen Tag in ein Labor geschickt, welches auf die Untersuchung von Schimmelpilzen und Holzpilzen spezialisiert ist.

An der Probe wurden folgende Untersuchungen durchgeführt:

- Untersuchung der koloniebildenden Einheiten (KBE).
- Mikroskopische Analyse der Gesamtzellzahl (Biomasse) und der biochemischen Aktivität der Biomasse.
- Mikroskopische und molekularbiologische Untersuchungen mit DNA-Extraktion im Hinblick auf das Vorhandensein des Holzpilzes „Serpula lacrymans" (Echter Hausschwamm).

Auf der Grundlage der Laboruntersuchungen zeigten sich folgende Ergebnisse:

- Untersuchung der Schimmelpilzbildungen:
  - Die Untersuchungen ergaben eine erhöhte Anzahl an Mikroorganismen.
  - Es wurden potentiell toxinbildende Mikroorganismen nachgewiesen.
  - Es wurden Mikroorganismen nachgewiesen, die starke Geruchsstoffe bilden können.
  - Eine gesundheitliche Beeinflussung durch die Schimmelpilzbildungen ist nicht auszuschließen. Typische Symptome sind Nasen- und Nebenhöhlenprobleme, Kopfschmerzen und Infektanfälligkeit.
- Untersuchung auf den Echten Hausschwamm:
  - Ein Befall durch den Echten Hausschwamm lag nicht vor.

Ursache der Schimmelpilzbildungen

Die Untersuchungen zeigten, dass das unbeheizte Dachgeschoss keine ausreichende Lüftungsmöglichkeit aufwies. Aufgrund von Luftundichtigkeiten zwischen dem beheizten ersten Dachgeschoss und dem unbeheizten zweiten Dachgeschoss konnte feuchtwarme Luft in das unbeheizte und ungedämmte Dachgeschoss hinein transportiert werden. Da diese Feuchtigkeit aufgrund fehlender Lüftungsmöglichkeiten nicht nach außen weggelüftet werden konnte, kam es insbesondere bei Temperaturschwankungen im Dachraum zu Tauwasserbildungen an der Holzkonstruktion. Dieser Effekt führte dazu, dass die Holzkonstruktion an der Oberfläche einer Feuchtebelastung ausgesetzt war und dadurch günstige Bedingungen für Schimmelpilzbildungen entstanden. Wenn diese Bedingungen über längere Zeit vorliegen, dann bilden sich Schimmelpilze oder Holzpilze auf den Holzoberflächen aus.

Anforderungen an die Lüftung von unbeheizten Spitzböden

Aus dem vom Zentralverband des Deutschen Dachdeckerhandwerks herausgegebenen Merkblatt „Wärmeschutz bei Dach und Wand" geht folgende Anforderung aus dem Abschnitt Planungshinweise hervor:

Ungedämmte Spitzböden sind zu belüften, zum Beispiel durch Öffnungen im Firstbereich oder durch ausreichende Querlüftung.

Diese Anforderung war bereits in der Ausgabe 2004 dieses Merkblatts so aufgeführt und zählt zu den allgemein anerkannten Regeln der Technik. Im vorliegenden Fall war das ungedämmte und unbeheizte Dachgeschoss aber ohne permanente Lüftungsmöglichkeit hergestellt worden und wich somit von den Anforderungen dieses Merkblatts ab.

Fenster, welche eine Bedienung durch Personen erfordern, sind für ungedämmte und ungenutzte Spitzböden zur Lüftung nicht ausreichend. Erfahrungsgemäß werden solche Fenster in Spitzböden nicht oder nur sehr selten geöffnet, sodass hierdurch keine ausreichende Lüftung zur Verhinderung von Schimmelpilzbildungen erzielt wird.

10.17 Schimmel in einem Hobbyraum im Untergeschoss

Situation

An einer Doppelhaushälfte aus den 1980er Jahren waren im Kellergeschoss, das als beheizter Hobbyraum genutzt wurde, Feuchtigkeitserscheinungen aufgetreten (Abb. 10.102 und Abb. 10.103).

Abb. 10.102: Aufsteigende Feuchtigkeit an der Bodenplatte sowie an der Außenwand eines Hobbyraums im Untergeschoss

Bei den Untersuchungen zeigte sich, dass im Untergeschoss an den Innenwänden sowie an der Gebäudetrennwand zu Haus 2 Feuchtigkeitserscheinungen vorlagen. Insbesondere waren folgende Schäden aufgetreten:

- Putzabplatzungen,
- Anstrichabplatzungen,
- Ausblühungen,
- Verfärbungen sowie
- Flecken- und Ränderbildungen.

Abb. 10.103: Aufsteigende Feuchtigkeit an der Bodenplatte sowie an der Außenwand eines Hobbyraums im Untergeschoss

Die Art der Feuchtigkeitserscheinungen zeigt, dass hier flüssiges Wasser in die Wände eindringt und dort infolge kapillarer Transportvorgänge hochsteigt. Das verdunstende Wasser führt dann an den inneren Grenzflächen der Wände zu den oben beschriebenen Feuchtigkeitsschäden.

Auch die Messungen des Feuchtigkeitsgehalts ergaben, dass in den Bereichen mit Feuchtigkeitsschäden auch hohe Feuchtigkeitsgehalte in den Bauteilen vorlagen.

Nutzungsbedingte Gründe für die Feuchtigkeitserscheinungen durch eine nicht ausreichende Lüftung können aufgrund des vorliegenden Schadensbildes als Ursache ausgeschlossen werden.

Abdichtung des Fußbodens

Entsprechend den Befunden beim Ortstermin zeigte sich, dass auf der Bodenplatte im Hobbyraum keine Abdichtung vorlag (Abb. 10.104).

Abb. 10.104: Der Fußbodenaufbau war nicht abgedichtet und die Wand wies keine horizontale Abdichtung gegen aufsteigende Feuchtigkeit auf.

Hobbyräume zählen aufgrund ihrer Nutzung für den temporären Aufenthalt von Personen und aufgrund einer Beheizung sowie der Wärmedämmung im Fußbodenaufbau zu wohnbereichsähnlichen Räumen oder zu hochwertig genutzten Kellerräumen. Solche Räume benötigen unterhalb des schwimmenden Estrichs eine Abdichtung gegen aufsteigende Feuchtigkeit von der Bodenplatte her. Diese Abdichtung muss auch die Wärmedämmung im schwimmenden Estrich vor Feuchtigkeitseinträgen aus der Bodenplatte schützen.

Die fehlende Abdichtung auf der Bodenplatte stellt einen baulichen Mangel dar.

Wasser, welches an der Bodenplatte ansteht, kann durch Risse im Beton nach innen eindringen und den Fußbodenaufbau durchfeuchten. Auch auf kapillarem Weg kann Wasser durch den Beton der Bodenplatte nach innen eindringen.

Im vorliegenden Fall weist das Gebäude eine Hanglage auf. Hier muss mit zeitweiligem Schichtenwasser gerechnet werden, wodurch ein Wasserdruck auf die Bodenplatte einwirkt, sodass Wasser nach innen eindringen kann.

Insbesondere kann nicht ausgeschlossen werden, dass die laut der Baubeschreibung vorliegende Dränage aufgrund der fehlenden Spülschächte im Laufe der Zeit durch Ablagerungen in den Dränrohren an Wirksamkeit verliert. Dies führt dann zu einer Änderung der Wasserbelastung des Gebäudes.

Folgerungen für die Praxis

Beim Bau eines Gebäudes oder bei der Umnutzung eines bestehenden Hauses muss definiert werden, welche Nutzung künftig in den jeweiligen Räumen stattfinden soll. Wird ein Hobbyraum geplant, dann handelt es sich um einen wohnraumähnlichen Raum, bei dem auch eine dementsprechende Abdichtung der Bodenplatte sowie der Wände gegen aufsteigende sowie von der Seite her eindringende Feuchtigkeit notwendig ist.

10.18 Schimmelgefahr durch Feuchte aus der Bauphase

Situation

Bei den Untersuchungen eines Mehrfamilienhauses im Rahmen der Bauausführung wurde festgestellt, dass eine intensive Durchfeuchtung der Außenwände vorlag. Die feuchten Bereiche waren von innen an einer Dunkelfärbung zu erkennen (Abb. 10.105 und Abb. 10.106). Die messtechnischen Untersuchungen an den Außenwänden ergaben, dass diese Wände bereichsweise intensiv nass waren (Abb. 10.107). Hierbei handelte es sich um eine nicht zulässige Durchfeuchtung der Außenwände.

Abb. 10.105: An der Dunkelfärbung des Mauerwerks war zu erkennen, dass in die Außenwände während der Bauphase Wasser eingetreten war

Abb. 10.106: Auch die Wand zur Terrasse war intensiv feucht; unter der Terrassentür war Wasser in das Gebäude eingedrungen

Abb. 10.107: Bei der Feuchtemessung am Mauerwerk wurde festgestellt, dass die Außenwand nass war

Die komplette Austrocknung solcher Feuchtigkeitsgehalte kann erfahrungsgemäß mehrere Heizperioden dauern. Hier besteht somit ein deutlich erhöhtes Risiko für Schimmelpilzbildungen und für erhöhte Wärmeverluste.

Solche Durchfeuchtungen führen oft zu Schimmelpilzbildungen in den ersten Jahren nach dem Einzug, da sie für den Nutzer nicht zu erkennen sind. Insbesondere hinter Schränken, an denen aufgrund der Möblierung auch die Austrocknung sowie die Belüftung und Beheizung reduziert sind, muss dann mit Schimmel gerechnet werden.

Folgerungen für die Praxis

Nach Wassereintritten während der Bauphase ist es dringend erforderlich, eine technische Gebäudetrocknung in den jeweils betroffenen Räumen durchzuführen.

11 Praxisbeispiele für nutzungsbedingte Schimmelpilzbildungen

11.1 Fensterbänke mit Gegenständen verstellt

Situation

In einem Kinderzimmer waren an den Außenecken und im Wandsockelbereich hinter Schränken und hinter dem Bett Schimmelpilzbildungen aufgetreten. Bei der Untersuchung der Wohnung zeigte sich, dass in der Wohnung eine hohe relative Luftfeuchtigkeit vorlag. Außerdem waren die Fensterbänke an beiden Fenstern des Kinderzimmers mit Topfpflanzen verstellt (Abb. 11.1 und Abb. 11.2).

Abb. 11.1: Die Fensterbank war verstellt, sodass der Fensterflügel nicht zur Durchführung einer Stoßlüftung aufgeschwenkt werden konnte

Abb. 11.2: Der Fensterflügel konnte nicht zur Durchführung einer Stoßlüftung aufgeschwenkt werden; an der unteren Außenecke lagen Schimmelpilzbildungen vor

In den von den Schimmelpilzbildungen betroffenen Bereichen lagen weder Wärmebrücken vor, noch war an der Außenseite Wasser eingedrungen. Die Befunde zeigten, dass die Wohnung nicht ausreichend gelüftet wurde. Insbesondere war durch die verstellten Fensterbänke keine Stoßlüftung des Zimmers möglich. Es konnte lediglich eine Kipplüftung der Fenster durchgeführt werden, wodurch kein ausreichender Luftwechsel erzeugt wurde.

Folgerungen für die Praxis

In jedem Zimmer muss mindestens 1 Fenster vorhanden sein, welches sich zur Durchführung einer Stoßlüftung vollständig aufschwenken lässt. Hierzu darf die Fensterbank nicht durch Pflanzen oder sonstige Gegenstände verstellt sein. Die Durchführung einer Kipplüftung sollte zugunsten einer Stoß- oder Querlüftung vermieden werden.

11.2 Schimmelpilzbildungen an Fensterrahmen

Situation

In einer Mietwohnung lagen im Wohnzimmer an den oberen Außenecken Schimmelpilzbildungen vor. Der Vermieter behauptete, dass die Mieter zu wenig lüfteten. Im Gegenzug wurden von den Mietern Mängel an der Bausubstanz als Ursache genannt. Aus diesem Grunde beauftragte der Wohnungsbesitzer den Autor mit der Untersuchung der Wohnung.

Bei der Durchführung von Raumklimamessungen stellte sich heraus, dass in der Wohnung eine hohe Luftfeuchtigkeit vorlag. Außerdem war der untere Holm des Rahmens der Terrassentür mit Schimmelpilzbildungen belegt (Abb. 11.3). Der Teppichboden vor der Terrassentür wies ebenfalls Flecken auf (Abb. 11.4). Von den Mietern wurde zusätzlich angeführt, dass an der Innenseite der Fenster häufig Tauwasserbildungen auftreten würden.

Abb. 11.3: Schimmelpilzbildungen am Fensterrahmen durch nicht ausreichende Lüftung

Abb. 11.4: Ablaufendes Tauwasser an den Fenstern hatte den Teppichboden durchfeuchtet

Die Schimmelpilzbildungen am Rahmen der Terrassentür zeigen deutlich, dass die Wohnung nicht ausreichend gelüftet wird. Solche Schimmelpilzbildungen sind auf ablaufendes Tauwasser an den Scheiben zurückzuführen, die den Rahmen längere Zeit befeuchten und somit günstige Bedingungen für Schimmelpilzbildungen erzeugen.

Tauwasserbildungen an Fensterscheiben aus Isolierverglasung treten typischerweise nur dann auf, wenn die relative Luftfeuchte deutlich über 60 % liegt, also dringend gelüftet werden müsste. Sie sind somit ein Indiz für eine unzureichende Lüftung des Raumes. In Abb. 11.5 ist eine typische Tauwasserbildung an der Innenseite eines Fensters aufgrund unzureichender Wohnungslüftung dargestellt.

Abb. 11.5: Tauwasserbildung an der Innenseite eines Fensters durch nicht ausreichende Lüftung

Folgerungen für die Praxis

Die Mieter müssen ihre Lüftungsgewohnheiten umstellen und eine mindestens 3- bis 4-malige Stoßlüftung in den Räumen der Wohnung durchführen. Insbesondere muss dann gelüftet werden, wenn an den Fensterscheiben Tauwasserbildungen vorliegen. Zusätzlich ist es empfehlenswert, in der Wohnung ein elektrisches Hygrometer aufzustellen. Anhand des Hygrometers kann der Lüftungszeitpunkt festgelegt werden. Spätestens dann, wenn ein Wert der relativen Luftfeuchte von 55 % erreicht oder überschritten wird, sollte eine Stoßlüftung erfolgen.

11.3 Schimmelpilzbildungen durch ungünstige Möblierung und Einbauschränke

11.3.1 Schimmelpilzbildungen oberhalb eines Schlafzimmerschrankes

Situation

Bei der Untersuchung eines Schlafzimmers zeigte sich, dass an einer oberen Außenecke oberhalb des Schlafzimmerschrankes Schimmelpilzbildungen aufgetreten waren (Abb. 11.6).

Abb. 11.6: Die obere Außenecke oberhalb des Kleiderschrankes in einem Schlafzimmer war mit Schachteln und sonstigen Gegenständen verstellt; der Eckbereich konnte deshalb nicht ausreichend beheizt und belüftet werden, wodurch sich dort Schimmelpilze bildeten

In diesem Bereich war der Raum zwischen Schrankoberseite und Deckenunterseite vollständig mit Kleiderschachteln und sonstigen Gegenständen zugestellt. Es war somit keine ausreichende Beheizung und Lüftung der betroffenen Ecke möglich.

Folgerungen für die Praxis

Bei der Möblierung eines Schlafzimmers muss beachtet werden, dass sowohl der Bereich hinter als auch oberhalb von Kleiderschränken, die vor Außenwänden aufgestellt werden, ausreichend belüftet werden muss. Hierzu ist es erforderlich, dass der Kleiderschrank einen Wandabstand von etwa 5 bis 10 cm aufweist. Außerdem muss im Sockelbereich eine Unterlüftung möglich sein und oberhalb des Schrankes muss die Luft wieder in den Raum zurückströmen können.

11.3.2 Schimmelpilzbildungen hinter einem Betthaupt

Situation

In einem Schlafzimmer waren hinter einem Betthaupt, welches direkt an der Außenwand ohne Abstand aufgestellt war, Schimmelpilzbildungen aufgetreten (Abb. 11.7). Das Betthaupt verhinderte eine ausreichende Beheizung und Lüftung des betroffenen Wandbereichs, sodass sich an der Außenwand Schimmelpilzbildungen ergaben.

Abb. 11.7: Schimmelpilzbildungen an der Außenwand hinter einem Betthaupt

Folgerungen für die Praxis

Wenn Betten mit einem Betthaupt oder mit einem Bettüberbau vor Außenwänden aufgestellt werden, dann muss ein Wandabstand von etwa 5 cm bis 10 cm eingehalten werden. Es muss in jedem Fall eine ausreichende Belüftung des dahinter liegenden Wandbereichs möglich sein.

11.3.3 Schimmelpilzbildungen in einem Speisekammerschrank

Situation

In einer Wohnungsküche war an der Außenwand ein Schrank in einer Nische eingebaut, der wie eine unbeheizte Speisekammer genutzt wurde. An der Außenwand dieser Speisekammer lagen auf der gesamten Höhe Schimmelpilzbildungen vor (Abb. 11.8).

Abb. 11.8: Schimmelpilzbildungen in einem Speisekammerschrank

Die Speisekammer wies im unteren und oberen Bereich Lüftungsöffnungen an der Außenwand auf. Diese Öffnungen waren jedoch verschlossen, eine Lüftung war nicht möglich. Zusätzlich waren in dem Schrank Regalbretter eingebaut, die den gesamten Querschnitt bedeckten, wodurch die Lüftung von unten nach oben unterbrochen war.

Die Tür der Speisekammer wies am Anschlag offene Spalte auf, sodass warme Luft aus dem Wohnbereich in die Speisekammer eindringen konnte. Da innerhalb der Speisekammer eine geringere Innentemperatur herrschte als im Wohnbereich, kühlte die vom Wohnbereich her eintretende Raumluft ab, wobei es zu einem Anstieg der relativen Luftfeuchte kam. Hierdurch ergaben sich günstige Bedingungen für Schimmelpilzbildungen.

Folgerungen für die Praxis

Unbeheizte Speisekammern müssen eine separate Lüftungsmöglichkeit aufweisen, die einen ausreichenden Luftwechsel nach außen sicherstellt. Speisekammern dürfen nicht zu einem Wohnbereich gelüftet werden.

Die Einbauten in der Speisekammer müssen so erfolgen, dass alle Bereiche ausreichend durchlüftet werden können.

Die Tür zwischen der Speisekammer und der Küche oder sonstigen Wohnbereichen muss ein Dichtungsprofil am Türanschlag aufweisen, sodass eine Luftströmung aus dem Wohnbereich in die Speisekammer hinein verhindert wird.

11.4 Schimmelpilzbildungen an Ecken und Wandkanten

Situation

Am vertikalen Stoß zweier Wände in einem Schlafzimmer lagen Schimmelpilzbildungen vor (Abb. 11.9). Bei der Untersuchung dieses Bereichs stellte sich heraus, dass die Außenwand aus Leichthochlochziegel errichtet war und keine Wärmebrücke aufwies. Der erforderliche Mindestwärmeschutz gemäß der zum Bauzeitpunkt gültigen DIN 4108 wurde deutlich überschritten. Es gab auch keine Hinweise auf Wassereintritte von außen.

Abb. 11.9: Am vertikalen Stoß zweier Außenwände waren Schimmelpilzbildungen aufgetreten

Insbesondere die Schimmelpilzbildungen über die gesamte Höhe der vertikalen Wandkante zeigten, dass in dem untersuchten Fall eine nicht ausreichende Beheizung und Lüftung die Ursache war.

Folgerungen für die Praxis

Durch ausreichende Heizung und Lüftung muss in Wohnungen dafür gesorgt werden, dass eine niedrige relative Luftfeuchte vorliegt und die Außenwände ausreichend beheizt werden.

11.5 Schimmelpilzbildungen an einer auskragenden Decke

Situation

An der Decken-/Wandkante einer auskragenden Decke einer Wohnung unter einem Dachgeschoss waren Schimmelpilzbildungen aufgetreten. Eine Untersuchung dieses Bereichs ergab, dass die Decke im auskragenden Bereich ringsum eine Wärmedämmung aufwies. Es stellte sich somit die Frage, ob für dieses Detail der erforderliche Mindestwärmeschutz gemäß der zum Bauzeitpunkt gültigen DIN 4108 eingehalten war. Hinweise auf Wassereintritte von außen lagen nicht vor.

Die Berechnung des Temperaturfeldes für die auskragende Decke ergab eine Mindesttemperatur von 13,7 °C an der Decken-/Wandkante für die in DIN 4108 genannten Randbedingungen (Abb. 11.10). Die nach DIN 4108 zulässige minimale Temperatur von 12,6 °C wurde nicht unterschritten. Somit lag keine unzulässige Wärmebrücke im Bereich der auskragenden Decke vor. Da auch keine Wassereintritte von außen auftraten, konnten die Schimmelpilzbildungen an der Decken-/Wandkante nur durch ungünstige Nutzungsbedingungen erzeugt worden sein.

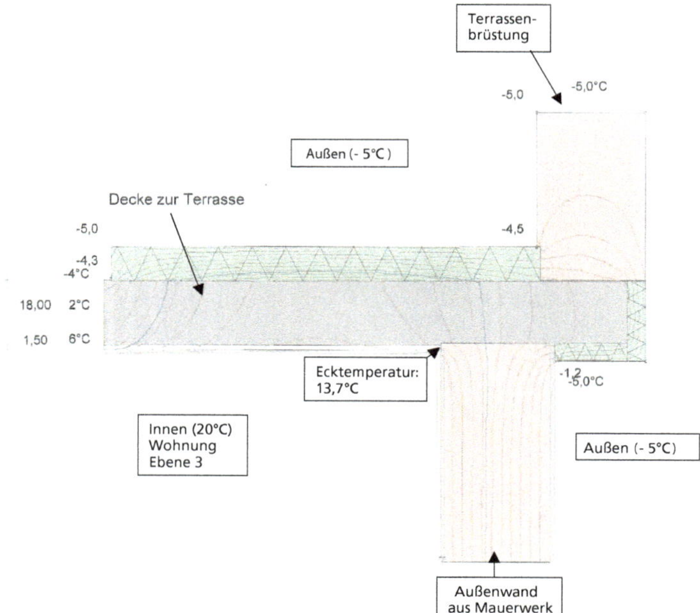

Abb. 11.10: Isothermen im Bereich des Anschlusses der Terrassendecke an die Außenwand

Folgerungen für die Praxis

Durch ausreichende Beheizung und Lüftung muss in Wohnungen dafür gesorgt werden, dass eine niedrige relative Luftfeuchte vorliegt und die Außenwände und Decken ausreichend beheizt werden.

11.6 Schimmelpilzbildungen durch unzureichende Beheizung

Situation

In einer aus den 1960er Jahren stammenden Erdgeschosswohnung einer Wohnanlage waren sowohl im Sockelbereich als auch in der freien Wandfläche und an der Schrankrückseite Schimmelpilzbildungen aufgetreten (Abb. 11.11 bis Abb. 11.13). Da die Ursachen der Schimmelpilzbildungen strittig waren, wurde eine Untersuchung beauftragt.

Abb. 11.11: Schimmelpilzbildungen an der unteren Außenwandecke im Kinderzimmer

Abb. 11.12: Schimmelpilzbildungen an der Rückseite des Kleiderschrankes im Kinderzimmer

Abb. 11.13: Schimmelpilzbildungen an der unteren Außenwandecke im Schlafzimmer

Beim Ortstermin wurde festgestellt, dass die einzelnen Räume der Wohnung auf eine Temperatur zwischen 12,9 °C und 14,6 °C beheizt worden waren. Hierbei handelte es sich nicht um eine ausreichende Beheizung.

Entsprechend der aktuell geltenden DIN 4108 „Wärmeschutz und Energieeinsparung in Gebäuden" sollen Aufenthaltsräume in Hochbauten auf mindestens 19 °C beheizt werden. Neben einer ausreichenden Lüftung ist demnach auch eine ausreichende Beheizung von Wohnräumen eine der erforderlichen Voraussetzungen zur Herstellung eines hygienischen Raumklimas.

Im vorliegenden Fall wurde beim Ortstermin die für Wohnräume übliche Mindesttemperatur deutlich unterschritten. Dies führte dazu, dass die Außenbauteile der Wohnung ebenfalls nicht ausreichend beheizt wurden und sich dort eine niedrige Oberflächentemperatur einstellte. Aufgrund der geringen Oberflächentemperaturen kann sich im Zuge der Nutzung an den Bauteilen Tauwasser niederschlagen und es muss mit Feuchtigkeitsschäden in Form von Schimmelpilzbildungen gerechnet werden.

Zusammenfassend zeigt sich somit, dass die beim Ortstermin vorliegende unzureichende Beheizung der einzelnen Räume als eine von mehreren Ursachen der Feuchtigkeitsschäden infrage kommt.

Im Kinderzimmer waren ein Eckschrank sowie ein Wandschrank mit Klappbett und ein Doppelstockbett direkt an den Außenwänden aufgestellt. Dies führte dazu, dass die dahinter liegenden Wandbereiche nicht ausreichend beheizt und belüftet werden konnten.

An diesen Wandbereichen wurde somit die Oberflächentemperatur zusätzlich abgesenkt, sodass dort nutzungsbedingte Tauwasserbildungen und Schimmelpilzbildungen auftreten konnten.

Laut Angabe der Bewohner waren der Eckschrank an der Innenseite sowie die im Schrank gelagerte Wäsche angeschimmelt. Solche Erscheinungen treten nur dann auf, wenn die relative Luftfeuchtigkeit längere Zeit deutlich zu hoch ist. Diese Erscheinungen sind somit nutzungsbedingt.

Von den Bewohnern wurde außerdem mitgeteilt, dass das Schlafzimmer bei niedrigen Außentemperaturen über den Heizkörper im Badezimmer mitbeheizt wird, wobei die Türen des Badezimmers und des Schlafzimmers jeweils offen stehen.

Das temporäre Mitbeheizen des Schlafzimmers über den Heizkörper im Badezimmer ist aus folgenden Gründen nicht fachgerecht:

- Eine ausreichende Beheizung aller Außenwandflächen ist nicht möglich.
- An kalten Flächen im Schlafzimmer, die nicht ausreichend beheizt werden, stellt sich eine geringe Oberflächentemperatur ein. An diesen Stellen muss mit Tauwasserbildungen und Schimmelpilzbildungen gerechnet werden.
- Durch das Offenlassen der Tür im Badezimmer kann nach der Nutzung des Bades Restfeuchtigkeit über die Raumluft in die übrigen Räume der Wohnung gelangen und zu einer Erhöhung der relativen Luftfeuchte führen.

Folgerungen für die Praxis

Neben der ausreichenden Belüftung einer Wohnung ist es auch erforderlich, die einzelnen Räume ausreichend zu beheizen. Hierbei ist zu beachten, dass die jeweiligen Räume mit den innerhalb dieser Räume angebrachten Heizkörpern beheizt werden. Ein Mitbeheizen einzelner, insbesondere kälterer Räume über benachbarte wärmere Räume muss verhindert werden, da ansonsten mit Schimmelpilzbildungen gerechnet werden muss.

11.7 Echter Hausschwamm in einem Gewölbekeller

Situation

Vom Besitzer eines älteren Gebäudes wurde der Autor mit der Untersuchung eines Gewölbekellers beauftragt, in dem sich ein Pilz gebildet hatte. Der Pilz hatte laut Angabe in der letzten Zeit „geblüht" und der ganze Keller sowie teilweise auch Bereiche des Erdgeschosses waren mit einem roten „Pulver" belegt (Abb. 11.14).

Abb. 11.14: Echter Hausschwamm in einem Gewölbekeller

Zu Beginn des Ortstermins wurden im Gewölbekeller die Lufttemperatur und die relative Luftfeuchtigkeit mit einem elektronischen Messgerät ermittelt. Die Messungen ergaben folgende Werte:

- Lufttemperatur: 13,8 °C,
- relative Luftfeuchte: 90 %.

Der Keller wies im Bereich des Gewölbes zwei Fenster auf, die jeweils zu einem Lüftungsschacht führten. Die Lüftungsschächte waren auf der Oberseite mit einem Blech abgedeckt, sodass eine Lüftung unterbunden war.

Die Außenwände des Kellers bestanden aus einem Magerbeton. An einer Giebelseite des Gewölbekellers waren Verfärbungen im oberen Wandbereich vorhanden. Außerdem lagen hier Wassertropfen an der Innenseite der Wand vor. Die Befunde zeigten, dass von der Außenseite Wasser in den Gewölbekeller eindrang.

Der Fußboden des Kellers war nahezu vollflächig mit dem Mycel eines Pilzes bedeckt. Im unteren Bereich des Treppenlaufes und an der Kellerwand unter dem Treppenlauf im Übergang zum Fußboden hatte sich ein Fruchtkörper ausgebildet, der bis in eine Höhe von etwa 0,8 m über den Fußboden reichte. Der Treppenlauf war nahezu vollflächig mit rötlichen Sporen bedeckt.

Während des Ortstermins wurde je eine Probe des Fruchtkörpers und der Sporen des Pilzes zur Untersuchung im Labor entnommen. Die Ergebnisse der Laboruntersuchungen zeigten, dass es sich sowohl bei dem Fruchtkörper als auch bei den Sporen um den Echten Hausschwamm (Serpula lacrymans) handelte.

Der Pilzbefall hatte sich in dem Gewölbekeller deshalb gebildet, weil die Lüftungsschächte mit Metallblechen abgedeckt waren und aus diesem Grunde keine Lüftung des Kellers stattfand. Zusätzlich trat an den Außenwänden Wasser in den Keller ein, welches infolge der fehlenden Lüftung nicht mehr abgelüftet werden konnte. Dies führte dazu, dass sich in dem Keller eine hohe relative Luftfeuchte bildete, die der Echte Hausschwamm als Lebensgrundlage braucht. Außerdem waren in dem Gewölbekeller Holzbauteile gelagert, auf denen sich der Echte Hausschwamm entwickeln konnte.

Folgerungen für die Praxis

Bei dem Echten Hausschwamm handelt es sich um einen Pilz, der sich zuerst auf feuchtem Holz als Nährboden bildet und von dort aus auf Mauerwerk überspringen kann. Er ist in der Lage, auch trockenes Mauerwerk oder hohlräumigen Beton zu durchwachsen. Er kann sich somit bei entsprechend günstigen Bedingungen von einem Raum in den anderen oder sogar von einem Stockwerk in das andere verbreiten. Aus diesem Grunde muss der in dem betroffenen Gewölbekeller vorliegende Echte Hausschwamm unverzüglich beseitigt werden.

Die Bekämpfung des Echten Hausschwamms darf nur von einer Fachfirma durchgeführt werden, die Erfahrung auf diesem Fachgebiet hat. Hierbei muss das WTA-Merkblatt „Der Echte Hausschwamm – Erkennung, Lebensbedingungen, vorbeugende und bekämpfende Maßnahmen, Leistungsverzeichnis", herausgegeben vom Wissenschaftlich-Technischen Arbeitskreis für Denkmalpflege und Bauwerksanierung e. V., beachtet werden.

Zusätzlich ist dafür zu sorgen, dass der Feuchtenachschub für den Pilz dauerhaft unterbunden wird. Hierzu müssen am Gewölbekeller geplant Abdichtungsmaßnahmen ergriffen werden.

Außerdem muss der Keller ausreichend gelüftet werden.

11.8 Schimmelpilzbildungen an Lagergut in einem Keller

Situation

Im Keller eines Neubaus waren an alten Polstermöbeln Schimmelpilzbildungen aufgetreten (Abb. 11.15). Auch an Lederschuhen und an einer im Keller gelagerten Lederjacke waren ebenfalls Schimmelpilzbildungen vorhanden. Beim Ortstermin wurden die Raumklimadaten gemessen und eine relative Luftfeuchte von 80 % bei einer Lufttemperatur von 12 °C festgestellt. Hierbei handelte es sich um Werte, wie sie in Kellerräumen häufig vorkommen. Wassereintritte von außen lagen nicht vor. Die Schimmelpilzbildungen haben sich durch die hohen Werte der relativen Luftfeuchte ergeben, die in Kellerräumen üblich sind. Unbeheizte Kellerräume sind zur Lagerung von höherwertigen Gegenständen nicht geeignet.

Abb. 11.15: Schimmelpilzbildungen an gelagerten Gegenständen in einem Kellerraum

Folgerungen für die Praxis

Unbeheizte Kellerräume dürfen nur zur Lagerung von unempfindlichen Gegenständen verwendet werden. Wenn hochwertige Lagergüter vorhanden sind, dann muss der Keller beheizt werden.

11.9 Schimmelpilzbildungen in einer Wohnung im Untergeschoss

Situation

Im Untergeschoss eines Neubaus war eine Wohnung eingerichtet worden. Die Wände bestanden aus wasserundurchlässigem Beton. Im Zuge der Nutzung traten an den Außenwänden Schimmelpilzbildungen auf (Abb. 11.16 und Abb. 11.17), deren Ursachen strittig waren.

Abb. 11.16: Schimmelpilzbildungen an der unteren Außenwandecke im Kinderzimmer

Abb. 11.17: Schimmelpilzbildungen an der unteren Außenwandecke im Hauswirtschaftsraum

Die Untersuchungen beim Ortstermin ergaben keine Hinweise auf von außen durch den wasserundurchlässigen Beton eintretende Feuchte.

Im Erdreich liegende und im Sommer unbeheizte Untergeschossräume weisen im Vergleich zu Wohnräumen oberhalb des Erdreichs eine niedrigere Lufttemperatur und insbesondere im Sockelbereich eine niedrigere Oberflächentemperatur der Außenwände auf.

Im Sommer und in der Übergangszeit kann warme und feuchte Außenluft durch Lüftung in die Untergeschossräume gelangen. Hierbei kühlt sich die eintretende Luft ab, wodurch sich die relative Luftfeuchte erhöht. An kalten Wandoberflächen kann dann die Taupunkttemperatur der Luft unterschritten werden und es können Tauwasserbildungen entstehen. Bei häufigem Auftreten von Tauwasser muss mit einer Durchfeuchtung der Bauteiloberfläche gerechnet werden, die in der Folge Schimmelpilzbildungen auslösen kann. Dieser Vorgang betrifft insbesondere die Außenecken und Außenkanten, an denen im Vergleich zur sonstigen Wandfläche eine geringere Oberflächentemperatur vorliegt.

Legt man die beim Ortstermin gemessenen Klimabedingungen und Oberflächentemperaturen zugrunde, so zeigt sich Folgendes:

- Die Oberflächentemperatur in der unteren Außenecke des Kinderzimmers im Untergeschoss betrug 14,2 °C.
- Die Außentemperatur betrug 20,1 °C bei einer relativen Luftfeuchte von 74 %. Aus diesen Werten errechnet sich eine absolute Luftfeuchtigkeit von 12,9 g/m^3.
- Wenn diese Außenluft beim Lüften in das Kinderzimmer gelangt und an die untere Außenecke strömt, dann kühlt sich dort die Luft auf die Oberflächentemperatur der Ecke ab. Da kältere Luft weniger Feuchtigkeit aufnehmen kann als warme Luft, erhöht sich bei diesem Vorgang die relative Luftfeuchtigkeit. Im vorliegenden Fall kann Luft mit einer Temperatur von 14,2 °C, welche der Ecktemperatur entspricht, eine absolute Luftfeuchte von maximal 12,2 g/m^3 ent-

halten. Da die von außen einströmende Luft eine höhere absolute Luftfeuchte (12,9 g/m^3) aufweist, muss in diesem Fall mit Tauwasserbildungen an der inneren Wandoberfläche in der unteren Außenecke gerechnet werden. Diese Tauwasserbildung kann Feuchtigkeitserscheinungen in Form von Schimmelpilzbildungen hervorrufen.

- Für die Bildung von Schimmelpilzen ist das Auftreten von Tauwasser an der Wandoberfläche nicht zwingend erforderlich. Entsprechend dem in DIN 4108 definierten sogenannten „Schimmelpilzkriterium" ist hierfür eine relative Luftfeuchte von 80 % an der Wandoberfläche ausreichend. Dies bedeutet, dass auch bei etwas höheren Oberflächentemperaturen als den in der Ecke gemessenen Werten mit Schimmelpilzbildungen gerechnet werden muss.
- Laut den beim Ortstermin erhaltenen Angaben sind die Fenster außerhalb der Heizperiode nahezu ständig gekippt. Diese Lüftungsart kann, wie oben beschrieben, bei ungünstigen äußeren Klimabedingungen zu Schimmelpilzbildungen in den Räumen im Untergeschoss führen. Hierbei handelt es sich um eine nutzungsbedingte Ursache der aufgetretenen Schimmelpilze.

Im Folgenden werden für die beim Ortstermin gemessenen minimalen Oberflächentemperaturen an der unteren Außenecke des Kinderzimmers und an den unteren Wandkanten die maximal zulässige relative Luftfeuchte der in das Untergeschoss von außen hinein gelüfteten Außenluft abgeschätzt. Hierbei werden zwei Fälle betrachtet (Tabelle 11.1). In Fall 1 führt die Außenluft zu Tauwasserbildung an der Innenseite der Außenwände im Untergeschoss. Bei Fall 2 wird an der Innenseite das „Schimmelpilzkriterium" von 80 % relativer Luftfeuchte erreicht.

Tabelle 11.1: Ermittlung der maximal zulässigen relativen Luftfeuchte der Außenluft für den Fall 1, Tauwasserbildung an den Wänden im Untergeschoss, und den Fall 2, Schimmelpilzkriterium nach DIN 4108 (wird erreicht)

Mittlere Temperatur der Außenluft	Maximal zulässige relative Luftfeuchte der Außenluft			
	Fall 1: Tauwasserbildung an den Wänden im Untergeschoss		Fall 2: Schimmelpilzkriterium nach DIN 4108 wird erreicht (80 % rel. Luftfeuchte an den Wänden im Untergeschoss)	
	Untere Außenecke im Kinderzimmer	Untere Kante zwischen Außenwand und Fußboden	Untere Außenecke im Kinderzimmer	Untere Kante zwischen Außenwand und Fußboden
20 °C	71 %	75 %	56 %	60 %
22 °C	63 %	66 %	50 %	53 %
24 °C	56 %	59 %	45 %	47 %

Die Abschätzungen in Tabelle 11.1 zeigen, dass bei der Lüftung der Untergeschossräume bereits bei üblichen Klimabedingungen der Außenluft im Untergeschoss günstige Bedingungen für Schimmelpilzbildungen entstehen können.

Das laut Angabe der Bewohner in der Sommerperiode nahezu ständige Kippen der Fenster zu Lüftungszwecken kann zu Schimmelpilzbildungen an den Außenwänden im Untergeschoss führen. Es stellt somit eine nutzungsbedingte Ursache der Schimmelpilzbildungen dar.

Auch die laut Angabe vorliegenden Schimmelpilzbildungen an der Rückseite des Schrankes sowie die modrig riechenden Kleidungsstücke aus dem Kleiderschrank sind typische Hinweise auf nutzungsbedingte Ursachen der Schimmelpilzbildungen.

Folgerungen für die Praxis

Bei Wohnungen im Keller müssen bei der Beheizung und Lüftung besondere Kriterien beachtet werden:

- Lüftung der Untergeschossräume nur bei kühler Außenluft mit geringer relativer Luftfeuchte.
- Bei schwülwarmem Wetter müssen die Fenster geschlossen gehalten werden.
- Es kann auch im Sommer eine Beheizung der Untergeschossräume erforderlich werden, um die Oberflächentemperatur der Umfassungsflächen zu erhöhen.
- Im Winter muss durch ausreichende Beheizung und Lüftung dafür gesorgt werden, dass die relative Luftfeuchte in den Räumen im Untergeschoss im Durchschnitt etwa 50 % beträgt.

11.10 Schimmelpilzbildungen in der freien Wandfläche

Situation

In einer Wohnung waren in der freien Wandfläche Schimmelpilzbildungen aufgetreten, deren Ursachen zwischen Mieter und Vermieter strittig waren. Aus diesem Grunde wurde zur Untersuchung ein Sachverständiger eingeschaltet.

Bei der Untersuchung des Wandaufbaus zeigte sich, dass der Außenputz einen ausreichenden Witterungsschutz aufwies. Auch der Wärmeschutz entsprach den Anforderungen der DIN 4108.

Zu Beginn des Ortstermins hat der Autor in den einzelnen Räumen der Wohnung die Lufttemperatur und die relative Luftfeuchtigkeit mit einem elektronischen Messgerät ermittelt. Außerdem wurde der CO_2-Gehalt der Luft bestimmt.

Die Messungen wurden unmittelbar nach dem Betreten der Wohnung durchgeführt, um das Raumklima durch die Anwesenheit von zusätzlichen Personen möglichst wenig zu beeinflussen.

Die beim Ortstermin in der Wohnung gemessenen CO_2-Gehalte zeigten, dass die betroffene Wohnung zum Zeitpunkt des Ortstermins nicht ausreichend gelüftet war. In gut gelüfteten Wohnungen stellt sich ein CO_2-Gehalt nahe dem CO_2-Gehalt der Außenluft ein. Die Messungen des Autors ergaben Werte innerhalb der Wohnung, die um das Drei- bis Vierfache höher lagen als außen.

Der CO_2-Gehalt in der Wohnung lag in allen untersuchten Zimmern auch über dem empfohlenen CO_2-Wert für Aufenthaltsräume von maximal 0,07 Vol-%.

Die ermittelten Werte des absoluten Wassergehaltes der Luft in den einzelnen Räumen der Wohnung lagen um das Zwei- bis Dreifache über dem Wert der Außenluft. Aufgrund der Messergebnisse zeigte sich, dass die Wohnung deutlich zu wenig gelüftet wurde. Die Schimmelpilzbildungen waren somit nutzungsbedingt.

Folgerungen für die Praxis

Zur Verhinderung nutzungsbedingter Schimmelpilzbildungen ist es zwingend erforderlich, dass eine Wohnung ausreichende gelüftet wird. Die relative Luftfeuchte sollte innerhalb einer Spanne von 40 % bis 60 % liegen und der Mittelwert von 50 % sollte nicht längerfristig überschritten werden.

11.11 Schimmelpilzbildungen durch ungenügende Beheizung

Situation

Die im Obergeschoss liegende Wohnung eines Hauses, welches um das Jahr 1900 erbaut wurde, wies an den Außenwänden Schimmelpilzbildungen auf (Abb. 11.18). Zur Untersuchung der Ursachen wurde ein Gutachten in Auftrag gegeben.

Abb. 11.18: Schimmelpilzbildungen an der Außenwand im Wohnzimmer aufgrund zu geringer Beheizung

Bei der Untersuchung der betroffenen Wohnung zeigte sich, dass die einzelnen Räume keine fest eingebaute Heizung aufwiesen. Als einzige Heizungsmöglichkeit waren Elektroradiatoren vorhanden. Vom Bewohner wurde mitgeteilt, dass üblicherweise folgendermaßen geheizt wurde:

Beheizung des Schlafzimmers:

- Morgens: Beheizung manchmal, je nach Bedarf.
- Tagsüber: keine Beheizung.
- Abends: Beheizung für etwa 2 Stunden.

Die Küche wurde nicht beheizt.

Der Elektroradiator im Badezimmer wurde nur während des Zeitraums der Nutzung des Badezimmers kurzzeitig eingeschaltet. Ansonsten war das Badezimmer unbeheizt.

Aufgrund der ungenügenden Beheizung werden die Außenbauteile der Wohnung nicht ausreichend erwärmt. Hierdurch kommt es zu Tauwasserbildungen an der Innenseite der Wände bzw. an den Wandkanten.

Folgerungen für die Praxis

Zur Verhinderung nutzungsbedingter Schimmelpilzbildungen ist es neben einer ausreichenden Belüftung zwingend erforderlich, dass eine Wohnung auch ausreichend beheizt wird. Die Lufttemperatur sollte mindestens bei etwa 19 °C bis 20 °C liegen. Werden einzelne Räume geringer beheizt, dann müssen sie vermehrt gelüftet werden, da kühlere Luft weniger Feuchtigkeit aufnehmen kann als wärmere Luft.

11.12 Diskussion zur erforderlichen Lüftungsanzahl bei Altbauten

Situation

Häufig entsteht bei Schimmelpilzbildungen in Wohnungen in Altbauten Streit über die notwendige Anzahl der Lüftungsvorgänge.

Hinsichtlich der erforderlichen Häufigkeit der Wohnungslüftung kann keine pauschale Aussage getroffen werden, da der erforderliche Luftwechsel von vielen Bedingungen abhängig ist. Unter anderem spielen hierbei folgende Faktoren eine Rolle:

- Anzahl und Aufenthaltsdauer der Bewohner und gegebenenfalls von Gästen,
- Feuchteproduktion durch Kochen, Duschen und Baden sowie sonstiger Körperpflege,
- Anzahl und Größe von Pflanzen in der Wohnung,
- Außenklima, insbesondere Temperatur und Luftfeuchte,
- Lage und Windanströmung des Gebäudes,
- Innentemperatur,
- Möglichkeit der zeitweisen Abpufferung von hohen Werten der relativen Luftfeuchte (sogenannte Feuchtespitzen) durch geeignete Werkstoffe der Raumumschließungsflächen und Möblierung,
- Menge und Häufigkeit der Wäschetrocknung in der Wohnung,
- Wohnungsgröße bzw. Luftvolumen in der Wohnung,
- Art der Baukonstruktion,
- Undichtheiten der Raumumschließungsflächen, insbesondere der Fenster und Außentüren.

Aus der Erfahrung zeigt sich, dass meist eine 2- bis 4-malige Lüftung einer Altbauwohnung pro Tag für die Dauer von jeweils etwa 5 bis 15 Minuten ausreichend ist. Die oben aufgeführten Werte der Lüftungsdauer müssen hinsichtlich des jahreszeitlich schwankenden Außenklimas sowie hinsichtlich der Feuchteproduktion in der Wohnung jeweils angepasst werden.

In der Literatur und in entsprechenden Richtlinien sind unter anderem folgende Lüftungsempfehlungen zu finden:

Lüftungsempfehlungen	
DIN Fachbericht 4108-8:2010-09	
Wohnzimmer	Regelmäßiges Lüften.
Küche/Bad	Intensive Fensterlüftung unmittelbar nach der Nutzung.
Schlafzimmer	Kippstellung zur Grundlüftung nachts möglich, in Kombination mit einer geeigneten Stoßlüftung tagsüber, das heißt, eine oder mehrere intensive Stoßlüftungen.
Leitfaden zur Vorbeugung, Untersuchung, Bewertung und Sanierung von Schimmelpilzwachstum in Innenräumen („Schimmelpilz-Leitfaden") (erstellt durch das Umweltbundesamt)	
Lüftungsanzahl	Zur Verringerung der Feuchte im Raum sollte mehrmals täglich eine kurze Stoßlüftung (5 bis 10 Minuten ein oder mehrere Fenster weit öffnen) durchgeführt werden. Querlüftung ist dabei besonders effektiv.
Neue Fenster	Bei dicht schließenden, gut wärmegedämmten Fenstern sollte vorsorglich vermehrt gelüftet werden. In Gebäuden mit dicht schließenden Fenstern muss vermehrt gelüftet werden, um Feuchtigkeit aus dem Raum abzuführen und damit möglichen Schimmelpilzproblemen vorzubeugen. Vermieter sollten ihre Mieter unbedingt über die Folgen der Abdichtungs- und Wärmedämm-Maßnahmen informieren.
Energiesparinformation Nr. 8 **Hessisches Ministerium für Wirtschaft und Institut für Wohnen und Umwelt, Hessen, 2004**	
Lüftungsanzahl:	Stoßlüftung während der Nutzung etwa alle 2 bis 3 Stunden.
Bundesanstalt für Immobilienaufgaben	
Faustregel:	Je kühler die Zimmertemperatur, desto öfter muss gelüftet werden.

Lüftungsanzahl:	Pro Tag jeden Raum mindestens 5 bis 15 Minuten stoßlüften (je 1-mal morgens, mittags und abends). Bei Abwesenheit über den Tag ist natürlich auch das Lüften tagsüber nicht möglich, aber auch nicht nötig. Dann wenigstens einmal morgens und einmal abends stoßlüften. Einmal täglich lüften genügt nicht. Um den erforderlichen Luftwechsel zu erreichen, müssen die Fenster ganz geöffnet werden (Stoßlüften). Besser ist es, möglichst Durchzug herzustellen (Querlüftung). Abends ist ein kompletter Luftwechsel im Schlafzimmer vorzunehmen.
DENA, Deutsche Energieagentur	
Lüftungsanzahl:	Viermal am Tag lüften. Möglichst fünf Minuten im „Durchzug" lüften und dabei möglichst das Heizkörperventil schließen. Bei guter Witterung kann auch länger und öfter gelüftet werden.

Folgerungen für die Praxis

Aus der obigen Zusammenstellung verschiedener Lüftungsempfehlungen geht hervor, dass die Angabe einer allgemeingültigen Lüftungsanzahl nicht möglich ist, da hierbei immer große Unwägbarkeiten bestehen. Vielmehr muss die Lüftung immer auf den jeweiligen Einzelfall abgestimmt werden. Hierbei ist die Lüftung insbesondere abhängig von

- der Baukonstruktion der Wohnung (Wärmeschutz, Luftdichtigkeit),
- der Nutzung der Wohnung und der hierbei produzierten Feuchtigkeit,
- der Lage der Wohnung sowie
- von den jeweiligen Außenklimabedingungen.

11.13 Fogging-Effekt

11.13.1 Fogging im Bereich eines Wohnzimmers

Situation

In einem älteren Zweifamilienhaus war das Wohnzimmer der Erdgeschosswohnung neu renoviert worden. Einige Zeit danach traten sowohl an den Innen- als auch Außenwänden schwarze

Verfärbungen auf (Abb. 11.19). Die Bewohner vermuteten, dass die Verfärbungen von Schimmelpilzbildungen herrührten.

Abb. 11.19: Fogging-Erscheinung an der Innenseite einer Wohnzimmerwand

Bei der Untersuchung sind die Verfärbungen mithilfe eines tragbaren Mikroskops untersucht worden. Hierbei zeigte es sich, dass die schwarzen Verfärbungen nicht durch Schimmelpilzbildungen erzeugt wurden. Vielmehr handelte es sich um einen schwarzen flächigen, zum Teil schmierigen Belag, der durch Ablagerungen gebildet wurde.

Aufgrund des Erscheinungsbildes konnten Wassereintritte von außen ausgeschlossen werden. Da die Verfärbungen auch an Innenwänden vorlagen, konnten ebenfalls Wärmebrücken oder nutzungsbedingte Schimmelpilzbildungen ausgeschlossen werden.

Somit zeigten die Untersuchungen, dass die schwarzen Verfärbungen durch den sogenannten „Fogging-Effekt" gebildet wurden. Hierbei handelt es sich um Ausdünstungen aus Farben, Klebern, Möbeln, Teppichboden etc. Typischerweise waren die Erscheinungen einige Zeit nach der Renovierung des Wohnzimmers aufgetreten.

Folgerungen für die Praxis

Zur Verhinderung von Fogging-Erscheinungen sollten bei der Renovierung von Räumen möglichst lösemittel- und weichmacherfreie Anstrichsysteme verwendet werden. Das Gleiche gilt für die Verklebung von Teppichböden. Nach der Renovierung muss möglichst für einen längeren Zeitraum eine intensive Lüftung vorgenommen werden, damit schädliche Stoffe in den verwendeten Werkstoffen nach außen abgeführt werden können. Gleichzeitig sollte auch geprüft werden, ob Wärmebrücken vorliegen, die das Auftreten des Fogging-Effektes zusätzlich verstärken.

Gegebenenfalls kann im Einzelfall auch eine chemische Untersuchung des Belags erforderlich werden.

11.13.2 Fogging an einem Betongurt

Situation

In einem neu erstellten Zweifamilienhaus mit Wärmedämm-Verbundsystem waren an den Betongurten in den Treppenhäusern an den Innenseiten dunkle, horizontal verlaufende Verfärbungen aufgetreten (Abb. 11.20).

Abb. 11.20: Dunkle Abzeichnungen an der Innenseite eines Betongurts

Befund

Die Messungen der Feuchtigkeitsgehalte an den betroffenen Stellen ergaben, dass diese Bereiche trocken waren. Hinweise auf Wassereintritte von außen, wie beispielsweise Verfärbungen, Ränder- und Fleckenbildungen oder Ausblühungen, lagen nicht vor.

An den betroffenen Betongurten war laut Angabe beim Ortstermin die innenseitige Wärmedämmung der Schalungssteine aus statischen Gründen entfernt worden. Hier lag somit folgende Schichtenfolge vor:

- Außenputz,
- 10 cm Polystyrol-Hartschaum an der Außenseite der Schalungssteine,
- 21 cm Füllung der Schalungssteine mit Ortbeton,
- Innenputz.

Bei der Untersuchung der Betongurte von innen durch Abklopfen war an dem typischen Klang zu erkennen, dass die Betongurte innenseitig keine Wärmedämmung besaßen. In den darunter- und darüber liegenden Wandbereichen war jedoch eine raumseitige Wärmedämmung der Schalungssteine vorhanden.

Für den Bereich der Betongurte hat der Autor dann den Wärmedurchlasswiderstand berechnet. Hier waren die Mindestanforderungen nach DIN 4108 deutlich erfüllt. Es lagen kein Mangel des Wärmeschutzes und keine unzulässige Wärmebrücke vor.

Die Messungen der Oberflächentemperatur der Außenwände im Treppenhaus ergaben, dass im Bereich der Betongurte eine Temperaturabsenkung in der Größenordnung von 1 bis 2 °C gegenüber den sonstigen ungestörten Wandbereichen vorlag. Dies führte dazu, dass an den etwas kühleren Wandbereichen sich vermehrt Staub oder sonstige Stoffe anlagern konnten und sich dadurch die Betongurte im Laufe der Zeit in Form von dunklen Verfärbungen abzeichneten.

Folgerungen für die Praxis

Zusammenfassend zeigte sich, dass die Verfärbungen an den Innenseiten der Betongurte nicht durch einen Mangel am Wärmeschutz des Gebäudes oder durch Wassereintritte von außen hervorgerufen wurden. Es lag kein baulicher Mangel vor.

Fogging-Erscheinungen können unter anderem an den Grenzen von Bauteilen mit unterschiedlichem Wärmeschutz entstehen. Hierbei handelt es sich nicht um einen baulichen Mangel.

11.14 Schimmel in Kühlräumen

Situation

In einem Gewölbekeller unter einer Gaststätte waren drei Kühlräume für den Betrieb einer Gastwirtschaft eingerichtet. Innerhalb dieser Kühlräume hatten sich an verschiedenen Stellen Schimmelerscheinungen gezeigt. Der Gewölbekeller war im 19. Jahrhundert errichtet worden.

Bei der Untersuchung vor Ort zeigte sich, dass von den drei Kühlräumen nur zwei, und diese in unterschiedlicher Ausprägung, von den Schimmelpilzen betroffen waren.

Kühlraum 1

Der Kühlraum 1 wurde zur Lagerung von Getränken genutzt, hauptsächlich für Bier in Fässern sowie in Flaschen. Hier stellte der Autor an folgenden Stellen Schimmelpilzbildungen fest (Abb. 11.21 und Abb. 11.22):

- Schutzgitter des Ventilators der Kühlanlage,
- Bierflaschen.

Auf dem Fußboden der Kühlzelle stand eine Vielzahl an Bierkisten und Weinkisten.

Abb. 11.21: Schimmelpilzbildungen am Schutzgitter des Ventilators

Abb. 11.22: Auf dem Fußboden der Kühlzelle standen Bierkisten

Kühlraum 2

Der Kühlraum 2 wurde zur Lagerung von Lebensmitteln genutzt.

Beim Ortstermin waren an folgenden Stellen Schimmelpilzbildungen vorhanden:

- Schutzgitter des Ventilators der Kühlanlage, in geringer Ausprägung

Beim Ortstermin war zu erkennen, dass die Lebensmittel sich teilweise in Kartonverpackungen befanden, welche in das Regal gestellt waren (Abb. 11.23). Durch Untersuchung mit der Hand konnte festgestellt werden, dass die Kartonverpackungen feucht waren.

Abb. 11.23: Im Regal im Kühlraum befanden sich Kartonverpackungen

Kühlraum 3

Auch der Kühlraum 3 wurde zur Lagerung von Lebensmitteln genutzt.

Beim Ortstermin waren in diesem Raum keine Schimmelpilzbildungen vorhanden.

Gewölbekeller

Der Gewölbekeller wies im oberen Bereich freie Lüftungsöffnungen auf, durch welche eine natürliche Belüftung stattfand. Zusätzliche lüftungstechnische Einbauten waren nicht vorhanden.

Die Messungen des Feuchtigkeitsgehalts der Außenwände des Gewölbekellers ergaben Werte bis 107 Digits (Abb. 11.24). Solche Werte zeigen, dass in den Außenwänden flüssiges Wasser vorhanden war und von außen her eintretende Feuchtigkeit in den Gewölbekeller vorlag.

Abb. 11.24: Die Außenwände des Kühlraums waren feucht

Raumklimamessungen

Zu Beginn des Ortstermins wurden im Gewölbekeller die Lufttemperatur und die relative Luftfeuchtigkeit gemessen.

Die Raumklimamessungen ergaben folgende Werte:

- Lufttemperatur: 13,8 °C
- Relative Luftfeuchte: 51 %

Was ist die Ursache?

Schimmelpilzbildungen in Kühlräumen können sowohl durch die Nutzungsbedingungen als auch durch die Raumklimaverhältnisse im Gewölbekeller verursacht werden.

Die Untersuchungen ergaben im Hinblick auf Schimmelbildungen teilweise kritische Nutzungsbedingungen.

Transportbehälter aus Karton vermeiden!

Beim Ortstermin wurde festgestellt, dass teilweise Transportbehälter aus Karton in den Kühlzellen vorlagen.

Lagerbehälter aus Kartons und insbesondere feuchte Kartons können aufgrund ihrer organischen und porösen Struktur mit Pilzen behaftet sein. Hierdurch besteht die Möglichkeit einer Verschleppung von Schimmelpilzen in die Kühlzellen. Von dort aus können dann auch andere Bereiche mit Schimmelpilzen besiedelt werden.

Was ist zu tun?

- Keine Lagerung von Überkartons, Kartons und Papp-Behältern in den Kühlzellen. Die Lagerung sollte in wischdesinfizierbaren Plastikschütten erfolgen.
- Erstellung einer Betriebsanweisung über die Lagerung von Lebensmitteln in den Kühlräumen und sichtbare Anbringung.

Lagergut auf dem Fußboden vermeiden!

Beim Ortstermin wurde festgestellt, dass teilweise Transportbehälter, Lagergut sowie Bierkästen auf dem Fußboden des ersten Kühlraums standen. Hiervon war insbesondere der Kühlraum betroffen, in welchem die Getränke, vor allem Bier, gelagert waren.

Abb. 11.25: Lagergut auf dem Fußboden sollte vermieden werden

Lagerbehälter auf dem Fußboden verhindern bzw. erschweren die Reinigung des Fußbodens. Insbesondere werden mit den Bierkästen auch anhaftender Schmutz und Pilze sowie anhaftende Hefereste in die Kühlzelle verschleppt. Hierdurch werden günstige Bedingungen für Schimmelpilzbildungen geschaffen.

Was ist zu tun?

- Keine Lagerung von Lagergut auf dem Fußboden, sondern ausschließlich in geeigneten Regalen, sodass der Fußboden in einfacher Weise regelmäßig gereinigt werden kann.
- Darauf achten, dass nur sauberes Lagergut in die Kühlzellen gebracht wird.
- Keine Lagerung von unsauberen oder kontaminierten Transportbehältern in den Kühlzellen.
- Weiter sollte überprüft werden, ob es gegebenenfalls möglich ist, die Getränkekisten für Bier und Wein in einem separaten Bereich des Gewölbekellers kühl zu lagern, sodass diese Getränkekisten nicht mehr in einem Kühlraum gelagert werden müssen.
- Erstellung einer Betriebsanweisung über die Art der Lagerung in den Kühlräumen und sichtbare Anbringung.

Reinigung und Desinfektion

Die Art der Reinigung der Kühlräume und die Reinigungsintervalle waren nicht nachvollziehbar.

Üblicherweise sollten ein Reinigungs- und Desinfektionsplan sowie ein regelmäßig ergänzter Reinigungsbericht durch den Nutzer vorgelegt werden können.

Weiter sollte geklärt werden, wie die Reinigung des Fußbodens in Kühlraum 1 erfolgt, in welchem Bierkisten auf dem Fußboden stehen. In diesem Kühlraum ist eine fachgerechte Reinigung des Fußbodens nur unter erschwerten Bedingungen möglich.

Was ist zu tun?

Übliche Reinigungen von Kühlräumen umfassen gemäß den Empfehlungen von Kühlraumherstellern folgende Maßnahmen:

- Der Boden ist mindesten einmal pro Woche mit einem Universalreinigungsmittel zu reinigen.
- Regalabstellflächen und -trennwände sind mindestens alle 6 Monate mit einem in Universalreiniger getränkten Einmal-Reinigungstuch zu reinigen. Je nach Bedarf und Verschmutzung kann auch ein kürzeres Reinigungsintervall notwendig sein.
- Bei einer Kontamination müssen die Regalabstellflächen mit einem Flächendesinfektionsmittel gewischt und desinfiziert werden. Weitere Desinfektionsmaßnahmen können bei Bedarf notwendig sein.
- Laufende Sichtkontrolle des Kühlraums auf Schimmelbildung, insbesondere an
  - Lamellen der Klimaanlagenauslässe,
  - Silikonfugen,

- Gummidichtungen der Türen,
- Regalen,
- Lagerware.

- Schriftliche Dokumentation der Reinigungs- und Desinfektionsmaßnahmen.

Wartung der Kälteaggregate

Hinsichtlich der Wartung der Kälteaggregate lagen keine Angaben vor.

Was ist zu tun?

- Bei den Kälteaggregaten sollte eine jährliche Überprüfung der technischen Funktion sowie eine jährliche Reinigung durchgeführt werden.
- Am wichtigsten ist eine regelmäßige Reinigung des Kondensators. In Abhängigkeit von der Staubbelastung der Luft wird von den Herstellern empfohlen, mindestens einmal pro Jahr den Kondensator zu reinigen. Hierbei sollte eine Reinigung mit Druckluft vorgenommen werden. Eine Reinigung der Kondensatoren mit einem Staubsauger ist deutlich weniger wirksam.
- Überprüfung und gegebenenfalls Reinigung des Verdampfers.
- Überprüfung und gegebenenfalls Reinigung des Kondensatabflusses.
- Schriftlicher Nachweis der Wartungsmaßnahmen.

Einlagerung und Entnahme von Lagergut

Hinsichtlich der Einlagerung und der Entnahme von Lagergut sollte überprüft werden, wie oft und wie lange die Türen zu den Kühlräumen bei diesen Vorgängen offenstehen.

Bei jedem Öffnungsvorgang gelangt zusammen mit der Luft aus dem Gewölbekeller auch Feuchtigkeit in die Kühlräume, welche in der Folge auch zur Entstehung von Schimmel beitragen kann.

Was ist zu tun?

- Anzahl der Öffnungsvorgänge der Türen zu den Kühlräumen minimieren.
- Öffnungsdauer der Türen zu den Kühlräumen minimieren.
- Erstellung einer Betriebsanweisung über die Nutzung der Kühlräume und sichtbare Anbringung.

Akute Maßnahmen

Zur Wiederherstellung einer hygienischen Situation in den Kühlräumen müssen die von den Schimmelpilzbildungen betroffenen Kühlräume gereinigt und desinfiziert werden.

Überprüfung der Wirksamkeit

Im vorliegenden Fall war es als erster Schritt notwendig, die oben beschriebenen Maßnahmen und Handlungsempfehlungen durchzuführen. Hierbei handelte es sich vorwiegend um Maßnahmen im Verantwortungsbereich des Nutzers. Insbesondere sollten auch entsprechende Betriebsanweisungen erstellt und sichtbar im Bereich der Kühlräume angebracht werden.

Anschließend sollte über einen längeren Zeitraum überprüft werden, ob eine Verbesserung der Situation hinsichtlich Schimmelbildung in den Kühlräumen eintritt. Hierzu muss mindestens eine regelmäßige Überprüfung der Kühlzellen in Form einer Sichtkontrolle stattfinden.

Zu Beginn sollte eine wöchentliche Überprüfung erfolgen, um beim Auftreten von Schimmelerscheinungen kurzfristig Beseitigungsmaßnahmen ergreifen zu können. Falls bei den Überprüfungen keine Schimmelpilzbildungen festgestellt werden, kann der Überprüfungszeitraum im Laufe der Zeit verlängert werden.

Bauliche Maßnahmen

Erst wenn die oben beschriebenen Maßnahmen nicht zu einer dauerhaften Verbesserung der Situation führen, müssen weitere Maßnahmen in Betracht gezogen werden. Folgende technische Maßnahmen am oder im Gewölbekeller sind sinnvoll:

- Lüftungstechnische Maßnahmen im Gewölbekeller.
- Reduzierung der Luftfeuchte durch Einbau einer Anlage zur Lufttrocknung.
- Abdichtungstechnische Maßnahmen am Gewölbekeller zur Reduzierung des Wassereintritts über die Kellerwände und durch die Bodenplatte in Form von Wasserdampf.

Hierzu ist aber zwingend eine Planung notwendig.

11.15 Schimmel in einer neu erstellten Garage durch zu geringe Lüftung

Situation

An einem neu erstellten Wohngebäude mit Doppelgarage hatten die Bewohner Feuchtigkeitserscheinungen an der Garagendecke in Form von Tauwasserbildungen und Schimmelerscheinungen festgestellt. Auch die daran angrenzenden Außenwände waren hiervon betroffen (Abb. 11.26 bis 11.28). Da die Ursache der Feuchtigkeitserscheinungen und die möglichen Instandsetzungsmaßnahmen ungeklärt waren, wurde der Autor mit der Ausarbeitung und Beurteilung der Ursachen beauftragt.

Abb. 11.26: Die Garage wies ein Sektionaltor ohne Lüftungsöffnungen auf und es lag eine Tür zum Wohnhaus vor

Abb. 11.28: An der oberen Außenecke neben dem Garagentor waren Schimmelpilzbildungen aufgetreten

Abb. 11.27: An der Wand neben dem Garagentor lag Schimmel vor

Kommt die Feuchte von außen?

Bei dem durchgeführten Ortstermin wurden keine Hinweise auf von außen eindringende Feuchtigkeit festgestellt. Solche Hinweise wären zum Beispiel gewesen:

- Ränder- und Fleckenbildungen,
- Abplatzungen des Putzes,
- Abplatzungen des Anstriches,
- Ausblühungen.

Bei der Untersuchung der Dachfläche waren auch keine Befunde vorhanden, welche auf Undichtigkeiten an der Dachabdichtung hingewiesen hätten.

Ein fehlender Kiesfang des Dachablaufes stellte zwar einen Mangel dar, er hatte jedoch keine Wassereintritte in die Garage verursacht. Bei der Untersuchung des Dachablaufes war zu erkennen, dass der Dachablauf keine Verstopfung aufwies und insofern die Entwässerung des Flachdaches durch den fehlenden Kiesfang nicht beeinträchtigt war (Abb. 11.29 und 11.30).

Abb. 11.29: Am Ablauf der Garagendecke fehlte ein Kiesfang

Abb. 11.30: An der Abdichtung des Garagendaches lagen keine Auffälligkeiten vor

Beim Ortstermin wurde dem Autor mitgeteilt, dass die Feuchtigkeitserscheinungen in der Garage ausschließlich in der kalten Jahreszeit auftraten. Wenn Wassereintritte von außen die Ursache der Feuchtigkeitserscheinungen in der Garage gewesen wären, dann wäre zu erwarten, dass solche Feuchtigkeitserscheinungen auch in der warmen Jahreszeit während Regenperioden auftreten würden. Solche Erscheinungen lagen jedoch nach den Angaben der Besitzer nicht vor.

Zusammenfassend zeigte sich, dass Wassereintritte von außen als Ursache der Feuchtigkeitserscheinungen in der Garage ausgeschlossen werden konnten.

Was ist mit Neubaufeuchte?

Bei den durchgeführten Raumklimamessungen wurde festgestellt, dass folgende Werte des absoluten Wassergehalts der Luft vorlagen:

- Garage: 7,6 g/m³
- Außenluft: 5,4 g/m³
- Wohnung: 6,7 g/m³

Die Messungen zeigten, dass die Luft im Inneren der Garage den höchsten Wert des absoluten Wassergehalts aufwies. Der absolute Wassergehalt der Luft in der Garage war um 2,2 g/m³, entsprechend 41 %, höher als der absolute Wassergehalt der Außenluft und um 0,9 g/m³, entsprechend 13 %, höher als der absolute Wassergehalt der Luft in der Wohnung. Aufgrund der Messungen zeigt sich somit Folgendes:

Zwischen der Garage und der Außenluft fand nur ein geringer und langsamer Luftaustausch statt. Bei guter Durchlüftung der Garage wäre zu erwarten gewesen, dass der absolute Feuchtigkeitsgehalt der Luft in der Garage nahezu dem Wert der absoluten Feuchtigkeit der Außenluft entspricht. Die Untersuchungen ergaben auch, dass nur geringe Luftspalte im Übergang des Garagentors an die Anschlüsse vorlagen, sodass nur bei Windanströmung des Garagentores mit einem nennenswerten Luftwechsel zu rechnen ist.

Da der absolute Feuchtigkeitsgehalt in der Garage höher lag als in der angrenzenden Wohnung, kann auch nur ein sehr geringer Luftaustausch zwischen Garage und Wohnung bei geschlossener Wohnungseingangstür stattfinden. Hierfür spricht auch, dass die Wohnungseingangstür ein ringsum laufendes und dicht schließendes Dichtungsprofil aufwies.

Da der absolute Feuchtigkeitsgehalt der Luft innerhalb der Garage höher lag als in der Wohnung und im Außenbereich, kann der höhere Feuchtigkeitsgehalt nur in der Garage selber entstanden sein. Die Garage wies folgende Umfassungsbauteile auf, die seit der Herstellung nach innen durch Austrocknung der Neubaufeuchte Wasser abgeben können:

- Betondecke des Flachdachs,
- Innenputz der Außenwände,
- Fugenmörtel der Außenwände,
- Verbundestrich der Trenndecke Untergeschoss/Erdgeschoss.

Aus der Erfahrung ist bekannt, dass die Austrocknung von mineralischen Bauteilen wie Beton, Estriche, Putze und Mauermörtel je nach Austrocknungsbedingungen in der Größenordnung von etwa 2 bis 4 Jahren dauern kann. Dies bedeutet, dass die Umfassungsbauteile seit ihrer Erstellung noch nicht ihre Ausgleichsfeuchte erreicht hatten. Es wäre deshalb zur Verhinderung der Feuchtigkeitserscheinungen in der Garage erforderlich gewesen, dass durch eine regelmäßige Lüftung der Garage mit Außenluft die Luftfeuchtigkeit reduziert wird. Im Winter kann zusätzlich durch Eintrag von Schnee und Schneematsch mit dem Auto der Feuchtigkeitsgehalt noch weiter erhöht werden.

Die Messungen des Feuchtigkeitsgehaltes der Betondecke der Garage ergaben Werte zwischen 60 und 82 Digits. Hierbei handelt es sich nicht um absolute, sondern um relative Feuchtigkeitswerte, die anhand von Eichkurven in volumen- oder massenbezogene Feuchtigkeitswerte umgerechnet werden müssen. Anhand der Eichkurven ergibt sich ein Wassergehalt des Betons an der inneren Oberfläche der Garagendecke in der Größenordnung von 1,0 bis 2,0 Massen-%. Aus DIN EN 12524 geht hervor, dass Beton in Abhängigkeit von der relativen Luftfeuchte sich folgenden Werten des Wassergehalts als Ausgleichsfeuchtigkeit annähert:

Relative Luftfeuchtigkeit	Wassergehalt
50 %	1,0 Massen-%
80 %	1,7 Massen-%

Somit zeigen die Messungen, dass die Garagendecke noch nicht ihre Ausgleichsfeuchtigkeit erreicht hat.

Aus der Erfahrung bei der Durchführung von Feuchtigkeitsmessungen bei anderen Objekten hat sich gezeigt, dass die Ausgleichsfeuchte eines Betons bei einem Wert von etwa 40 Digits bis 60 Digits liegt. Die gemessenen Werte von 60 bis 82 Digits waren somit deutlich höher als die Werte der Betonausgleichsfeuchte.

Zusammenfassend zeigte sich, dass mindestens die Betondecke herstellungsbedingt noch einen erhöhten Feuchtigkeitsgehalt durch Neubaufeuchtigkeit aufwies und sich noch nicht im Feuchtegleichgewicht mit der Umgebung befand. Dies führte zu einer Wasserabgabe der Umfassungsbauteile der Garage an die Raumluft und zu einer Erhöhung der absoluten Luftfeuchte. Dieser noch nicht abgeschlossene Austrocknungsvorgang der Umfassungsbauteile hat neben anderen Ursachen zu den Feuchtigkeitserscheinungen an der Garagendecke und zu den Schimmelpilzbildungen in der Nordecke der Garage beigetragen

Beurteilung

Die Untersuchungen ergaben, dass die Feuchtigkeitserscheinungen an der Deckenunterseite der Garage nicht durch Wassereintritte von außen verursacht worden waren.

Die Tauwasserbildungen sind durch Zusammenwirken von folgenden Ursachen entstanden:

1. Die Umschließungsflächen der Garage gaben Feuchtigkeit nach innen ab. Hierbei handelte es sich um die sogenannte Neubaufeuchte. Erfahrungsgemäß dauert es je nach Austrocknungsverhältnisse ca. 2 bis 4 Jahre, bis die Bauteile sich der Umgebungsfeuchte angepasst haben.

2. Die Garage wurde nicht ständig planmäßig belüftet. Es fand nur ein geringer Luftaustausch der Garage mit der Außenluft statt, sodass sich in der Garage durch die Feuchteabgabe der Umfassungsbauteile eine erhöhte relative Luftfeuchte einstellte.

3. Die Garage wies keine Wärmedämmung der Flachdachdecke auf. Hierdurch ergaben sich in der kalten Jahreszeit niedrige Oberflächentemperaturen an der Deckenunterseite. Aufgrund der geometrischen Bedingungen lagen an der Decken-/Wandkante die niedrigsten Temperaturen im Deckenbereich vor. Somit fand zuerst entlang den Decken-/Wandkanten eine Unterschreitung der Taupunkttemperatur der Innenluft statt. Hierdurch konnte sich Tauwasserbildung an der Deckenunterseite ergeben.

Instandsetzung durch Herstellung einer Durchlüftung mit Außenluft

Als Möglichkeit zur Instandsetzung der Garage kann eine ständige Durchlüftung der Garage mit Außenluft hergestellt werden. Hierfür ist eine Querlüftung erforderlich. Für diese Maßnahmen sind folgende prinzipielle Arbeitsschritte erforderlich:

- Herstellung von Lüftungsöffnungen in der Rückwand der Garage. Hierzu können beispielsweise mehrere Bohrlöcher in die Wand eingebracht werden. Die Bohrlöcher müssen an der Außenseite einen Insektenschutz erhalten. Der Außen- und der Innenputz mit Anstrich müssen im Anschluss an die Bohrlöcher nachgearbeitet werden.
- Herstellung von Lüftungsöffnungen im Sektionaltor der Garage. Hierzu können beispielsweise die transparenten Elemente im Garagentor entfernt und durch ein architektonisch passend gestaltetes Lochblech ersetzt werden.
- Zusätzlich müssen die Schimmelpilzbildungen im Bereich der Nordecke der Garage entfernt werden.
- In Anlehnung an DIN 4108-3 sollte der freie Lüftungsquerschnitt an beiden Garagenseiten zusammen mindestens 2 Promille des Garagengrundrisses betragen. Da die Garagenfläche entsprechend den Planunterlagen 38,6 m^2 beträgt, ergibt sich ein Mindestlüftungsquerschnitt von insgesamt 772 cm^2, also pro Seite 386 cm^2.

Vorteile:

- Keine Maßnahmen am Dach und an der Attika der Garage erforderlich.
- Die Maßnahme verursacht verhältnismäßig geringe Kosten.
- Das Grundstück des Nachbarn wird nicht beansprucht.
- Die gesamte nutzbare Höhe der Garage bleibt erhalten.
- Gegenstände, die in der Garage abgestellt werden, sowie das Auto werden getrocknet und somit zuverlässig vor Korrosion geschützt.

Nachteile:

- Die Außenansicht der Garage (Tor und Südostseite) wird geringfügig verändert.
- In der Garage wird sich im Winter eine niedrige Raumtemperatur einstellen.

11.16 Silberfischchen im Haus

Was sind Silberfischchen eigentlich?

Auch wenn im Namen der Begriff „Fisch" auftaucht, haben Silberfischchen doch nichts mit einem Fisch zu tun. Der lateinische Name lautet „Lepisma saccharina".

Sie gehören zur Ordnung der „Fischchen", wobei hier flügellose Insekten mit einem langgestreckten Körper gemeint sind, welche in der Regel relativ flach sind (Abb. 11.31).

Abb. 11.31: Darstellung eines Silberfischchens

Wie man an Abb. 11.31 sieht, haben Silberfischchen am vorderen Ende zwei Fühler und am hinteren Ende drei. Hiermit orientieren sie sich in der Dunkelheit.

Silberfischchen lieben es dunkel und feucht

Silberfischchen lieben es, wenn es feucht ist. Deshalb sind sie auch ein Indikator dafür, dass eine hohe Feuchtigkeit im Haus vorliegt. Insbesondere im Badezimmer oder in der Küche, also dort, wo viel Feuchtigkeit entsteht, treten sie bevorzugt auf. Sie mögen ein Raumklima mit

- 80 bis 90 % relativer Luftfeuchte und
- 20 °C bis 30 °C.

Das sind Bedingungen, die auch in Wohnungen, insbesondere in Feuchträumen, vorkommen können.

Sie lieben es dunkel, das heißt, bei normaler Nutzung einer Küche oder eines Badezimmers sind sie üblicherweise nicht zu sehen. Macht man jedoch bei Dunkelheit im Badezimmer das Licht an, so kann man sie oft auf dem Boden herumhuschen sehen. Sobald es hell wird, versuchen sie, sich in Ritzen, Spalten, Öffnungen, hinter losen Tapeten, hinter Scheuerleisten oder sonstigen dunklen Stellen zu verstecken.

Manchmal sind sie auch in feuchten Kellerräumen oder in Waschräumen zu finden, wenn es dort nicht zu kühl ist.

Tagsüber halten sie sich auch oft unter Kühlschränken oder sonstigen dunklen Stellen auf.

Nahrungsgrundlagen

Als Nahrung mögen Silberfischchen vor allem stärkehaltige Produkte, insbesondere Zucker, woraus sich auch ihr lateinischer Name ableitet. Ihnen reichen bereits

- Haare,
- Hautschuppen,
- Tapetenkleister,
- Kunstfasern,
- Bucheinbände,
- Fotos.

Aber auch von

- Hausstaubmilben oder sogar von
- Schimmelpilzen

können sie sich ernähren.

Wenn es für sie keine Nahrung gibt, dann können sie trotzdem mehrere Wochen, im Extremfall sogar mehrere Monate überdauern.

Können sie Krankheiten übertragen?

Hier kann Entwarnung gegeben werden. Silberfischchen übertragen weder Bakterien, Viren oder sonstige Krankheiten und sondern auch keine Gifte ab.

Aus hygienischer Sicht ist deshalb keine Bekämpfung erforderlich.

Erfahrungsgemäß finden Menschen die Silberfischchen aber eklig, obwohl sie ungefährlich sind. Man sollte deshalb das Auftreten von Silberfischchen als Anzeichen für eine hohe Luftfeuchte in der Wohnung oder zumindest in einzelnen Räumen sehen und das eigene Verhalten überdenken.

Wie können sie beseitigt werden?

Zuerst sollte man überlegen, ob man durch die Nutzung der Räume dafür sorgt, dass die Feuchtigkeit oder die relative Luftfeuchte reduziert wird. Das mögen die Silberfischchen nämlich nicht. Wenn es trocken ist, dann verschwinden sie von alleine. Gleichzeitig wird dadurch aber auch dem möglichen Schimmel die Wachstumsgrundlage entzogen. Es ist also eine sogenannte „Win-Win-Situation". Das Reduzieren der Luftfeuchte durch regelmäßiges Lüften ist also die einfachste Maßnahme.

Weitere Maßnahmen sind Änderungen der Nutzung oder des Verhaltens wie beispielsweise:

- Regelmäßiges Reinigen der Fußbodenflächen, Badewannen, Waschbecken und Toiletten, um den Silberfischchen die Nahrungsgrundlage zu entziehen.
- Verschließen von Ritzen, Öffnungen und Spalten, damit sich die Silberfischchen nicht verstecken können.

- Dichtes Verschließen von Zuckerdosen und sonstigen Lebensmittelbehältern.
- Regelmäßiges Lüften der Waschküche.
- Regelmäßiges Lüften des Kellers, wobei hier beachtet werden muss, dass man im Sommer bei schwülwarmen Wetterlagen durch Lüften den Keller eher befeuchtet als entfeuchtet. In diesem Fall sollte nur in der Nacht, wenn es kühler ist, gelüftet werden und tagsüber sollten die Kellerfenster geschlossen gehalten werden.

Wenn diese Maßnahmen nicht zum Erfolg führen, dann sollte untersucht werden, ob eine bauliche Quelle der Feuchtigkeit vorliegt. Beispielsweise können Abdichtungen beschädigt sein oder Undichtigkeiten an Leitungen von Kaltwasser, Warmwasser, Abwasser oder der Heizung vorliegen. Hier muss aber ein Fachmann hinzugezogen werden.

12 Rechtliche Betrachtung von Schimmelpilzschäden

12.1 Einführung

In den vorangegangenen Abschnitten wurde beschrieben, welche Ursachen für eine Schimmelpilzbildung in Betracht kommen, wie sie beseitigt werden können und es wurden Schadensbeispiele aus der Praxis aufgeführt.

In vielen Fällen, vor allem dann, wenn es sich um vermietete Räume handelt, stellt sich jedoch auch die Frage nach den rechtlichen Konsequenzen für Mieter und Vermieter. Beim Auftreten von Feuchtigkeit und Schimmelpilzbildungen in einer Mietwohnung treten oft auch Fragen nach der rechtlichen Situation auf.

In der Praxis kommt es hier häufig zu langwierigen und meist für beide Seiten unerfreulichen und letztlich teuren Gerichtsprozessen. Solche Prozesse kosten zusätzlich auch viel Zeit und beeinträchtigen sowohl den Mieter als auch den Vermieter.

Nicht alle dieser Prozesse sind notwendig. Häufig könnten sie durch umsichtiges und kompromissbereites Verhalten der Parteien bereits im Vorfeld vermieden oder zumindest auf das Nötigste beschränkt werden. Trotzdem kann es erfahrungsgemäß wichtig sein, die Grundlagen einer Rechtsbeziehung zwischen Mieter und Vermieter zu kennen. Aus diesem Grunde beschreiben die folgenden Abschnitte die grundlegenden Sachverhalte, welche hierfür wichtig sind. Insbesondere geht es um folgende Sachverhalte:

- Grundlagen – Welche Rechte und Pflichten hat der Mieter beim Auftreten von Schimmelpilzschäden?
- Die Rechte und Pflichten des Vermieters.
- Verfahrensfragen.

An dieser Stelle sei eindringlich darauf hingewiesen, dass die Ausführungen in den vorliegenden Abschnitten keinesfalls den fachkundigen Rechtsrat im Einzelfall ersetzen können. Sofern eine rechtliche Hilfestellung oder ein Rechtsrat in bestimmten Fällen erforderlich ist, muss in jedem Fall ein Rechtsanwalt eingeschaltet werden. Insbesondere können entsprechende Fachanwälte hierbei weiterhelfen.

Fachanwälte für Mietrecht und Wohnungseigentumsrecht besitzen langjährige und vertiefte Kenntnisse auf folgenden Rechtsgebieten:

- Immobilienrecht,
- privates und gewerbliches Mietrecht,
- Pachtrecht,
- Wohnungseigentumsrecht,
- Maklerrecht,
- Nachbarrecht.

Außerdem kann in besonderen Fällen auch ein Fachanwalt für Baurecht und Architektenrecht erforderlich sein, der über vertiefte Kenntnisse auf folgenden Rechtsgebieten verfügt:

- privates und öffentliches Baurecht,
- Werkvertrag,
- Bauträgerrecht,
- Recht der Architekten und Ingenieure.

12.2 Der Mietvertrag

Grundlage jeder Rechtsbeziehung zwischen einem Vermieter und einem Mieter ist immer der Mietvertrag. Inhalt und Pflichten sind in § 535 BGB geregelt. Es ist empfehlenswert, einen Mietvertrag immer in schriftlicher Form abzuschließen. Grundsätzlich sind jedoch auch mündlich abgesprochene Verträge für beide Seiten bindend.

Bei Regelungen im Mietvertrag sind insbesondere folgende Punkte zu beachten:

- Der Vermieter hat die Mietsache dem Mieter in einem zum vertragsgemäßen Gebrauch geeigneten Zustand zu überlassen und sie während der Mietzeit in diesem Zustand zu erhalten. Er hat die auf der Mietsache ruhenden Lasten zu tragen.
- Der Mieter ist verpflichtet, dem Vermieter die vereinbarte Miete zu entrichten.
- Es ist unerheblich, ob der Mietvertrag schriftlich oder nur mündlich abgeschlossen wurde. Auch ein mündlich geschlossener Vertrag, der die wesentlichen Hauptpflichten regelt, ist ein rechtsgültig abgeschlossener Vertrag mit allen sich hieraus ergebenden Rechten und Pflichten.
- Wesentliche Bestandteile des Mietvertrages sind:
  - Vertragsparteien (Wer ist Vermieter, wer ist Mieter?)
  - Mietdauer (unbefristet, befristet)
  - Mietgegenstand (Wohnraum, Geschäftsraum, Garage, Garten)
  - Miete (Höhe des monatlich zu entrichtenden Entgelts)

12.3 Begriff des Sachmangels

Wenn Feuchtigkeitsschäden in einer gemieteten Wohnung oder in gemieteten Geschäftsräumen auftreten, sind sie mietrechtlich nur dann von Bedeutung, wenn sie einen sogenannten „Sachmangel" des Mietobjektes darstellen.

Unter dem Begriff „Sachmangel" versteht man allgemein in der Rechtsprechung Folgendes:

> Ein Sachmangel stellt eine für den Mieter nachteilige Abweichung des tatsächlichen Zustandes der Mietsache vom vertraglich vorausgesetzten Zustand dar.

Was zwischen den Parteien vertraglich vereinbart ist, unterliegt grundsätzlich deren Vertragsfreiheit, das heißt, beide Parteien sind prinzipiell frei in den Vereinbarungen, die in einem schriftlichen Mietvertrag geregelt werden.

In vielen Fällen wird nicht auf den Zustand des Mietobjektes oder der Mietwohnung eingegangen. Wenn also eine konkrete Zustandsbeschreibung der Mietsache im Mietvertrag fehlt, dann ist der vereinbarte Nutzungszweck, also beispielsweise eine Nutzung der Räume als Wohnraum, Geschäftsraum oder Garage, zugrunde zu legen.

Falls der Zustand des Mietobjekts bereits im Mietvertrag festgehalten wird, ein eventueller Sachmangel dem Mieter also bereits bei Vertragsabschluss bekannt ist, können später wegen dieses Mangels keine Rechte geltend gemacht werden.

Beispiel

Wird also beispielsweise vom Vermieter im Mietvertrag schriftlich aufgeführt, dass eine Wohnung angemietet wird, die teilweise oder in allen Räumen durchfeuchtet ist, ohne dass Reparaturen vereinbart werden, so ist der schlechte Zustand des Mietobjekts im Zweifel vom Mieter als vertragsgemäßer Zustand hinzunehmen. In diesem Fall war dem Mieter bekannt, dass die Wohnung feucht ist und dass keine Reparaturen durchgeführt werden. In einem solchen Fall liegt kein Sachmangel der Wohnung vor. Der Mieter kann dann also keine Mietminderung aus diesem Grund vornehmen.

Bei Räumen, die zu Wohnzwecken angemietet werden, sind Feuchtigkeitserscheinungen in der Regel als Sachmangel zu bewerten. Hierbei muss jedoch beachtet werden, dass Feuchtigkeitserscheinungen sowohl baulich bedingt als auch nutzungsbedingt sein können. Nutzungsbedingte Ursachen von Feuchtigkeitserscheinungen stellen keinen Sachmangel des Mietobjektes dar. In diesem Fall muss der Nutzer seine Heiz- und Lüftungsgewohnheiten auf die betroffene Wohnung bzw. auf die von ihm in der Wohnung produzierte Feuchtigkeit abstimmen.

Bei Geschäftsräumen stellt sich der Sachverhalt etwas anders dar. Hier werden andere Maßstäbe angelegt, die auf den Nutzungszweck der betroffenen Räume abgestimmt sind. Hinsichtlich der Frage, ob Feuchtigkeitserscheinungen bei Geschäftsräumen einen Sachmangel darstellen, muss auch die Nutzung der jeweiligen Räume in die Betrachtung einbezogen werden. Beispielsweise macht es einen deutlichen Unterschied, ob Schimmelflecke in einem Bürobereich oder in einer nicht beheizbaren Lagerhalle auftreten. Außerdem muss auch das Alter des Gebäudes berücksichtigt werden. In älteren Gebäuden herrschen beispielsweise andere Gegebenheiten hinsichtlich der Abdichtung und Wärmedämmung der Außenwände, im Vergleich zu neuen Gebäuden.

Tipps für Vermieter

Vorhandene Mängel bei Abschluss des Mietvertrages schriftlich im Mietvertrag festhalten.

Tipps für Mieter

- Wenn der Mieter vor Abschluss des Mietvertrages Kenntnis eines Mangels erlangt, kann er sich seine Rechte (Minderung, Schadensersatzansprüche und Aufwendungsersatzansprüche) vorbehalten. Dies erfolgt am besten schriftlich im Mietvertrag.
- Vorhandene Mängel zusätzlich in Form von Fotos dokumentieren

12.4 Mangelanzeige durch den Mieter

Wenn sich nach dem Einzug in eine Wohnung oder in Geschäftsräume im Laufe der Mietzeit ein Feuchtigkeitsschaden zeigt oder sonstige Mängel bekannt werden, ist der Mieter in jedem Fall verpflichtet, dem Vermieter den Mangel unverzüglich anzuzeigen.

Hierbei handelt es sich um eine Pflicht des Mieters, die in § 536 c BGB geregelt ist. Dort wird insbesondere Folgendes aufgeführt:

- Zeigt sich im Laufe der Mietzeit ein Mangel der Mietsache oder wird eine Maßnahme zum Schutz der Mietsache gegen eine nicht vorhergesehene Gefahr erforderlich, so hat der Mieter dies dem Vermieter unverzüglich anzuzeigen.
- Das Gleiche gilt, wenn ein Dritter sich ein Recht an der Sache anmaßt.
- Unterlässt der Mieter die Anzeige, so ist er dem Vermieter zum Ersatz des daraus entstehenden Schadens verpflichtet.
- Soweit der Vermieter infolge der Unterlassung der Anzeige nicht Abhilfe schaffen konnte, ist der Mieter nicht berechtigt,
  - die in § 536 bestimmten Rechte geltend zu machen,
  - nach § 536 a Abs. 1 Schadensersatz zu verlangen oder
  - ohne Bestimmung einer angemessenen Frist zur Abhilfe zu kündigen.

Der Zeitbegriff „unverzüglich" bedeutet hierbei „ohne schuldhaftes Zögern" und stellt einen rechtstechnisch feststehenden Begriff dar. Gemeint ist damit Folgendes:

- Nach einer angemessenen Überlegungsfrist muss, je nach Umfang und Schwere des Falles, die Mangelanzeige beim Vermieter eingehen.
- In der Rechtsprechung wird hierfür üblicherweise eine Frist mit einer Obergrenze von zwei Wochen verstanden.

In jedem Fall ist es für eine Mangelanzeige wichtig, dass der Mangel vom Mieter möglichst genau beschrieben wird. Es sollte also beispielsweise unbedingt Folgendes angegeben werden:

- Seit wann treten die Feuchtigkeitserscheinungen auf?
- In welchem Zimmer liegen die Feuchtigkeitserscheinungen vor?
- In welchem Umfang treten die Schimmelpilzbildungen auf. Hierbei kann es auch erforderlich sein, eine Größenangabe und genaue Ortsbeschreibung, zum Beispiel Außenecke, Deckenkante oder Fenster anzugeben.

Zusätzlich kann es auch hilfreich sein, die Feuchtigkeitserscheinungen mit einem Foto zu dokumentieren und dieses dem Vermieter zukommen zu lassen.

Prinzipiell kann die Mangelanzeige formlos erfolgen. Sie darf auch mündlich abgegeben werden.

Die Erfahrung zeigt jedoch, dass eine schriftliche Mängelanzeige aus Gründen der Beweisbarkeit besser ist. Teilweise ist auch in den Standardmietverträgen die Schriftform für eine Mangelanzeige vereinbart.

Der Mieter muss den Nachweis führen, dass der Zugang des Mangelanzeigeschreibens beim Vermieter erfolgt ist. Hierzu empfiehlt es sich, die Mängelanzeige als Brief in Form eines Einschreibens mit Rückschein zu übersenden oder den Brief durch einen Boten übergeben zu lassen.

Wenn die Mangelanzeige nicht oder nicht rechtzeitig dem Vermieter zugeht, dann macht sich der Mieter schadensersatzpflichtig und kann seinerseits die Miete nicht mindern oder Schadensersatz verlangen.

Tipps für Mangelanzeige durch den Mieter

- Mangelanzeige unverzüglich nach Kenntnis des Mangels dem Vermieter zukommen lassen.
- Mangelanzeige schriftlich abfassen.
- Mangel genau beschreiben hinsichtlich
  - Zeitpunkt des Auftretens,
  - Ort,
  - Umfang.
- Der Zugang des Mangelanzeigeschreibens an den Vermieter muss sichergestellt werden.

12.5 Rechte eines Mieters

12.5.1 Überblick

Wenn also durch den Mieter ein Feuchtigkeitsschaden festgestellt wurde, der Mieter seiner Anzeigepflicht nachgekommen ist und außerdem ein Sachmangel der Wohnung vorliegt, dann stellt sich die Frage, welche Rechte der Mieter nun geltend machen kann. In der Praxis werden hierbei in der Regel folgende Rechte geltend gemacht:

- Mangelbeseitigungsanspruch,
- Selbstbeseitigungsrecht,
- Mietminderung,
- Zurückbehaltungsrecht,
- Schadensersatzansprüche,
- Kündigungsrecht.

In jedem Fall ist zu beachten dass alle Ansprüche des Mieters nur dann erfolgreich durchgesetzt werden können, wenn die Mängel, hier also insbesondere die Feuchtigkeitsschäden, nicht vom Mieter selber zu vertreten sind. Es stellt sich also die Frage, ob die Feuchtigkeitsschäden durch den Mieter selbst durch die nicht fachgerechte Nutzung der Räume verursacht worden sind oder ob bauliche Ursachen vorliegen.

Auch die Frage, wer den Beweis für einen Mangel antreten muss, kann in einem Gerichtsverfahren eine wichtige Rolle spielen.

12.5.2 Mangelbeseitigungsanspruch

Wenn in den gemieteten Räumen ein Mangel festgestellt wurde, dann empfiehlt es sich für den Mieter, dem Vermieter unverzüglich eine Mangelanzeige zukommen zu lassen und zeitgleich zur Beseitigung des Mangels aufzufordern. Je nach Art und Umfang des Mangels ist eine angemessene Frist zur Mangelbeseitigung zu setzen. In der Regel ist hierfür ein Zeitraum von zwei bis vier Wochen ausreichend.

Der Vermieter hat nach Eingang der Mangelanzeige die Pflicht, die Mietsache wieder in einen vertragsgemäßen Zustand zu versetzen. Dies bedeutet, dass der Vermieter die Feuchtigkeitsschäden sowie alle damit in Zusammenhang stehenden Folgeschäden beseitigen muss.

Kommt der Vermieter der Aufforderung zur Mangelbeseitigung nicht innerhalb der gesetzten Frist nach, kann der Mieter den Anspruch auf Mangelbeseitigung gerichtlich durchsetzen.

Auch hierbei muss beachtet werden, dass der Mieter nur darauf Anspruch hat, dass baulich bedingte Feuchtigkeitsschäden beseitigt werden. Für nutzungsbedingte Feuchtigkeitsschäden muss der Mieter selber die Verantwortung tragen.

Bei unterschiedlichen Ansichten über die Ursache der Feuchtigkeitserscheinungen wird vom Gericht in der Regel ein Sachverständiger mit der Beurteilung beauftragt.

12.5.3 Selbstbeseitigungsrecht

Feuchtigkeitsschäden in einer Wohnung können vom Mieter unter bestimmten Voraussetzungen auch selbst beseitigt und dann vom Vermieter der Ersatz der erforderlichen Aufwendungen verlangt werden. In § 536 BGB ist hierzu Folgendes geregelt:

Der Mieter kann den Mangel selbst beseitigen und Ersatz der erforderlichen Aufwendungen verlangen, wenn

- der Vermieter mit der Beseitigung des Mangels in Verzug ist oder
- die umgehende Beseitigung des Mangels zur Erhaltung oder Wiederherstellung des Bestands der Mietsache notwendig ist.

Beispiele

Schimmelpilzbildungen

Ein Mieter einer Wohnung hat großflächigen Schimmelbefall im Schlafzimmer festgestellt. Er fordert deshalb den Vermieter zur Beseitigung der Feuchtigkeitserscheinungen auf. Hierfür setzt er ihm eine Frist von 4 Wochen. Der Vermieter kommt dieser Aufforderung nicht nach. Nach Ablauf der Frist kann der Mieter alternativ zum oben beschriebenen Mangelbeseitigungsanspruch den Mangel, also die Schimmelpilzbildungen im Schlafzimmer, selbst beseitigen - oder durch Fachhandwerker beseitigen lassen. Die hierfür angefallenen Kosten kann er dann dem Vermieter in Rechnung stellen, wenn es sich um einen baulich bedingten Mangel handelt.

Notmaßnahmen

Beispiele für das Selbstbeseitigungsrecht sind schnell erforderliche Notmaßnahmen, die keinen Aufschub dulden, wie

- Rohrbrüche,
- Ausfälle der Heizung oder
- Undichtigkeiten am Dach.

12.5.4 Mietminderung

Die meistgestellte und umstrittenste Frage in Mietrechtsprozessen ist die Frage nach der Höhe der vorzunehmenden bzw. zulässigen oder dem Mangel entsprechenden Mietminderung.

In der Regel ist es so, dass ein Mieter, welcher einen Mangel an seiner Mietwohnung oder an seinen Geschäftsräumen geltend macht, die von ihm beabsichtigte Mietminderung bereits im Mängelanzeigeschreiben ankündigt.

In der Rechtsprechung hat sich hierbei der allgemeine Grundsatz durchgesetzt, dass die Minderungsquote aus der monatlichen Bruttomiete, das heißt, aus der Grundmiete zuzüglich der Betriebskostenvorauszahlung, zu berechnen ist.

Beispiel

Die monatliche Nettomiete für eine 4-Zimmerwohnung beträgt 750 €.

Hinzu kommt eine monatliche Betriebskostenvorauszahlung in Höhe von 200 €, sodass die Bruttomiete insgesamt 950 € beträgt.

Als Minderungsquote werden in der vorliegenden Beispielrechnung 10 % angesetzt.

Von der monatlichen Bruttomiete in Höhe von 950 € kann somit ein Minderungsbetrag in Höhe von 95 € einbehalten werden.

Die Höhe der Minderungsquote wiederum richtet sich danach, wie sehr der Wohnwert durch den Mangel beeinträchtigt ist. Der Grad der Beeinträchtigung ist immer eine Wertungsfrage und unterliegt der Einschätzung des jeweiligen Richters.

Folgende Kriterien werden hier in die Wertung einbezogen:

- Wie viele Zimmer sind betroffen?
- Welche Zimmer sind betroffen? Ein Wohnzimmer wird bezüglich des Wohnwertes höher einzuschätzen sein als beispielsweise eine Abstellkammer.
- Art und Schwere des Feuchtigkeitsschadens. Hierbei ist ein kleiner Schimmelfleck im Badezimmer anders zu bewerten als intensiv durchfeuchtete Außenwände im Wohn- oder Schlafzimmer.

Die oben aufgeführten Kriterien werden zugrunde gelegt und gemeinsam betrachtet. Auf der Basis dieser Grundlagen wird dann im Rahmen einer Gesamtabwägung durch das Gericht eine anteilige Minderung der Bruttomiete angesetzt. Dabei zeigen die Erfahrungen aus vielen Einzelfallentscheidungen, dass hier von Gericht zu Gericht deutlich unterschiedliche Bewertungen abgegeben werden.

Als Beispiele für Einzelfallentscheidungen von verschiedenen Gerichten werden nachfolgend unterschiedliche Bewertungen aus der Gerichtspraxis kurz angerissen:

Mietminderung 0 %:
Neubaufeuchtigkeit in einer Mietwohnung.

Mietminderung 5 %:
Eintretender Schlagregen im Fensterbereich.

Mietminderung 10 % bis 15 %:
Schimmelpilzbildungen an Gebäudeecken nach dem Einbau neuer und dicht schließender Fenster. Der Vermieter hat nicht auf die notwendigen Änderungen des Lüftungsverhaltens hingewiesen.

Mietminderung 25 %:
Wasserschaden und Schimmelpilzbildungen infolge von Undichtigkeiten an schadhaften Abflussrohren.

Mietminderung 40 %:
„Fogging" an den Wänden und Decken einer Wohnung.

Mietminderung 42 %:
Feuchtigkeitserscheinungen nach dem Einbau neuer, dicht schließender Fenster. Der Vermieter hat nicht auf die notwendigen Änderungen des Lüftungsverhaltens hingewiesen.

Mietminderung 75 %:
Schimmelpilzbildungen in sämtlichen Räumen einer Neubauwohnung. Ursache war Neubaufeuchte in Verbindung mit einer aufgeklebten Vinyltapete

Mietminderung 100 %:
Großflächiger Schimmelpilzbefall in einer Wohnung. Die Bewohner erkrankten schwer.

Die oben aufgeführte Zusammenstellung von Mietminderungen aus der Gerichtspraxis zeigt, dass eine generelle Festlegung einer Mietminderung im Vorfeld mit großen Unwägbarkeiten verbunden ist. Hierfür sollte deshalb immer ein Rechtsanwalt herangezogen werden.

Tipp

Wenn ein Mieter bei einem vorliegenden Mangel der Wohnung über einen längeren Zeitraum eine weit überhöhte Mietminderung durchführt oder gar unberechtigt auf „null" mindert, so läuft er Gefahr, wegen Zahlungsverzugs der Miete fristlos gekündigt zu werden. Aus diesem Grunde ist es empfehlenswert, vor der Durchführung einer Mietminderung sachkundigen Rat von einem Rechtsanwalt einzuholen.

12.5.5 Zurückbehaltungsrecht

Wenn in einer Wohnung oder in Geschäftsräumen Mängel auftreten, dann kann der Mieter anstelle der Minderung oder zusätzlich zur Minderung ein Zurückbehaltungsrecht der Miete wahrnehmen, indem er bis zur Beseitigung des Mangels die Miete ganz oder teilweise einbehält. Dies gilt aber nur, solange die Mietsache mangelhaft ist.

Im Gegensatz zur Mietminderung befreit das Zurückbehaltungsrecht jedoch nicht endgültig von der Zahlungspflicht des Mieters. Hierbei handelt es sich nur um ein vorläufiges Recht zur Leistungsverweigerung.

Das Zurückbehaltungsrecht wird in der Praxis hauptsächlich als Druckmittel eingesetzt, um den Mangelbeseitigungsanspruch durchzusetzen. Solange der Mieter am Mietvertrag festhält und ansonsten selbst vertragstreu ist, kann er bis zur Herstellung des vertragsgemäßen Zustandes, also bis zur Beseitigung des Mangels an der Wohnung oder der sonstigen Mieträume, das 3- bis 5-Fache des Minderungsbetrages einbehalten. Sobald der Vermieter den Mangel der Wohnung fachgerecht beseitigt hat, muss er den einbehaltenen Betrag nachzahlen.

12.5.6 Schadensersatzansprüche

Neben einer Mietminderung kann der Mieter zusätzlich auch Schadensersatz verlangen. Hierbei werden nach BGB folgende drei Fälle unterschieden:

Ist ein Mangel im Sinne des § 536 bei Vertragsschluss vorhanden oder entsteht ein solcher Mangel später wegen eines Umstands, den der Vermieter zu vertreten hat, oder kommt der Vermieter mit der Beseitigung des Mangels in Verzug, so kann der Mieter unbeschadet der Rechte aus § 536 Schadensersatz verlangen.

A Normen und Richtlinien

Normen

DIN 1052	Herstellung und Ausführung von Holzbauwerken
DIN 1946	Raumlufttechnik
DIN 1986	Entwässerungsanlagen für Gebäude und Grundstücke
DIN 4095	Dränung zum Schutz baulicher Anlagen
DIN 4102	Brandverhalten von Baustoffen und Bauteilen
DIN 4108	Wärmeschutz und Energieeinsparung in Gebäuden
DIN EN ISO 6946	Wärmedurchlasswiderstand und Wärmedurchgangskoeffizient
DIN EN ISO 12572	Wärme- und feuchteschutztechnisches Verhalten von Baustoffen und Bauprodukten
DIN 18195	Abdichtung von Bauwerken, Begriffe
DIN 18531	Abdichtung von Dächern sowie von Balkonen, Loggien und Laubengängen
DIN 18532	Abdichtung von befahrbaren Verkehrsflächen aus Beton
DIN 18533	Abdichtung von erdberührten Bauteilen
DIN 18534	Abdichtung von Innenräumen
DIN 18535	Abdichtung von Behältern und Becken
DIN 18550	Planung, Zubereitung und Ausführung von Außen- und Innenputzen
VDI 4300, Blatt 10	Messen von Innenraumluftverunreinigungen, Messstrategien bei der Untersuchung von Schimmelpilzen im Innenraum

Arbeitsschutzvorschriften und Technische Regeln

TRBA 400	Technische Regel Biologische Arbeitsstoffe: Handlungsanleitung zur Gefährdungsbeurteilung und für die Unterrichtung von Beschäftigten bei Tätigkeiten mit biologischen Arbeitsstoffen
TRBA 460	Technische Regel Biologische Arbeitsstoffe: Einstufung von Pilzen in Risikogruppen
TRBA 500	Technische Regel Biologische Arbeitsstoffe: Allgemeine Hygienemaßnahmen: Mindestanforderungen
TRGS 524	Technische Regel Biologische Arbeitsstoffe: Schutzmaßnahmen bei Tätigkeiten in kontaminierten Bereichen
TRGS 907	Technische Regel Gefahrstoffe: Verzeichnis sensibilisierender Stoffe und von Tätigkeiten mit sensibilisierenden Stoffen

Gesetze, WTA-Merkblätter

GEG	Gesetz zur Einsparung von Energie und zur Nutzung erneuerbarer Energien zur Wärme- und Kälteerzeugung in Gebäuden (Gebäudeenergiegesetz – GEG)

WTA-Merkblätter (Wissenschaftlich-Technische-Arbeitsgemeinschaft für Bauwerkserhaltung und Denkmalpflege e. V.):

1-1-08/D	Heißluftverfahren zur Bekämpfung tierischer Holzzerstörer
1-4-00/D	Baulicher Holzschutz in der Denkmalpflege, Teil 2: Dachwerke
1-6-13/D	Probenahme am Holz – Untersuchungen hinsichtlich Pilze, Insekten, Holzschutzmitteln, Holzalter und Holzarten
E-1-2-19/D	Der Echte Hausschwamm (überarbeitete Fassung vom Mai 2019)
4-5-99/D	Beurteilung von Mauerwerk – Mauerwerksdiagnostik
4-6-14/D	Nachträgliches Abdichten erdberührter Bauteile
4-7-15/D	Nachträgliche mechanische Horizontalsperre (überarbeitete Fassung vom April 2015)
4-9-19/D	Nachträgliches Abdichten und Instandsetzen von Gebäude- und Bauteilsockeln
4-10-15/D	Injektionsverfahren mit zertifizierten Injektionsstoffen gegen kapillaren Feuchtetransport
4-11-16/D	Messung des Wassergehalts bzw. der Feuchte bei mineralischen Baustoffen
4-12-16/D	Ziele und Kontrolle von Schimmelpilzschadensanierungen in Innenräumen
E-4-12-20/D	Ziele und Kontrolle von Schimmelpilzschadensanierungen in Innenräumen
6-1-01/D	Leitfaden für hygrothermische Simulationsberechnungen
6-2-14/D	Simulation wärme- und feuchtetechnischer Prozesse
6-3-05/D	Rechnerische Prognose des Schimmelpilzwachstumsrisikos
6-4-16/D	Innendämmung nach WTA I: Planungsleitfaden
6-8-16/D	Feuchtetechnische Bewertung von Holzbauteilen – Vereinfachte Nachweise und Simulation
6-9-15/D	Luftdichtheit im Bestand, Teil 1: Grundlagen der Planung
6-10-15/D	Luftdichtheit im Bestand, Teil 2: Detailplanung und Ausführung
6-11-15/D	Luftdichtheit im Bestand, Teil 3: Messung der Luftdichtheit

Richtlinien und weitere Merkblätter

Richtlinie für die fachgerechte Planung und Ausführung des Fassadensockelputzes sowie des Anschlusses der Außenanlage. Herausgegeben vom Fachverband der Stuckateure für Ausbau und Fassade BW

Merkblatt „Mikrobiologischer Bewuchs auf Fassaden – Algen und Pilze". Herausgegeben von 5 Fachverbänden unter Mitarbeit des Fraunhofer Instituts für Bauphysik

Merkblatt „Ausführung von Sockelbereichen bei Wärmedämm-Verbundsystemen und Putzsystemen". Herausgegeben vom Verband für Dämmsysteme, Putz und Mörtel e. V. (VDPM)

Merkblatt „Egalisationsanstriche auf Edelputzen". Herausgegeben vom Verband für Dämmsysteme, Putz und Mörtel e. V. (VDPM)

Merkblatt „Einbau und Verputzen von Platten aus extrudiertem Polystyrolschaum". Herausgegeben vom Verband für Dämmsysteme, Putz und Mörtel e. V. (VDPM)

Merkblatt „Dünnlagenputz im Innenbereich". Herausgegeben vom Bundesverband der Gipsindustrie e. V.

Richtlinie „Metallanschlüsse an Putz, Außenwärmedämmung und Wärmedämm-Verbundsysteme". Herausgegeben vom Fachverband der Stuckateure für Ausbau und Fassade BW

Handlungsempfehlung für die Sanierung von mit Schimmelpilzen befallenen Innenräumen. Herausgegeben vom Landesgesundheitsamt Baden-Württemberg

Leitfaden zur Vorbeugung, Erfassung und Sanierung von Schimmelbefall in Gebäuden („Schimmelleitfaden"). Herausgegeben vom Umweltbundesamt

Merkblatt 1-5: Entscheidungshilfen zur Verringerung des Biozideinsatzes an Fassaden, Dessau-Roßlau; 10/2019. Herausgegeben vom Umweltbundesamt

DAfStb-Richtlinie „Wasserundurchlässige Bauwerke aus Beton"

Richtlinie zur Abdichtung mit Flüssigkunststoffen nach ETAG 005

B Internetverweise

www.altbauerneuerung.de	BAKA Bundesverband Altbauerneuerung e.V.
www.bak.de	Bundesarchitektenkammer, Berlin
www.bauenimbestand24.de	Fachmagazin B+B Bauen im Bestand
www.baufachinformation.de	Fraunhofer Informationszentrum Raum und Bau
www.baurat.de	Themen-Portal Sanierung historischer Bausubstanz
www.bsb-ev.de	Bauherrenschutzbund, Berlin
www.daab.de	Deutscher Allergie- und Asthmabund e. V.
http://dachdecker.org	Zentralverband des Deutschen Dachdeckerhandwerks
www.dgfm-ev.de	Deutsche Gesellschaft für Mykologie e. V.
www.dibt.de	Deutsches Institut für Bautechnik
www.energieagentur.nrw.de	Energieagentur NRW
www.fgk.de	Fachverband Gebäude-Klima e. V.
www.flib.de	Fachverband Luftdichtheit im Bauwesen e. V.
www.mieterbund.de	Informationen des Deutschen Mieterbundes e. V.
www.renovieren.de	Marktplatz Bauen und Renovieren
www.schimmelpilz.de	Infoforum Schimmelpilze
www.schimmelpilze.online	Blog über Schimmelpilze und Feuchteschäden
www.umweltbundesamt.de	Umweltbundesamt
www.vpb.de	Verband Privater Bauherren e. V.
www.wohnungslueftung-ev.de	Bundesverband für Wohnungslüftung e. V.
www.zdb.de	Zentralverband Deutsches Baugewerbe

C Literatur

Fachlexikon Putze und Beschichtungen. Verband der deutschen Lack- und Druckfarbenindustrie e. V. (VdL), Frankfurt am Main, 05/2019

Eicke-Hennig, Werner: Algen im Siedlungsraum. Ausbau + Fassade, 09/2018

Der Ratgeber rund um die Außenwand – für Modernisierer und Bauherren. Verband für Dämmsysteme, Putz und Mörtel e.V. (VDPM), Berlin, 11/2018

Breuer, K.; Hofbauer, W.; Krueger, N.; Mayer, F.; Scherer, C.; Schwerd, R.; Sedlbauer, K.: Wirksamkeit und Dauerhaftigkeit von Bioziden in Bautenbeschichtungen. Bauphysik 34 (4): 170-182, 2012

Feuchtigkeit und Schimmelbildung in Wohnräumen. Verbraucherzentrale Bundesverband e. V., 16. Auflage 2012

Isenmann, W.; Adam, R.; Mersson, G.: Feuchtigkeitserscheinungen in bewohnten Gebäuden. Ursachen – Folgen – Sanierung – Gutachten – Mietminderung. 4., vollständig überarbeitete und wesentlich erweiterte Auflage, Verlag für Wirtschaft und Verwaltung Wingen, Essen 2008

Kück, U.; Nowrousian, M.; Hoff, B.; Engh, I.: Schimmelpilze. Lebensweise, Nutzen, Schaden, Bekämpfung. 3. Auflage, Springer, Heidelberg 2009

Stiegel, Horst; Hauser, Gerd: Wärmebrückenkatalog für Modernisierungs- und Sanierungsmaßnahmen zur Vermeidung von Schimmelpilzen. Fraunhofer IRB Verlag, 2006

Bünger, H. J.: Gesundheitsrisiken durch eine inhalative Exposition gegenüber mykotoxinbildenden Schimmelpilzen. In: Gefahrstoffe – Reinhaltung Luft 65(9)/2005, S. 341–343

Instandhaltungsleitfaden – Beschichtungen und Putze auf Fassaden und Wärmedämm-Verbundsystemen. Bundesverband Farbe Gestaltung Bautenschutz (BV-Farbe), Bundesverband Ausbau und Fassade im ZDB (BAF), Frankfurt am Main, Berlin, 04/2012

Technische Information. Algen und Pilze auf Fassaden. Gemeinsame Informationsschrift mehrerer Fachverbände, 2005

Arbeitsgemeinschaft der Verbraucherverbände e. V. (Hrsg.): Feuchtigkeit und Schimmelbildung in Wohnräumen. Bonn

Bauphysik Kalender 2007. Verlag Ernst und Sohn, Berlin

Bauphysik Kalender 2008. Verlag Ernst und Sohn, Berlin

Deutscher Mieterbund (Hrsg.): Wohnungsmängel und Mietminderung. 1999. WRS Verlag Wirtschaft, Recht und Steuern, Planegg

Fachverband SHK Nordrhein-Westfalen, Düsseldorf, Tagungsband 1. Deutsches Forum Innenraumhygiene, 2007

Gabrio, T.: Gefahren durch Schimmelpilze. Vortrag im Rahmen der Initiative „Technik im Dialog". 2002, Landesgewerbeamt Baden-Württemberg

Jenisch, R.: Tauwasserschäden. Fachbuchreihe Schadenfreies Bauen. Band 16. 1996, Fraunhofer IRB-Verlag Stuttgart

Klopfer, H.: Gebäudehüllen, so luftdicht wie möglich. In: Bauzeitung, 2002, Heft 6/02

Künzel, H.: Richtiges Heizen und Lüften. 2002, Fraunhofer IRB-Verlag, Stuttgart

LGA Baden Württemberg (Hrsg.): Schimmelpilze in Innenräumen – Nachweis, Bewertung, Qualitätsmanagement. Stuttgart, 2001

Lutz, P.; Jenisch, R.; Klopfer, H.; Freymuth, H.; Krampf, L.; Petzold, K.: Lehrbuch der Bauphysik. 4. Auflage. 1997, Teubner Verlag, Stuttgart

Schimmelpilzanfälligkeit von Baumaterialien. IBP-Mitteilung, 1990 (17), Nr. 196. Stuttgart

Umweltbundesamt, Attacke des schwarzen Staubes, Berlin, 2004

VBN-Info Sonderheft: Topthema Schimmelpilz. 2001. Verlag VBN Seminare GmbH, Bremerhaven

Weiterführende Zeitschriften

Der Bausachverständige. Das Fraunhofer Informationszentrum Raum und Bau IRB

Althaus modernisieren. Der Ratgeber für besseres Wohnen. Fachzeitschriften-Verlag, Fellbach; www.fachschriften.de

ausbau + fassade. Fachzeitschrift für Handwerksunternehmer im Ausbaubereich. Verlag C. Maurer, Geislingen/Steige; www.ausbauundfassade.de

Bauhandwerk. Fachzeitschrift für die gewerkeübergreifende Bauausführung in Neubau und Sanierung. BertelsmannSpringer Bauverlag, Gütersloh; www.bauhandwerk-online.info

Der Bauschaden. Forum Verlag Herkert GmbH

Bauphysik. Wilhelm Ernst & Sohn Verlag, Berlin; www.ernst-und-sohn.de

B+B – Bauen im Bestand. Rudolf Müller Verlag, Köln; www.bauenimbestand24.de

Das Bauzentrum. Fachinformationen für Architekten und Bauingenieure. Verlag Das Beispiel, Darmstadt; www.das-bauzentrum.de

Deutsches Architektenblatt. Offizielles Organ der Bundesarchitektenkammer und der Architektenkammern der Bundesländer. Forum-Verlag, Stuttgart; http://dabonline.de

DBZ – Deutsche Bauzeitschrift. Bertelsmann Springer Bauverlag, Gütersloh; www.dbz.de

Der Sachverständige. Fachzeitschrift für Sachverständige, Kammern, Gerichte und Behörden. C.H. Beck Verlag

Quellennachweis

Abb. 11.31: Christian Fischer, CC BY-SA 3.0

Alle anderen Abbildungen im Buch: Dieter Pregizer

Stichwortverzeichnis